工业企业节能减排技术丛书

大型循环流化床锅炉及其化石燃料燃烧

刘柏谦　王立刚　编著

北　京
冶金工业出版社
2009

内容简介

本书以近年来循环流化床锅炉发展为主线，介绍了大型循环流化床锅炉中发生的燃烧、传热、颗粒运动等基本现象和近年来的研究成果。围绕这些基本现象，探讨了大型循环流化床锅炉设计思想和主要结构（如炉膛、高温气固分离器、冷渣器、汽水系统和烟风系统、布风板和风帽）的设计。介绍了国内外主要锅炉厂商大型循环流化床锅炉产品特点、国内外超临界大型循环流化床锅炉的技术特点。另外，本书还比较全面地介绍了几种常见化石燃料的流化床燃烧特性。

本书可供电厂技术人员和科研人员阅读，也可供热能专业研究人员和在校师生使用。

图书在版编目(CIP)数据

大型循环流化床锅炉及其化石燃料燃烧/刘柏谦，王立刚编著.—北京：冶金工业出版社，2009.1

(工业企业节能减排技术丛书)

ISBN 978-7-5024-4756-4

Ⅰ.大… Ⅱ.①刘… ②王… Ⅲ.流化床-循环锅炉-锅炉燃烧 Ⅳ.TK229.5

中国版本图书馆 CIP 数据核字(2008)第202561号

出版人 曹胜利
地址 北京北河沿大街嵩祝院北巷39号，邮编100009
电话 (010)64027926 电子信箱 postmaster@cnmip.com.cn
责任编辑 王楠 美术编辑 张媛媛 版式设计 张青
责任校对 白迅 责任印制 牛晓波
ISBN 978-7-5024-4756-4
北京百善印刷厂印刷；冶金工业出版社发行；各地新华书店经销
2009年1月第1版，2009年1月第1次印刷
850mm×1168mm 1/32；9印张；238千字；276页；1-2000册
29.00元

冶金工业出版社发行部 电话：(010)64044283 传真：(010)64027893
冶金书店 地址：北京东四西大街46号(100711) 电话：(010)65289081
（本书如有印装质量问题，本社发行部负责退换）

出版者的话

近年来，我国经济快速增长，各项建设取得了巨大成就，但经济发展与资源、环境的矛盾却日趋尖锐。

国家“十一五”规划纲要提出，到2010年我国万元GDP能耗降低20%左右、主要污染物排放减少10%，并将其列为重要的约束性指标。为了国民经济的可持续发展和社会和谐，国家对实现节能减排目标的决心和工作力度前所未有。

实现节能减排目标面临的形势虽然十分严峻，但通过各行各业的努力，节能减排及其技术研发工作也取得了积极进展，为了总结经验，交流技术，推动节能减排技术的进步，冶金工业出版社将有重点地组织有实践经验的专家、技术人员，将其取得的最新科技成果及时归纳总结，撰写成著作，编入《工业企业节能减排丛书》陆续出版。同时，这也是让更多的科技工作者共享研究成果，记录我国工业企业节能减排技术的发展历程。

希望广大读者对本丛书的编辑出版多提宝贵意见，并欢迎有关专家踊跃参与编撰工作。

2008年4月

前　言

流化床是一个发生剧烈化学反应的化工反应器，用来烧煤发电发挥了这种装置可以实现低温度燃烧、混合强烈等优点，以及由此形成的燃料适应性好、环境友好等特点。

中国开发使用流化床燃烧技术是以劣质煤利用为目的开始的，相应的理论与技术的研究工作也几乎都是围绕着提高燃烧效率或锅炉效率进行的。后来由于环境要求越来越严格，转而将环境相关的研究纳入流化床燃烧技术的研究，同时也开始考虑流化床如何在电力行业发挥作用。从 1964 年中国第一台流化床锅炉投入运行，中国流化床燃烧技术已经走过近半个世纪的里程，虽然这中间包括了“文化大革命”的十年，但由于流化床燃烧技术能烧各种劣质煤，那段时间尚处于小容量的鼓泡床阶段，技术上还是有较大进步的。

中国循环流化床锅炉从 35t/h 容量起步，在很短时间内就完成了 100(75)t/h 级、200(220)t/h 级、400(410～430)t/h 级、700(670～690)t/h 级、1000t/h 级的快速发展，2000t/h 级超临界机组正在攻关设计。无论锅炉容量还是锅炉数量，中国都走在世界前列，成为循环流化床燃烧技术发展的新策源地。

2007 年底在海口召开的第一届全国循环流化床燃烧技术会议，对大型循环流化床理论和技术的发展做了一个比较全面的盘点，对循环流化床燃烧技术的近期发展给出了明确的观点。本书中很多内容源于此次会议和循环流化床协作网年会资料，作者对中国循环流化床协作网和被引用资料的作者表示诚挚谢意。

清华大学吕俊复教授在百忙中仔细阅读了书稿并提出了很多中肯的意见，特致真挚谢意。

由于循环流化床燃烧技术处于渐趋成熟的发展期，新思想和新技术源流宽阔，加之作者水平有限，挂一漏万在所难免，恳请读者不吝赐教。

编 者

2008 年 8 月 31 日

目　录

1 固体燃料流化床燃烧的基本原理

1.1 流态化现象和流化床燃烧

1.1.1 流态化现象

流化床是一种发生流态化现象的装置，英文是 Fluidized Bed。流态化现象是粉体颗粒群在流体作用下，颗粒群呈现的上下翻滚现象。由于这种现象看起来很像煮粥时翻沸的粥汤，很多人曾将流化床锅炉叫做“沸腾炉”。

流化床具有十分优秀的反应性能，流化床运行时，所有颗粒都有机会与流体全面接触。此外，流化床还具有与流体一样的流动特点。如可以像水槽中的水一样，当流化床器壁上出现开口时，流化颗粒像液体一样向外溢流；如果运行风速适当，流化床会始终保持一个比较平整的“床面”，即使流化床发生倾斜，床面也始终保持水平。流态化现象如图 1-1 所示。

要想让流化床流化起来，需要提供足够量的流体（对流化床锅炉而言是空气）。所谓足够量的空气包括了最小流化风量、

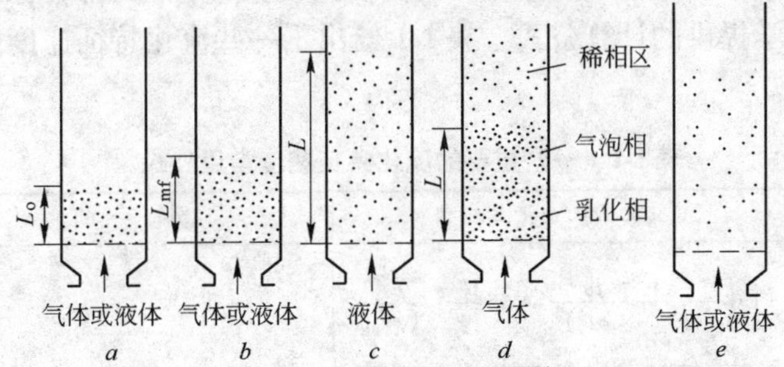

图 1-1 流态化现象

L_o—静止床高；L_{mf}—最小流化床高；L—流化床高

最小鼓泡风量、正常流化风量、快速流化风量，这些风量都对应着各自的流速，因而有最小流化风速（也叫临界流化风速）、最小鼓泡风速、（正常）流化风速等概念。其中最小流化风速是至关重要的指标，低于这个速度流化床无法运行。尽管可以近似计算，但无论在实验室还是实际锅炉上，最小流化速度都可以用速度-压力降曲线确定。即在给定的流化床上，测量不同风量（速）下的流化床总压力降，总压力降减去布风板压力降就是流化床自身的压力降。而这条速度-压力降曲线的转折点就是最小流化速度（见图1-2）。

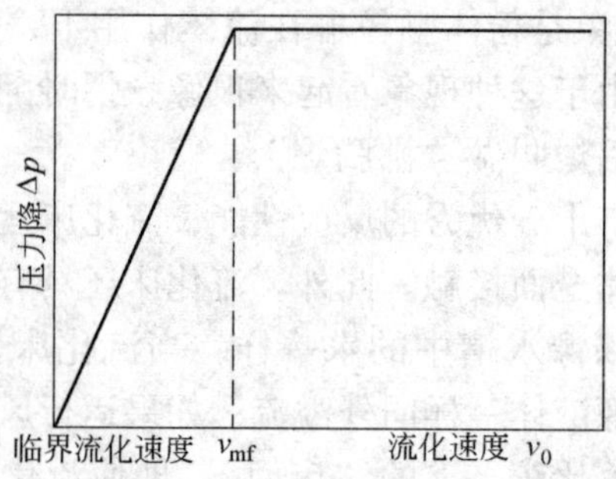

图1-2　确定临界流化速度的速度-压力降曲线

确定临界流化速度的计算公式很多，比较典型的有经典的 Ergun 方程、Wen &Yu 方程，我国使用较多的是热力计算标准中浙江大学提供的计算公式。表1-1 给出了一些流化特征速度的计算公式。

表1-1　一些重要的流化特征速度常用公式

序号	表　达　式	说　　明
1	$\frac{\Delta p}{h}=150\frac{(1-\varepsilon)^2}{\varepsilon^3}\frac{\mu v}{(\varphi d_p)^2}+1.75\frac{1-\varepsilon}{\varepsilon^3}\frac{\rho v^2}{(\varphi d_p)}$	
2	$v_{mf}=\sqrt{C_1^2+C_2Ar}-C_1$	$C_1=\frac{42.857(1-\varepsilon_{mf})}{\varphi}$，$C_2=\frac{\varphi\varepsilon_{mf}^2}{1.75}$

续表 1-1

序号	表达式	说明
3	$Re=0.0885Ar^{0.528}$	$Ar=(2\sim700)\times10^4$
4	$\Delta p_b=h_{mf}(1-\varepsilon_{mf})(\rho_p-\rho_g)g$	
5	$v_{mf}=\frac{d_p^2(\rho_p-\rho_g)}{150\mu}\frac{\varepsilon_{mf}^3\varphi_p^2}{1-\varepsilon_{mf}}$	$Re_{mf}<20$
6	$v_{mf}=\sqrt{\frac{d_p(\rho_p-\rho_g)g}{1.75\rho_g}\varepsilon_{mf}^3\varphi_p}$	$Re_{mf}>1000$
7	$v_{mf}=0.294\frac{d_p^{0.548}}{\nu_g^{0.056}}\left(\frac{\rho_p-\rho_g}{\rho_g}\right)^{0.528}$	$Ar=(2\sim700)\times10^4$
8	$v_{jx}=\frac{Ar}{18+0.61\sqrt{Ar}}\left(\frac{\nu}{d_{pj}}\right)$	颗粒被大量带出鼓泡床的速度
9	$v_{max}=0.07\sqrt{gD}+v_{mf}$	鼓泡床不产生腾涌（一种不良流化现象）的最大速度
10	$v_t=1.74\sqrt{\frac{d_p(\rho_p-\rho_g)g}{k_2\rho_g}}$	$k_2=5.31-4.88\varphi$
11	$v_t=k_1\frac{(\rho_p-\rho_g)gd_p^2}{18\mu}$	$k_1=0.8341g\varphi_p/0.065$

注：表中

Ar—阿基密度数；C—常数；d—直径；D—流化床当量直径；g—重力加速度；h—床高；Re—雷诺数；v—速度；Δp—床层压降；μ—流体动力黏度；ε—床层孔隙率；φ—颗粒球形度；ρ—密度；ν—流体运动黏度。

下标符号

b—流化床；g—气体；jx—极限；max—最大；mf—临界；p—颗粒；pj—平均；t—颗粒终端。

高洪培（2007）介绍了一台循环流化床上不同颗粒尺寸流化试验结果（见图 1-3），可见底料尺寸大小对流态化的影响十分明显。

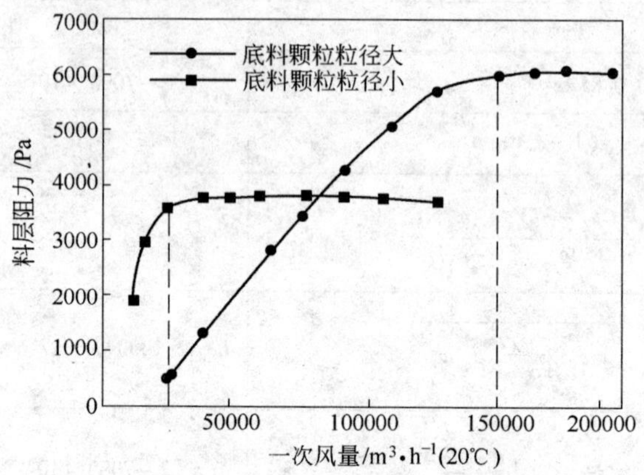

图 1-3 颗粒度对料层阻力的影响

燃煤循环流化床锅炉对燃料粒度要求严格，这一点与燃煤鼓泡流化床不同。高洪培（2007）介绍了燃烧烟煤和无烟煤的循环流化床锅炉的入炉燃料尺寸分布（见图 1-4）。

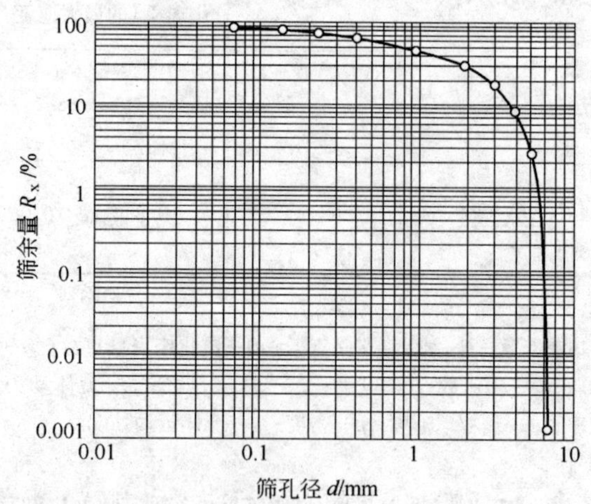

图 1-4 循环流化床锅炉入炉燃料尺寸分布

流化床是一种应用十分广泛的装置。除了煤燃烧之外，冶金焙烧、化工反应、粮食干燥、蔬菜速冻等各种行业都在利用流化床进行流体与粉体颗粒群全面接触，快速完成预定过程。从单个设备容量看，利用流化床或流态化原理最好的应该是燃煤发电的循环流化床锅炉。

1.1.2 Geldart 的颗粒分类

Geldart 根据常温常压下对一些典型固体颗粒的气固流态化特性的分析，提出了一种颗粒分类方法。该法根据颗粒直径、颗粒密度与流化气体密度之差将颗粒分作 A、B、C 和 D 四类，如图 1-5 所示。

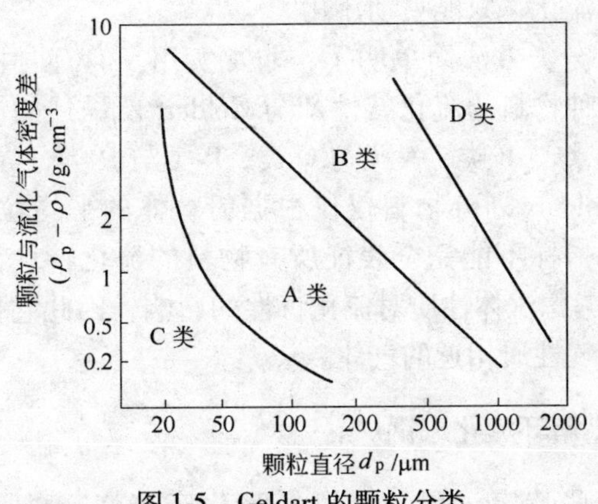

图 1-5 Geldart 的颗粒分类

Geldart 将这些颗粒分别称为充气、砂状、黏性和喷流颗粒，并将各类颗粒流动特性描述为：

A 类颗粒，具有较小的粒径和密度（一般小于 1.4g/cm^3），床层产生气泡前先膨胀，存在均一流化区，且膨胀比较大。突然关闭气源，床层塌落缓慢，一般在 0.3～0.6cm/s 之间，与气体在致密相中表观气速相当，气泡上升速度远大于致密相中气体速度。粒径分布越大或平均粒径越小，则平均气泡径越小，且存在最大气泡径。

B 类颗粒，平均粒径 40～500μm，密度 1.4～4g/cm^3，与 A

类颗粒不同，当表观气速稍大于起始流化速度，床层即产生气泡，床层膨胀比小，床层塌落速度快，气泡上升速度与致密相中气体上升速度相当，气泡大小与颗粒大小无关。

C类颗粒，平均粒径小于30μm，由于这类粒子颗粒极细，晶格缺陷较大，因此粒子间引力较大，或者是由于静电力或粒子较湿，使粒子间吸附力大于流体作用于粒子上的力，易于结块，在通常条件下很难流化，床层节涌和沟流严重。

D类颗粒，这类颗粒粒径和密度比B类颗粒更大，因此起始流化速度更大，床层内气泡上升速度比致密相中气体速度小，所以致密相中气体可以从气泡底部流入而从顶部流出。这类颗粒一般不能稳定流化，只能喷动流化。

Geldart分类方法简单明了，非常实用。但有时根据该分类图查得的某种物料的流化特性却与Geldart所描述的流化特性不同，即在A类与B类，A类与C类，B类与D类分界处有重叠，这是由于Geldart划分物料仅仅根据粉粒体的平均粒径和密度，有时这两项指标不能完全表征所有物料的流化特性，而且Geldart也没有考虑流体性质对流化特性的影响，因此它仅仅适用于空气或与空气性质相近的气体。

1.1.3　燃煤循环流化床锅炉

除掉一些特定过程（如燃煤流化床焙烧）外，燃煤流化床主要是指燃煤流化床锅炉。从燃煤流化床锅炉出现到现在，已经发展出几代装置。第一代流化床锅炉被称作“鼓泡流化床（Bubbling Fluidized Bed）”锅炉。鼓泡流化床的操作速度较低，冷态条件下可以清晰地感觉到或看到有气泡穿过流化床。第二代流化床锅炉通常指常压循环流化床（Circulating Fluidized Bed，CFB）锅炉。发展出第二代流化床主要是通过技术改进（结构的改进和操作方式的改进）来提高流化床锅炉的性能。结构改进主要显示在燃烧过程和燃烧组织等方面。在锅炉炉膛外设置一个或多个气固分离机构，将离开炉膛的烟气中的固体颗粒绝大部分收集起来回输到炉膛，这样不仅可以延长没有烧透的颗粒的燃烧停留时间以提高燃烧效率（进而提高了锅炉效率），更重要的是可以调整炉膛温度，是个一举多得的改进措施。类似的改进还有二次风设置、受热面布置、炉膛几何改进等。操作方式的改变主要是提高操作速度。风速提高以后，带来了一系列好处，如燃烧强度提高、脱硫效率提高、燃烧效率提高以及其他一些次要的优点。虽然从第一代流化床锅炉到第二代流化床锅炉，在技术上获得了很大好处，但由此带来的一些有待克服的困难和技术障碍也是明显的。由于运行风速提高，首当其冲的是金属和耐火材料的磨损；其次是相互连接的部位采用多种材料，这些不同种类的材料具有不同的膨胀系数，造成物料循环回路接口处不同材料的膨胀差异，进而导致物料漏泄。

除此之外，流化床燃烧自身的一些优缺点仍然十分明显。如流化床燃烧温度低，通常不超过 1100℃，正常条件下为 850 ~ 950℃，流化空气中的氮气不参加生成氮氧化合物的化学反应，这是流化床锅炉与煤粉锅炉、各种层燃锅炉相比的重要优点。另外，流化床锅炉可以直接向流化床内添加脱硫剂脱硫，而煤粉锅炉和层燃锅炉虽然也可以向炉内添加脱硫剂，但脱硫效果不可以与流化床锅炉相比。流化床锅炉具有广泛煤种适应性，劣质煤发热量低到 2930kJ/kg（700kcal/kg）也可以在流化床燃用。

第三代流化床锅炉是增压燃烧的循环流化床锅炉或增压燃烧的鼓泡流化床锅炉，统称作增压流化床（Pressurized Fluidized Bed）锅炉。

Joris Koornneef 等（2007）对比了鼓泡流化床和循环流化床锅炉的设计参数（见表1-2），其中包括了床温、颗粒尺寸、运行风速、颗粒循环、颗粒浓度、石灰石颗粒度、平均蒸汽参数（流量、温度和压力）。

影响循环流化床锅炉设计的主要因素和参数包括环境要求、

表 1-2 鼓泡流化床和循环流化床锅炉的主要设计参数

设计参数		鼓泡流化床	循环流化床
床温/℃		760~870	800~900
颗粒尺寸/mm		0~50	0~25
运行风速/$m \cdot s^{-1}$		1~3	3~10
颗粒循环		无①	有
颗粒浓度		床内高，悬浮段低	沿炉膛高度逐渐下降
石灰石②颗粒度/mm		0.3~0.5	0.1~0.2
平均蒸汽参数③	蒸汽流量/$kg \cdot s^{-1}$（范围）	36（13~139）	60（12~360）
	蒸汽温度/℃（范围）	466（150~543）	506（180~580）
	蒸汽压力/MPa（范围）	7.2（1~16）	10.3（1~27.5）

① 一旦燃烧不良将出现大量未燃颗粒。但鼓泡床采用飞灰再循环与循环流化床锅炉相比，燃烧过程显得不紧凑。

② 采用炉内脱硫。

③ 数据来源于约400台已安装的流化床锅炉。

燃料性质、运行参数等内容，如图1-6所示。

Lurgi是最早提出循环流化床燃烧的厂家之一。经过激烈的技术整合、市场角逐，目前国际市场上中国之外的主要供货商是Alstom和Foster Wheeler，还有Kvaerner等其他供货商。2003年之前，世界主要锅炉制造商演化结果如图1-7所示。

锅炉制造厂商的流化床锅炉产品有所侧重，Alstom的主要产品是循环流化床锅炉，Kvaerner的主要产品是鼓泡流化床锅炉，同时生产循环流化床锅炉，Foster Wheeler的主要产品是循环流化床锅炉，但在鼓泡流化床锅炉市场占有较大的市场份额。

循环流化床（CFB）主要生产厂商的技术特征见表1-3，发电效率见表1-4。

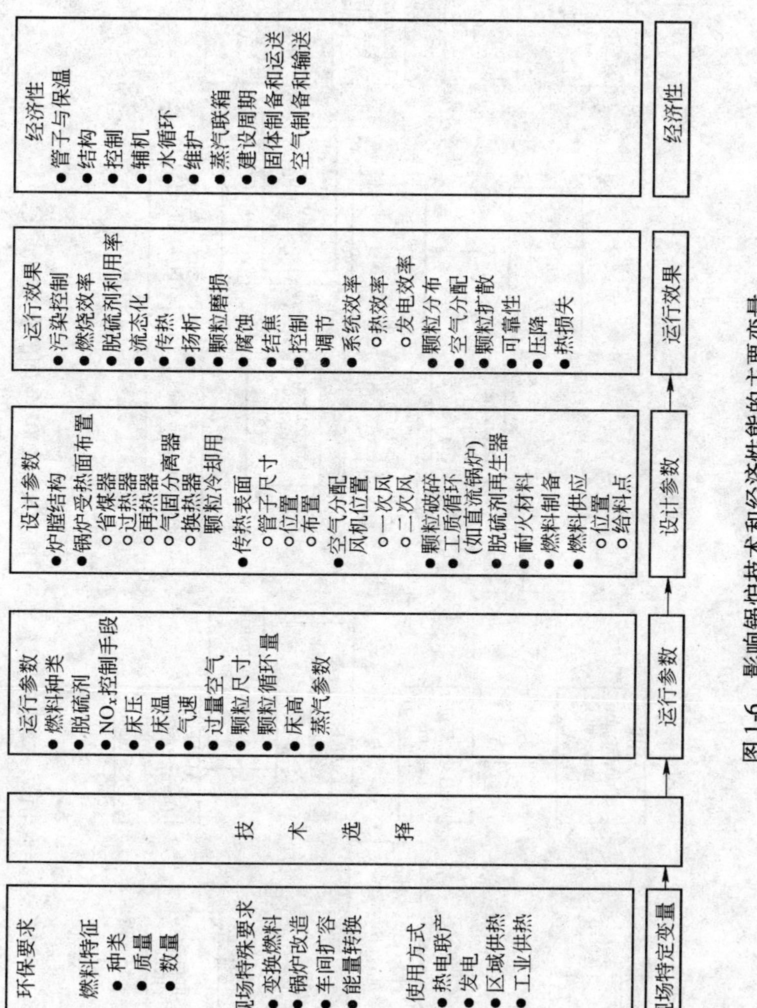

图 1-6 影响锅炉技术和经济性能的主要变量

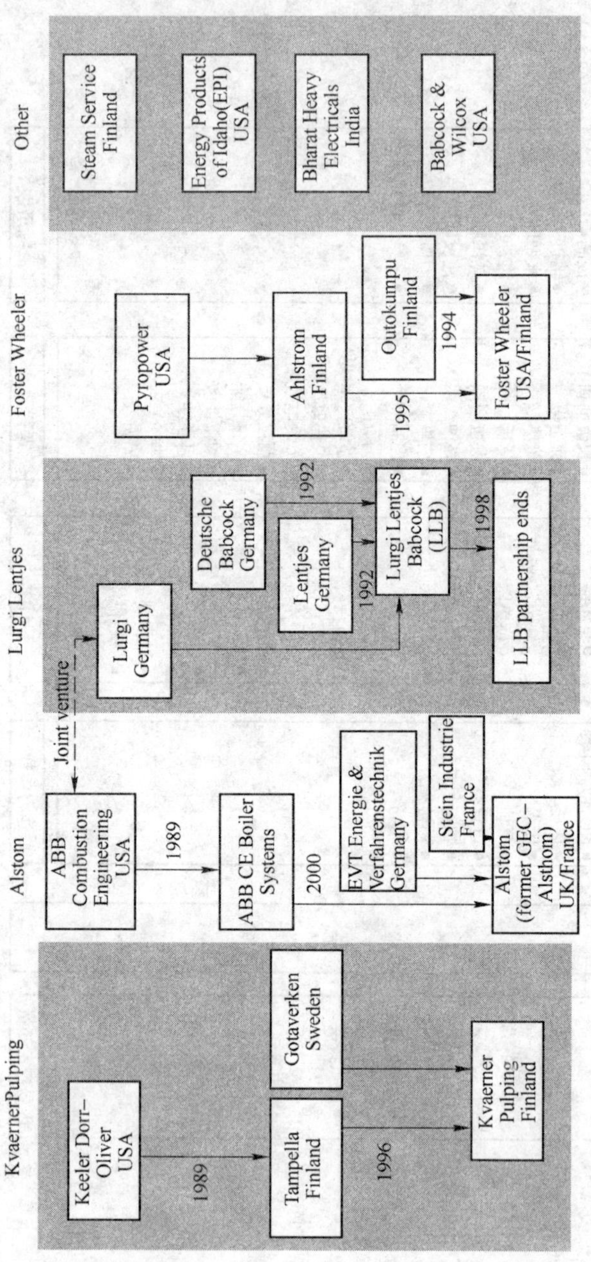

图 1-7 流化床主要生产厂商 1985～2003 年间的合并和演化

表 1-3 CFB 技术设计变量

锅炉厂商	气固分离器	特 色
Lurgi Lentjes	传统旋风分离器[①]	外置式 FBHE 换热器
Alstom	传统旋风分离器	外置式 FBHE 换热器
Foster Wheeler	传统旋风分离器；紧凑式 CFB（方形分离器）	紧凑式 CFB：冷却式气固分离器紧接燃烧室，内置式 FBHE 换热器（INTREX）
Kvaerner	传统旋风分离器；CYMICs	内置高温旋风筒，无 FBHE 换热器
Babcock and Wilcox	传统旋风分离器；IR – CFB	IR – CFB：采用 U – beams 的两级内循环（惯性分离器）和 MDC，无 FBHE 换热器

① 传统旋风分离器可以是汽/水冷却或没有冷却（取决于锅炉负荷、燃料性质、蒸汽参数和其他涉及准则）。

表 1-4 流化床燃烧技术热效率

流化床技术	容量/MW	燃 料	发电效率/%	燃料热值[①]
循环床	20	生物质	33	未知
	150	煤和生物质混烧	37	LHV
	160	褐煤	41	LHV
	250	煤	39	HHV
	297.5	煤	36	HHV
	2 ×233	煤	37	LHV
	460 超临界[②]	煤	>43	未知
	600 超临界	煤	46	LHV
鼓泡床	25	生物质	30	LHV

① LHV = 低位热值；HHV = 高位热值。LHV 不考虑烟气中水蒸气焓值，这部分能量不能转化为有用能。HHV 考虑这部分焓值，采用 HHV 计算效率时，热效率数值比 LHV 计算的低。

② 建在波兰，2009 年投运。

图 1-8 给出了流化床锅炉蒸汽参数的发展演化过程。

图 1-9 给出了代表性的大中型循环流化床锅炉的主要产品。

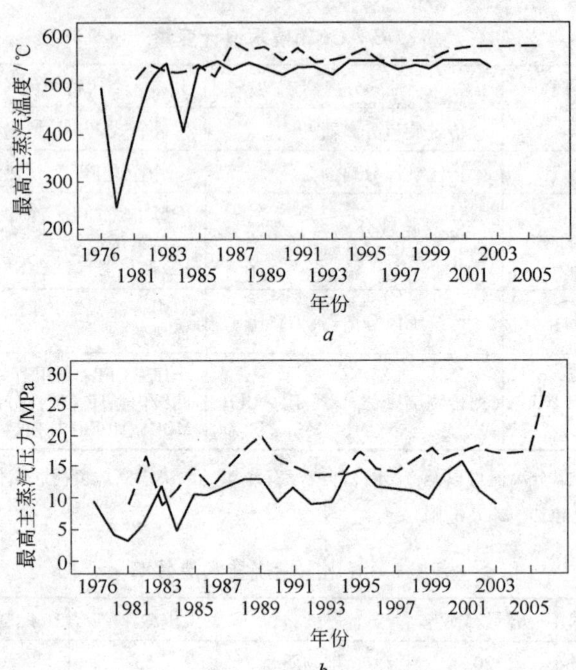

图 1-8　流化床锅炉主蒸汽参数的发展演化

a—主蒸汽温度；*b*—主蒸汽压力

——鼓泡流化床锅炉；-------循环流化床锅炉

由于常压循环流化床锅炉具有较高的性能、适中的造价，获得了很快的发展。目前，我国发电循环流化床锅炉已经接近3000 台，装机总容量接近 4×10^7kW。其中 100 ~ 200MW 循环流化床锅炉已经接近 200 台，300MW 循环流化床锅炉已经投运 10 台，订货正在安装的有 40 余台，更大容量的 CFB（600MW 和800MW）也在研制中。我国已是世界上循环流化床锅炉装机数量最多、装机容量最大的国家，已是名副其实的循环流化床锅炉大国。

我国系统引进 CFB 技术与自主研发结合的技术历程如下（王大军，2007；于龙，2007）：

（1）东方锅炉厂引进 FW 技术，生产 100MW 循环流化床锅炉；

（2）哈尔滨锅炉厂引进 EVT 技术，生产 135MW 循环流化床锅炉；

（3）上海锅炉厂引进 CE 技术，生产 135MW 循环流化床锅炉；

（4）无锡华光锅炉股份公司引进 FW 技术，生产 150 ~ 300MW 循环流化床锅炉；

（5）整体引进 Alstom 公司 300MW 循环流化床锅炉设计、制造技术，东方、哈尔滨、上海锅炉厂已有多台 300MW 机组订单，现已投产 6 台；

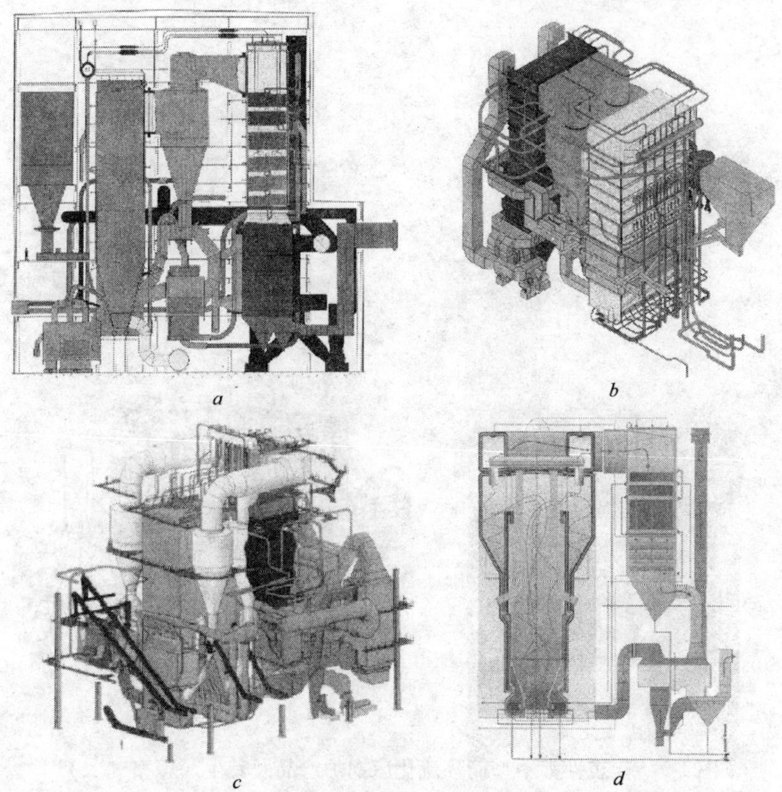

图 1-9　代表性大中型循环流化床锅炉产品及其生产厂家（一）

a—ABB－CE 生产的 220MW 锅炉；*b*—F－W 公司生产的 235MW 锅炉；
c—Stein 公司生产的 250MW 锅炉；*d*—F－W 公司生产的 265MW 锅炉

图1-9 代表性大中型循环流化床锅炉产品及其生产厂家（二）

e—F－W公司生产的300MW锅炉；*f*—ALSTOM公司生产的300MW锅炉；*g*—F－W公司生产的460MW锅炉（超临界）；*h*—F－W公司设计460MW锅炉（超临界）；*i*—ALSTOM公司设计的600MW锅炉；*j*—ALSTOM公司设计的800MW锅炉

(6) 自主开发的100MW、200MW、300MW 循环流化床锅炉已多台运行、订货、施工安装；

(7)“十一五”期间，国家启动了对600MW 超临界循环流化床锅炉技术的攻关，2007 年相继完成了对三大主机厂设计方案的初审和第二次技术评审。

“十一五”自主研发超临界600MW 循环流化床锅炉，通过集中我国在 CFB 锅炉界的研发、制造、设计、试验等技术力量，充分利用过去长期积累 CFB 锅炉技术的宝贵经验进行开拓型、创新型的工程实践，这个项目正在按计划积极推进。

20 世纪 90 年代开始，我国的循环流化床燃烧技术研究者认识到对该技术相关基础研究的重要性。在此基础上，国家有关部门组织了完善化的75t/h 示范工程，此后相继成功开发了 130 ~ 480t/h 循环流化床锅炉。目前正在实施670t/h 和1025t/h 工程示范。尽管这些进步当中还存在相当程度的模仿和经验性，但是有的单位已经形成了比较完整的设计理论体系，在大量经验的基础上，总结了循环流化床锅炉的基本原理和定量计算。国内技术的循环流化床锅炉的可用率、可靠性、效率已经达到国际先进水平，普遍优于引进技术（岳光溪，2007）。

1.2 循环流化床基本理论

1.2.1 快速流态化现象

观察固体物料在一定气速下流化的床层空隙率可以发现：当气速低于某一数值 v_c 时，固体循环量对床层空隙率无明显影响；气速一旦超过 v_c，床层空隙率主要取决于固体循环量。因此，对任一气固系统，当 $v = v_c$ 时，系统达到饱和携带能力，物料被大量吹出，此时必须补充等同于携带能力的物料量才能使床层进入快速流态化状态。故 v_c 为该物料进入快速流态化时的操作气速，即初始快速流态化速度。在初始快速流态化 v_c 时的最小加料率定义为最小循环量 R_{min}。

初始快速流态化速度 v_c 主要与物料特性有关，按照实验统计：

$$v_c = (3.5 \sim 4.0) v_t \tag{1-1}$$

最小循环量可由以下经验关联式给出（Yates J G，1983）：

$$R_{min} = \frac{v_c^{2.25} \rho_f^{1.627}}{0.164 [g d_p (\rho_p - \rho_f)]^{0.627}} \tag{1-2}$$

式中各符号的意义同表1-1。

超过最小循环量后，在相同气速下，对应不同的循环量可以有不同的快速床状态。也可以用不同的床存量对应的不同物料沿床高浓度分布表示不同的快速床状态，如图1-10所示。快速床床层的空隙率通常在0.75～0.95之间，床层空隙率的实际值取决于颗粒的净流量和气体流速。

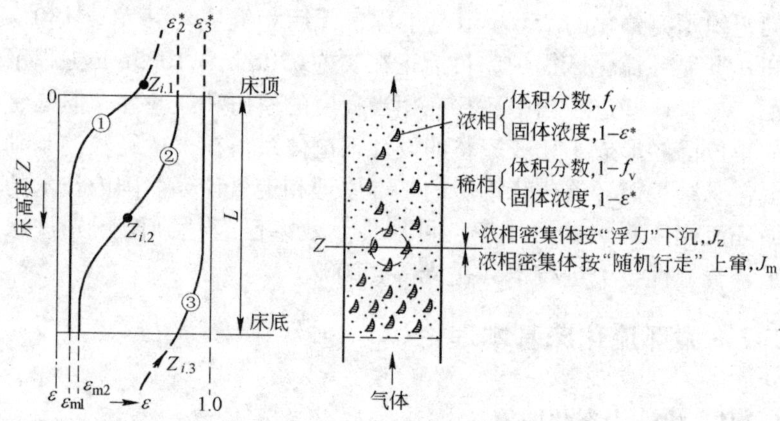

图1-10 快速流化床流动的物理模型

循环流化床锅炉中气流携带颗粒上升过程中存在着固体颗粒的团聚现象。细颗粒聚集成大颗粒团后，质量增加，体积增大，表现出较高的自由沉降速度。在下降过程中，颗粒团被上升的气流打散成细颗粒，再被气流带动向上运动，又再聚集成颗粒团，再沉降下来。这种颗粒团不断聚集、下沉、吹散、上升又聚集形成的物理过程，使循环流化床内气固两相间发生强烈的热量和质量交换。循环流化床内气固流动形成靠近炉壁处很浓的颗粒团以旋转状向下运动，炉膛中心则是相对较稀的气固两相向上运动，产生一个强烈的炉内循环运动。相对于从分离器分离下来回送的外循环，炉内循环对停留时间的贡献要高一个量级。物料的内循环和外循环给燃烧颗粒提供了比较长的停留时间，燃料颗粒是在循环流动中燃烧的，因此这种燃烧方法才称为循环流化床燃烧(冯俊凯，岳光溪，吕俊复,2003)。

1.2.2 循环流化床锅炉中的物料平衡

燃煤循环流化床中，煤中的灰分及脱硫用的石灰石颗粒连续不断地进入系统。为维持系统床存量的稳定，需要连续地向系统外排物料，如图 1-11 所示。体系的平衡应当是对所有尺寸的颗粒均应达到平衡（Yang H，et al，2005）：

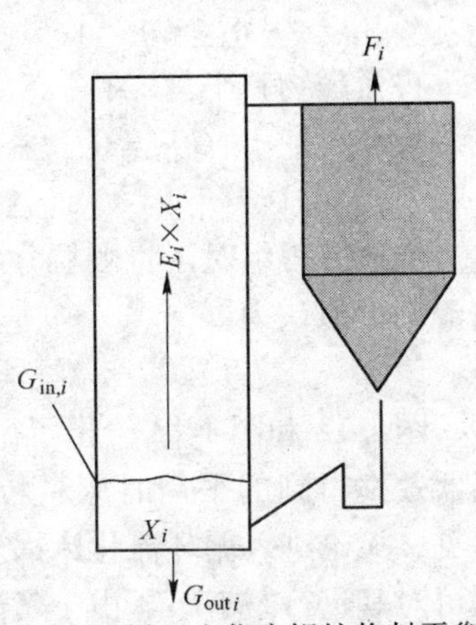

图 1-11 循环流化床锅炉物料平衡

$$G_{in,i} = G_{out,i} + F_i \tag{1-3}$$

式中 $G_{in,i}$——燃煤成灰和石灰石给入带进系统的粒度为 d_i 的物料流率；

$G_{out,i}$——循环流化床锅炉排渣形成的粒度为 d_i 的物料排渣流率；

F_i——从分离器出口逃逸的粒度为 d_i 的物料流率；

而粒度为 d_i 的物料的夹带物料流应为：$E_i \times X_i$。

X_i——密相床内粒度为 d_i 的物料所占的比例；

E_i——粒度为 d_i 的物料的夹带率。

以夹带物料流为基准的分离器效率 $\eta_{s,i}$ 为：

$$\eta_{s,i} = 1 - F_i/(E_i \times X_i) \tag{1-4}$$

则有：

$$F_i = E_i \times X_i \times (1 - \eta_{s,i}) \tag{1-5}$$

同样以夹带物料流为基准定义排渣效率 $\eta_{o,i}$ 为：

$$\eta_{o,i} = 1 - G_{out,i}/(E_i \times X_i) \tag{1-6}$$

系统对物料 d_i 的保存效率 $\eta_{m,i}$ 为：

$$\begin{aligned}\eta_{m,i} &= 1 - [G_{out,i} + F_i]/[E_i \times X_i] \\ &= \eta_{o,i} + \eta_i - 1\end{aligned} \tag{1-7}$$

再考虑物料平衡式有：

$$G_{in,i} = G_{out,i} + E_i \times X_i \times (1 - \eta_i) \tag{1-8}$$

$$\sum X_i = 1 \tag{1-9}$$

上述方程组对于将颗粒分成任何数目的粒度档均可解。总排渣流率近似认为：

$$G_{out} = G_{out,i}/X_i \tag{1-10}$$

图 1-12 和图 1-13 给出了循环流化床锅炉不同风速和两种分离器效率得到的平衡时床料粒度的分布（Yue G，et al，2005）。可见，无论进入循环流化床锅炉的物料粒度分布如何分散，系统均可对其进行“淘洗”。由于气流夹带能力有限，大颗粒很难被气流携带，只能集中在密相床并从床底排出。

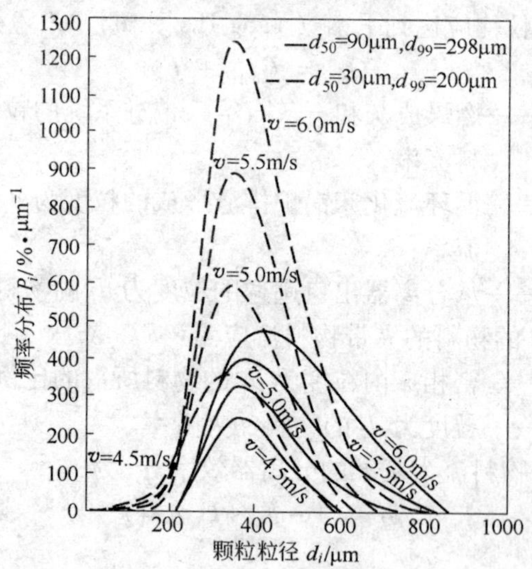

图 1-12　分离效率和流化速度对颗粒分布的影响

细小颗粒是否能从分离器出口逃逸，取决于颗粒尺寸和分离器性能。当颗粒尺寸较细而分离器效率很高时，细颗粒可以在床内累计，使床料筛分形成一个尖锐的峰值。图 1-13 给出系统对物料 i 的保存效率 $\eta_{m,i}$，系统保存效率像一座山峰，左边细颗粒侧的形状主要由分离器效率决定，右边粗颗粒侧主要由排渣效率决定。床料分布的峰顶恰恰对应系统保存效率的峰顶。分离器效率越高，粒度分布峰越尖锐，并向细粒度推移。显然风速对粒度分布的影响也较大，是对夹带率影响的宏观表现。

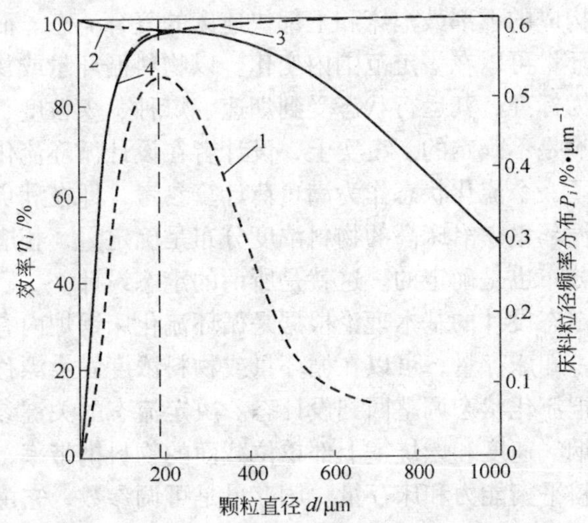

图 1-13 循环流化床锅炉物料平衡

1—床料；2—排渣效率；3—分离器效率；4—系统保存效率

基于上述分析，循环流化床锅炉从启动到带负荷的运行过程也是流化床物料累积和粒度逐渐变细的过程。有人将床料平均粒度称为“床质量”，借以考察循环流化床锅炉物料循环的好坏。循环流化床锅炉启动前填充的冷床料一般较宽较粗。刚刚运行的循环流化床锅炉处于鼓泡床状态，密相床表面有少量细颗粒扬析夹带。随着燃料煤的进入，建立起正常的循环流化状态，循环系统对物料进行自然淘洗，使得细物料所占比例逐渐增加。当夹带超过快床的最小夹带，即最小固体循环量时，循环流化床锅炉进入快床状态。若循环量继续增加，则床层空隙率沿高度分布除逐渐增加外，床层下部还会出现细颗粒浓相区。

1.2.3 循环流化床锅炉的流化状态确定——定态设计

循环流化床锅炉中的物料浓度是传热和燃烧的基本条件，是确定循环流化床锅炉工作状态的基本依据。

循环流化床锅炉的工作状态可以用流化速度 v_f 和该流化速度下的炉膛出口携带率 G_s 来表征。循环流化床锅炉燃烧室是由多重粒子构成的下部鼓泡床和上部快速床的复合流态。而快速床的物料循环量可以在一定范围内变化。以物料循环量或物料浓度空间分布为标准，其运行状态受到烟速、煤种、煤粒度、分离器效率的影响是不确定的。事实上，设计者在设计循环流化床锅炉时均确定了一个流化状态作为满负荷计算参考，即在满负荷条件下的物料循环量。沿床高的物料浓度分布是确定量，相应传热系数沿床高分布也是确定的。这就是所谓的定态设计。

采取定态设计的基本理论根据是循环流化床锅炉内有一个人为可调量，即床存量，可以在循环量或物料浓度发生漂移时调整床存量而把流化状态调整回到设计态。决定流态的关键参数是燃烧室截面烟气速度和燃烧室上部单位截面的物料携带率，它取决于系统物料平衡能力和床存量。床存量是可调参数，它由操作者控制。在确定烟速下，由于其他扰动影响了物料浓度分布，偏离设计值时可以恢复设计状态。

在状态确定中，流化速度 v_f 是比较好确定的，为一个可选择数据。最低烟速不能小于该平均粒度物料进入快速流态化时的操作气速，即初始快速流态化速度 v_c。

流化速度 v_f 选定之后，根据经验选择炉膛出口携带率 G_s，如图1-14所示，这也是国内外不同锅炉技术的定态设计图谱（Yue G, et al, 2005）。在图谱中，双点划线代表床料粒度为200μm时，不同流化风速下的最小循环量，低于最小循环量，锅炉无法达到快速床状态。上面两条曲线分别代表配备一级分离装置和二级分离装置的循环流化床在特定风速下所能达到的最大循环量。与循环量平行的两条曲线分别代表燃用硬煤和软煤的磨耗极限。

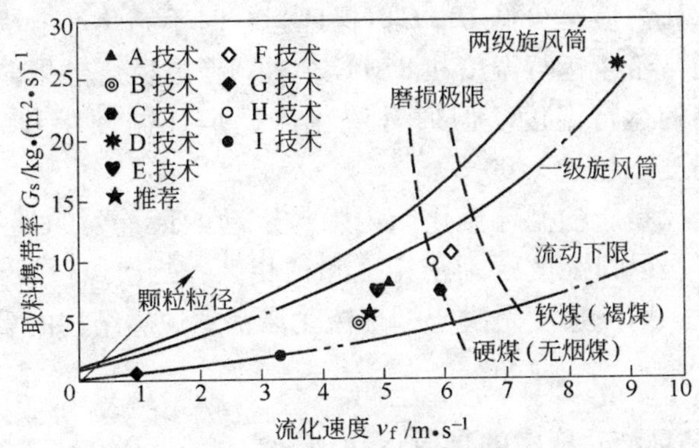

图 1-14 流态选择

对循环系统进行物料平衡的校验可以确定炉膛出口携带率 G_s 选择的可靠性和合理性。按照平衡理论校验分离器效率，在给定煤种的成灰特性下是否可以使床质量达到要求、物料循环量是否达到指定的状态。如果床质量或循环量达不到定态的要求，则需要改进分离器或提供辅助惰性床料。

选择流化速度 v_f 及炉膛出口携带率 G_s 的过程是循环流化床锅炉的过程设计的关键。确定了流化状态后，应当计算传热系数沿床高的分布、燃烧份额沿床高的分配。目前世界上多数研发厂家都是用经验确定上述数据的。由于工程数量和燃用煤种有限，应特别注意经验公式的外延可靠性。

1.3 循环流化床锅炉中的颗粒运动和燃烧

流化床是一种颗粒强烈运动的反应装置，其中主要发生的是气固两相运动和燃烧反应以及炉内脱硫等其他反应。描述炉内过程可以大致将气固两相运动与燃烧分别进行，尽管事实上它们是紧密地耦合在一起。

燃烧温度是一个十分重要而基本的运行参数，它是一个与燃料、操作方法、控制方式等诸多因素有关的参数。通常，燃烧的煤颗粒要比床料平均温度高出 100 ~ 200℃，运行床温应比燃料灰分的软化温度至少低 100℃以保证运行时不结焦。考虑脱硫效果时，通常希望运行温度在 850℃左右，考虑燃烧效果时希望有尽可能高的运行温度。但通常流化床锅炉（循环床和鼓泡床）的运行温度不超过 1100℃。

二次风是影响循环流化床内颗粒运动的最重要的外加影响。通常以二次风口高度区别密相区和稀相区，二次风位置和数量、布置高度、射流速度是决定循环流化床锅炉炉膛结构的重要影响因素。

1.3.1 循环流化床中的颗粒运动

循环流化床中的颗粒运动是十分复杂的，不仅因为操作风速较大而使气固两相运动为湍流运动，而且颗粒浓度变化也很大（达 1 ~ 500kg/m^3（标态））。另一方面，小型试验台架上得到的一些数据与工业实际运行的循环流化床锅炉的数据差别较大，有的参数甚至连变化趋势也不相同。因此，循环流化床锅炉内的颗粒运动仍然是一个需要进行大量研究工作的领域。

1.3.1.1 炉膛内的平均悬浮密度

循环流化床锅炉炉膛内的颗粒运动可以看作是一维现象，但是实际上至少是二维分布的。吕俊复等（2007a）的测量结果显示：离布风板越高，炉膛中固体物料悬浮浓度越小；无论床截面的大小和炉膛的高低，炉膛中固体物料悬浮浓度在任何高度的水平方向上，无论侧墙还是前墙，均呈现出中心低、角部高的现象。

图 1-15*a* 显示，距布风板越远，悬浮密度越小。图 1-15b 显示在炉膛中，流动边界层影响了气体的向上流动，导致如图 1-15*b* 的物料浓度分布，近壁区的速度较小。横向物料分布（图 1-15*b*），炉膛水冷壁中心线上，炉膛内部的物料浓度变化较为缓慢，但侧墙与前后墙的速度场和浓度场的叠加，使角部的浓度最高。

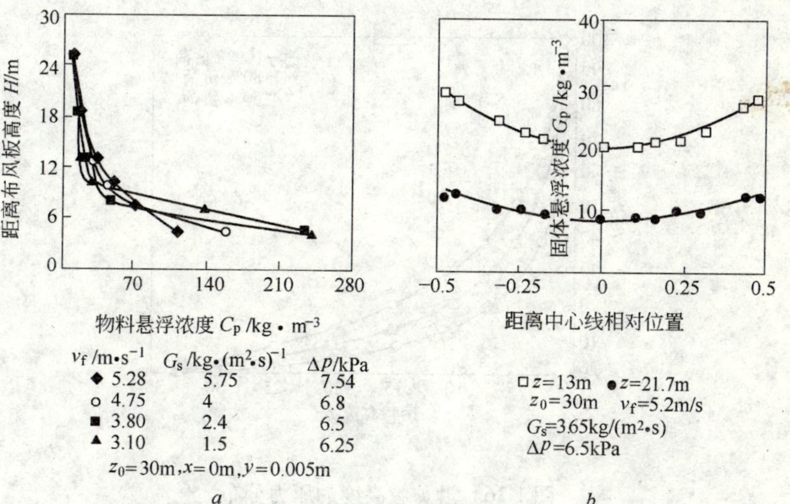

图 1-15 水冷壁中心气体速度和物料浓度分布测量结果

a—不同流化速度下的炉膛纵向分布；*b*—不同流化速度下的炉膛横向分布

Werther 等（1993）在测量法国 E. Huchet 电厂 125MW 循环流化床锅炉时采用测量不同高度的炉膛压力的方法测量炉膛平均悬浮密度。E. Huchet 电厂 125MW 循环流化床锅炉炉膛有 25 个压力测点，测量结果显示各炉墙的压力分布均匀，压力分布可以看作一维现象。由测量结果得到关联式：

$$p_{\mathrm{h}} = p_{\infty} + \alpha \cdot h^{\beta} \tag{1-11}$$

式中 p_{h}——高度为 h 处的压力，Pa；

p_{∞}——无穷远处压力，Pa；

α、β——方程的拟合常数。

假定炉膛轴线方向流动是稳态的，忽略颗粒之间、颗粒与炉墙之间的相互作用，可以写出高度为 h 处的悬浮密度计算公式：

$$\rho_{\mathrm{b,h}} = -\frac{1}{g} \cdot \frac{\partial p_{\mathrm{h}}}{\partial h} = -\frac{\alpha \cdot \beta}{g} \cdot h^{(\beta-1)} \tag{1-12}$$

图 1-16 和图 1-17 是该循环流化床锅炉上测得的压力分布和悬浮密度分布。

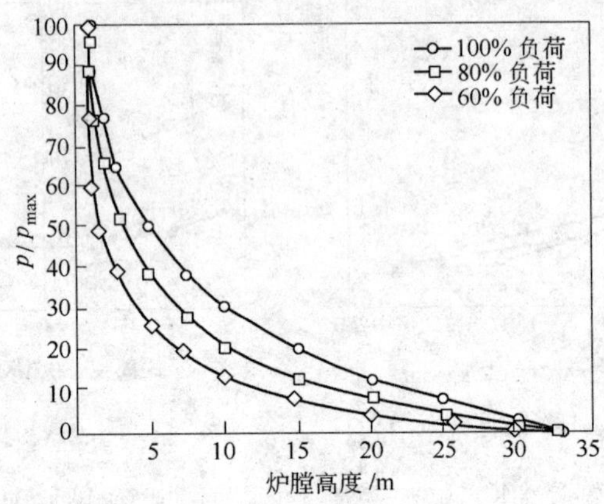

图 1-16 沿炉膛高度的压力分布

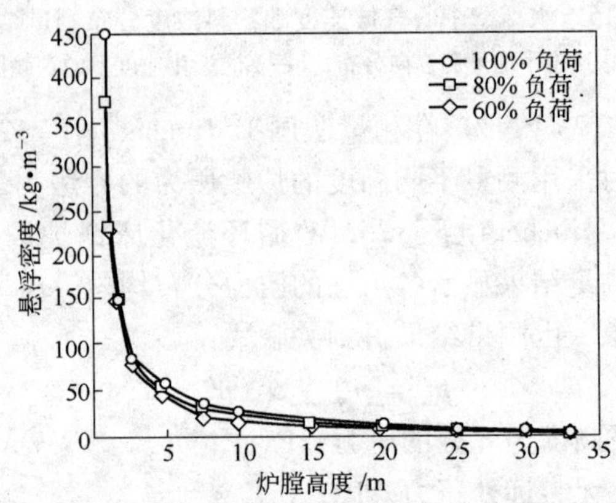

图 1-17 沿炉膛高度的平均悬浮密度分布

E. Huchet 电厂 125MW 循环流化床锅炉实测得到的悬浮密度并没有出现 S 形分布，与很多小型实验台上的结果不同。

E. Huchet 锅炉的悬浮密度分布在炉膛耐火材料衬里高度范围内出现高颗粒密度区，称为密相区，接着是二次风口附近的飞溅区，再向上是平均颗粒体积浓度低于 1.5% 的输送区。燃烧室顶部的平均颗粒密度低于 0.25%。

在 13.8m 高度上进行的测量给出了热边界层和流动边界层，测量结果显示，热边界层厚度约为 100mm，温度差约为 200℃；颗粒边界层厚度约为 250mm，浓度差约为 150kg/（m^3·s）（见图 1-18 和图 1-19）。

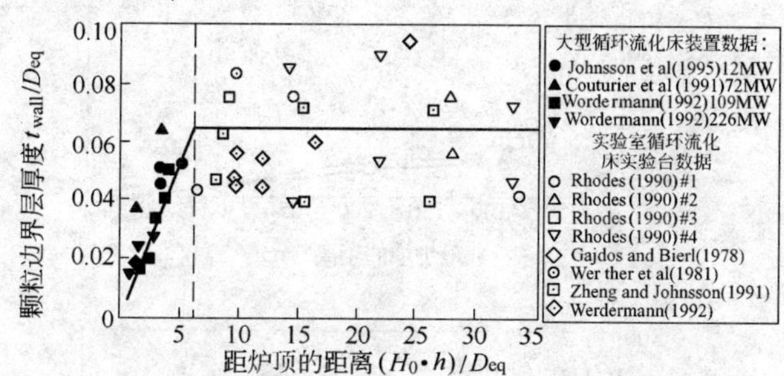

图 1-18　颗粒边界层厚度对炉膛高度的依赖性

CFB 炉膛截面质量平衡表明，通过炉膛的颗粒流量必须恒定才能保证锅炉稳定运行。颗粒边界层区占据了炉膛截面积的 10%，从流体动力学角度不能忽略颗粒边界层。外循环颗粒流量占炉膛上升颗粒流的 45%。

1.3.1.2　边界层厚度和循环倍率

Werther（1993）建立了两个经验关联式描述边界层厚度。第一个关联式用冷模实验数据和工业装置（12～226MWth）拟合，计算边界厚度随炉膛高度的变化

$$\frac{s}{D_t} = 0.55 Re_t^{-0.22} \left(\frac{H_t}{D_t}\right)^{0.21} \left(\frac{H_t - h}{H_t}\right)^{0.73} \tag{1-13}$$

式中　$Re_t = v_a D_t / \mu$；

s——高度为 h 处的边界层厚度，m；

D_t——装置的水利直径，m；

v_a——操作风速，m/s；

H_t——燃烧室高度，m；

μ——动力黏度，m^2/s。

第二个关联式引进了无量纲颗粒再循环速率 Z_h，其定义为

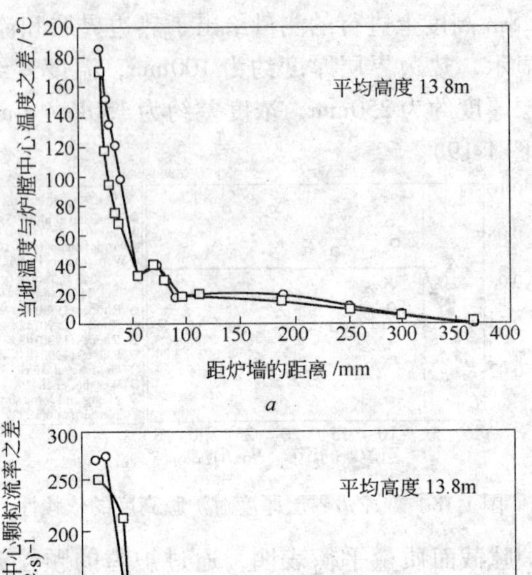

图 1-19　颗粒边界层厚度与温度边界层厚度的测量值

a—13. 8m 高度上测得的温度边界层厚度；

b—13. 8m 高度上测得的颗粒边界层厚度

下降颗粒流速率/上升颗粒流速率：

$$Z_h = 0.2 + 0.73(H_{e,min} - h)/H_{e,min} \tag{1-14}$$

式中　$H_{e,min}$——炉膛出口（分离器入口）下沿高度，m。

樊融（2007）测量了一台 135MW 机组，得到的温度边界层结果比 Werther（1993）厚（见图 1-20）。

Luc Lafanechere（1995b）采用 Werther（1993）方法计算颗粒流：

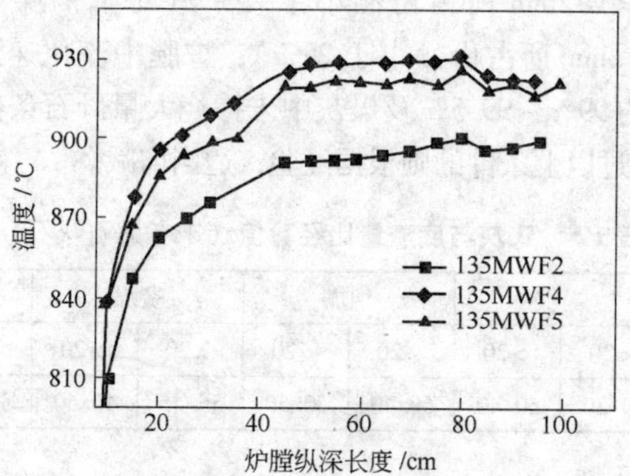

图1-20 循环流化床炉膛内温度径向分布

$$G_{uh} = \rho_{b,h}(v_a - v_t) \quad (1\text{-}15)$$

$$G_{d,h} = G_{u,h} - G_s \quad (1\text{-}16)$$

式中 $G_{u,h}$——高度为 h 处炉膛中上升颗粒流率，kg/(m^2·s)；

v_a——操作风速；

v_t——平均颗粒直径的终端速度；

G_s——外循环回路中的颗粒流率；

$G_{d,h}$——高度为 h 处炉膛中下降颗粒流率，kg/(m^2·s)。

Zhang W N 等（1995）总结出流动边界层厚度的经验关联式：

$$\delta = 0.05D_e^{0.74} \quad (1\text{-}17)$$

式中 D_e——流化床床体当量直径。

1.3.2 循环流化床中颗粒取样结果

我国循环流化床都是燃烧宽筛分燃料。燃料进入炉膛后，被流化空气分选，大颗粒留在密相区中，中小颗粒被吹进稀相区，其中一部分在炉膛内循环，一部分参加炉膛外的循环，最细的颗粒逃逸出锅炉本体。陈春元（2007）结合国内数十台运行的循环流化床锅炉调研结果，提出飞灰和底渣的划分比例。在煤的破碎粒度 d_{max} <

7～10mm，$d<0.2$mm 所占份额小于 25%（对于褐煤 $d_{max}<20$～30mm，d<0.2mm 所占份额小于 25%）；炉膛中流化速度约 5m/s；分离器效率约 99%～99.5% 及煤灰中未掺烧大量矸石条件下，按表 1-5 选取。超过以上条件的则根据经验，适当增减。

表 1-5 飞灰与底渣量比经验值（未考虑石灰石）

煤质	褐煤		烟煤		贫煤		无烟煤	
灰分 A_{ar}/%	<20	>20	<20	>20	<20	>20	<20	>20
飞灰/底渣	70/30	60/40	60/40	50/50	55/45	40/60	35/65	30/70

1.3.2.1 密相区颗粒的空间分布

虽然颗粒运动有大量的试验结果和模型计算结果，但真正可以用到循环流化床锅炉炉膛设计的数据并不是很多，一些来自大型循环流化床锅炉的数据就显得宝贵。一些测量显示，影响循环流化床锅炉炉膛传热的颗粒边界层厚度只有大约 200mm 厚。图 1-21 是在流化床锅炉密相区取样获得的颗粒尺寸分布。数据显

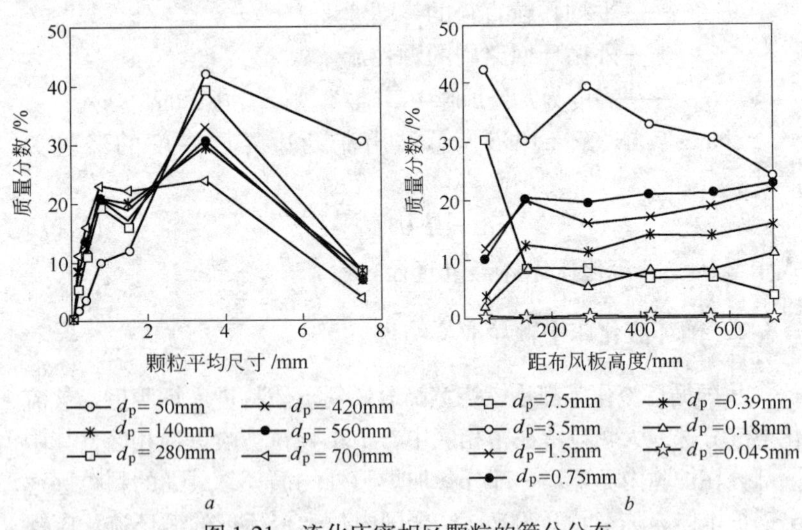

图 1-21 流化床密相区颗粒的筛分分布

a—按颗粒度表示的筛分分布；*b*—按取样高度表示的筛分分布

示，紧贴布风板处（100mm 以下）有一层主要由平均颗粒尺寸 7.5mm 和 3.5mm 颗粒组成的大颗粒层（占 70% 以上），平均尺寸 7.5mm 颗粒主要集中在布风板上，其余各层的取样结果比较接近。

各层取样都获得了宽筛分分布，表明流化床密相区内颗粒混合十分均匀。但平均颗粒度为 0.045mm 的颗粒十分稀少，表明流化床具有明显的扬析作用。

距离布风板 400mm 和 800mm 处取样结果显示了相近的分布（见图 1-22）。

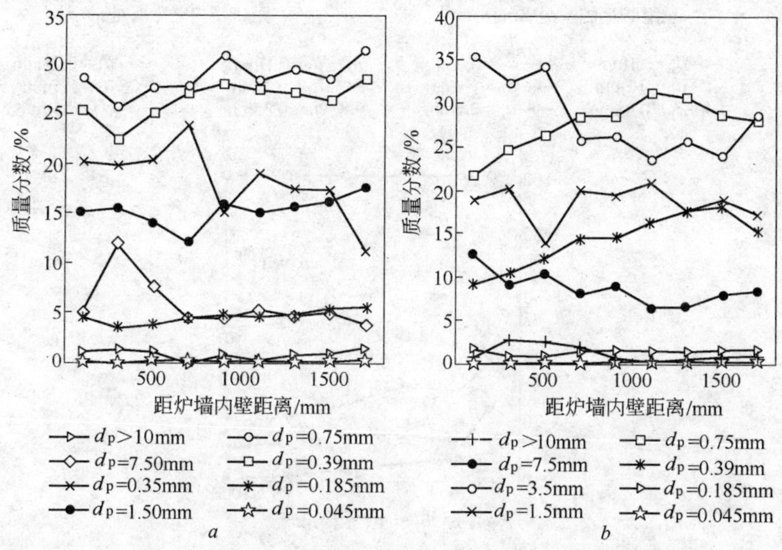

图 1-22 布风板上 400mm 和 800mm 高度取样的筛分分布

a—布风板上 400mm 的筛分分布；*b*—布风板上 800mm 的筛分分布

1.3.2.2 稀相区下降颗粒层中的颗粒分布

循环流化床稀相区的颗粒分布与密相区完全不同，特定运行风速下的气体没有能力将大颗粒扬析到稀相区中，所以取样获得的样品都是窄筛分的。图 1-23 给出了一台循环流化床锅炉稀相区获得的颗粒空间分布。

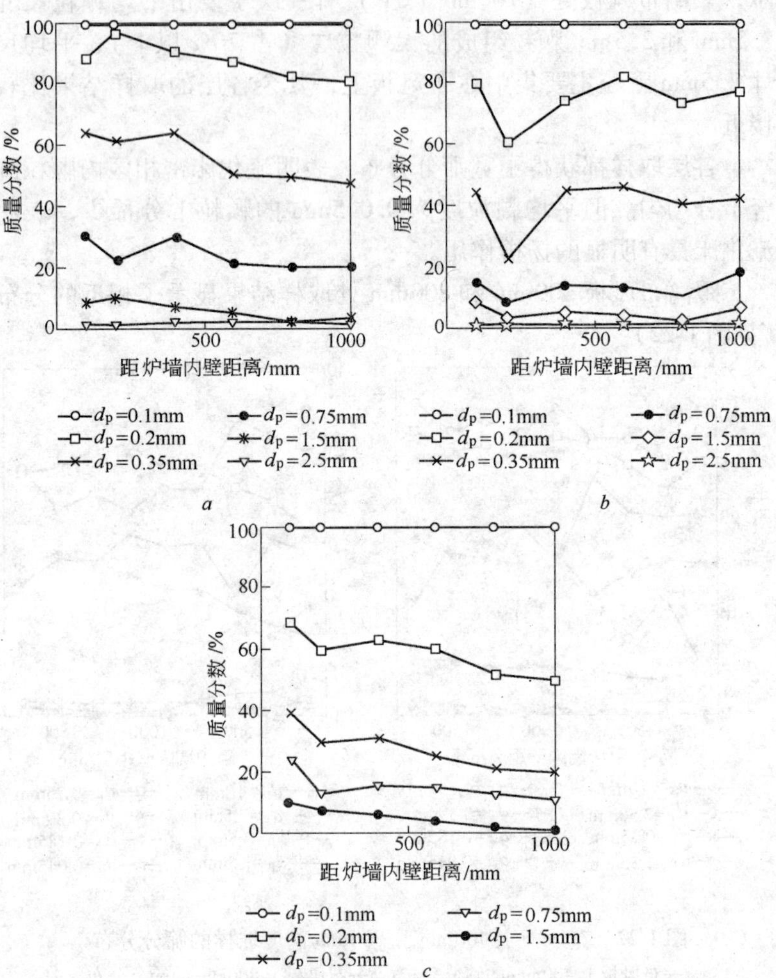

图 1-23　距离布风板 15m 高度取样的筛分分布

a—100% 负荷；*b*—70% 负荷；*c*—50% 负荷

稀相区取样结果显示，锅炉负荷对颗粒边界层中的颗粒分布有较大影响，随着锅炉负荷下降，颗粒边界层中的颗粒尺寸下降。将图 1-23 与图 1-18、1-19、1-20 比较，可以形成颗粒边界层的总体印象，即颗粒边界层中的颗粒主要是0.2~1.0mm之间的颗粒组成，大于1.5mm和小于0.1mm的颗粒都很少。

张建胜（2003）测量了循环流化床锅炉的平均悬浮密度，其结果与Werther（1993）的测量结果是一致的（见图1-24）。图1-25给出了Gardanne 250MW CFB锅炉测试与模型预测比较。

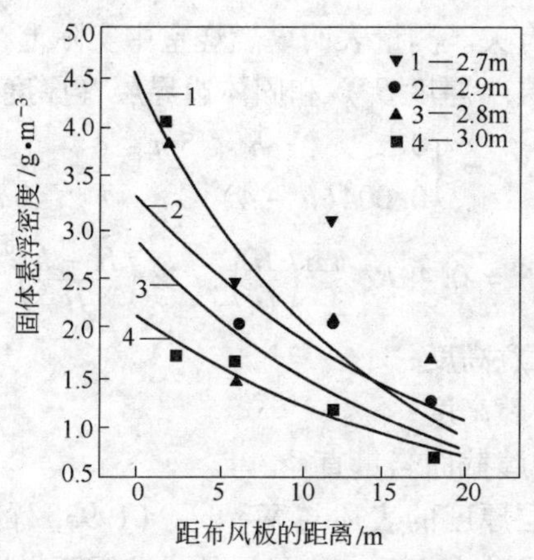

图1-24 炉膛中心不同距离处的轴向浓度分布

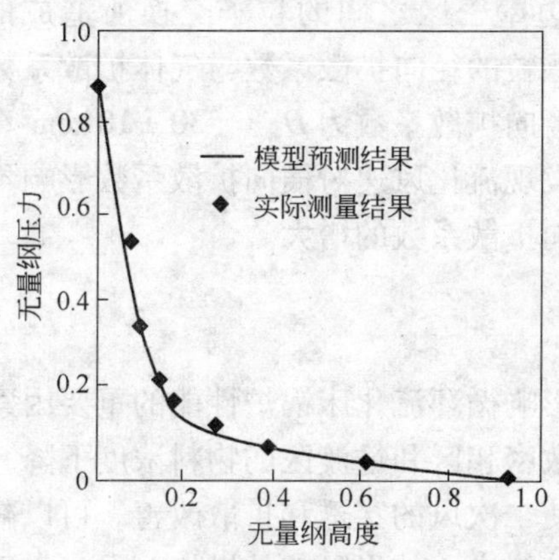

图1-25 Gardanne 250MW CFB锅炉测试与模型预测比较

于龙等（2004）认为，近壁区浓度很高的物料发生随机的团聚现象，很难比较合理地进行数学描述。而采用环核模型，通常假设中间是上升流，固体物料浓度较低；边壁的浓度较高，是下降流，即为固体边界层。人们发现物料边界层距离壁面有一层气体边界层，但气体边界层的厚度较小，距离壁面在5mm左右，而固体边界层厚度与床体当量直径、床雷诺数、床高及所在的距离布风板高度有关。测量表明，燃烧室中实际上存在着两个边界层，气体边界层（厚度 S_g）和固体边界层（厚度 S_t）：

$$S_g = \begin{cases} 0 & h \leqslant 5m \\ 0.004(h-4) & h > 5m \end{cases} \tag{1-18}$$

$$\frac{S_t}{D_t} = 0.49Re^{-0.23}\left(\frac{H}{D_t}\right)^{0.20} \times \left(\frac{H-h}{H}\right)^{0.88} \tag{1-19}$$

式中 h——任意高度；

H——炉膛高度；

D_t——炉膛截面当量直径。

固体边界层厚度的表述与 Werther（1993）的表述几乎完全一致。但是容量放大之后，边界层的描述需要做进一步的研究。

颗粒的径向混合主要是由于气固流动径向的不均匀性及中心相对稀薄区与边壁密区之间的粒子交换所造成的。Van Zoonen认为稀相区内颗粒的径向扩散系数与气体扩散系数具有同一数量级，认为颗粒径向扩散系数为 $D_{sr} = (30 \pm 10) cm^2/s$。在床存量一定的情况下，发现流化风速对横向扩散系数影响不大，而增加床存量将导致横向扩散系数的增大。

1.3.3 床存量

床存量是影响循环流化床锅炉性能的重要因素。一方面，床存量减少，导致密相区和过渡区的物料浓度下降，二次风口的背压下降，从而使二次风的穿透和扩散改善，可以减小炉膛中心的贫氧区，利于炉膛中心的炭颗粒的燃烧。另一方面，较大的床存量，可以保证粒子在炉内停留时间长，使可燃物燃烧得更充分；

由于循环流化床锅炉中不但辐射传热量很大，对流传热也占较大的比例，物料浓度是保证传热的基本条件之一，而物料浓度受到床存量的直接影响。

杨石（2007）研究了循环流化床锅炉床存量对锅炉性能的影响，将锅炉存料量 I_0 分为炉膛存料量 I_m 与循环回路存料量 I_{e0} 两部分，或分为压降床存量 I_d 和有效床存量 I_e（见图 1-26）。

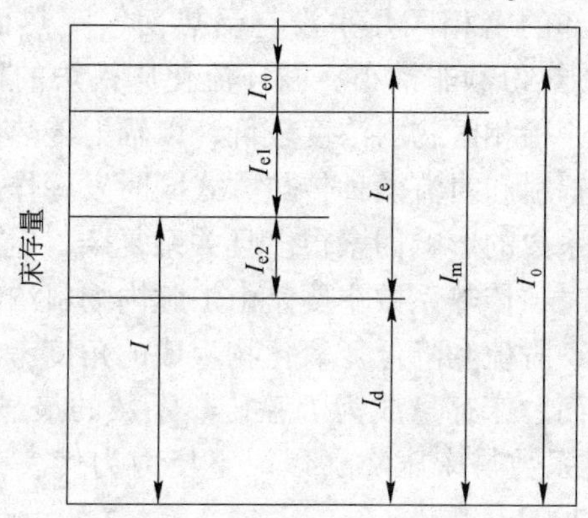

图 1-26 循环流化床锅炉床存量示意图

I_0—总床存量；I—密相区和过渡区床存量；I_d—压降床存量；I_m—炉膛床存量；I_e—有效床存量；I_{e0}—分离器、料腿、返料阀、换热床中床存量；I_{e1}—稀相区床存量；I_{e2}—过渡区中可以离开炉膛进入外循环的床存量

1.3.3.1 床存量对循环流化床锅炉传热的影响

在锅炉启动运行之前，床料处于静止状态，床存量就是布风板上的静止床料。锅炉启动时静止的床料被流化，发生颗粒的扬析夹带。扬析颗粒中粒度较粗的部分被分离器捕捉进入返料系统，较小颗粒以飞灰的形式离开锅炉。

为保证流化床锅炉启动过程中，床面温度均匀，不出现局部超温，必须保持一定的点火床料静止高度。

床存量是循环流化床锅炉运行的重要监控参数之一。目前还没有办法精确测量运行流化床的存量，通常采用流态化压力损失粗略估计存料量：

$$M = \frac{\Delta p}{g} \tag{1-20}$$

式中 M——存料量；

Δp——床压降，Pa；

g——重力加速度，m/s^2。

在炉膛下部的密相区几乎没有受热面（受热面被防磨耐火材料覆盖），传热份额非常小。循环流化床锅炉的稀相区布置有大量的受热面，稀相区物料浓度较低，以辐射传热为主。炉膛中部的过渡区，辐射和对流两种传热方式同时发挥作用。

虽然传热系数的影响因素很多且关系复杂，但在锅炉材料和几何尺寸一定时，传热系数主要是由炉膛内物料浓度和床温来决定的。从燃烧、脱硫和降低氮氧化物生成的角度考虑，床温不可变化太大。因而，床存量成为炉膛传热系数的最显著影响因素。图 1-27 为传热系数与床压降（以风室压力为代表）的实际运行关系（张敏，2002）。

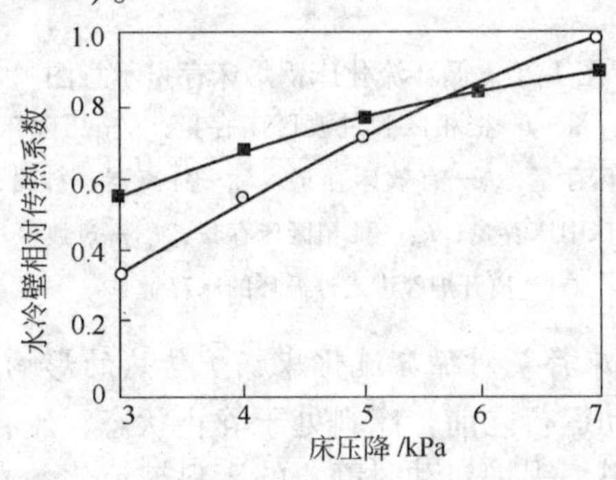

图 1-27 传热系数与床压降的关系

杨石（2007）利用热平衡原理，以料层净压降代表床存量，测量了一台商业运行锅炉（图 1-28）。图 1-27 和图 1-28 结果显示了不同的趋势，是因为图 1-27 以风室压力代表床存量。

对该商业运行锅炉的数据分析发现，在维持床温基本不变的条件下，床存量与负荷的关系如图 1-29 所示。由图 1-29 可以看

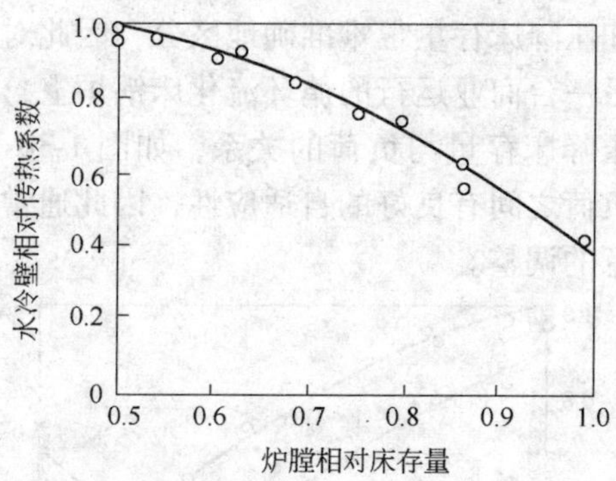

图1-28 传热系数与相对床存量的测量结果

出，炉膛中的床存量随负荷的升高而降低。因为正常情况下，锅炉负荷升高除要增加给煤量，还要提高一次风速。一次风风速提高，加强了一次风的携带能力，更多的颗粒进入外循环。经过分离器分离回送炉膛，使得床料的平均粒度下降，床质量提高；所以提高锅炉负荷后，循环量提高，为此需要可循环的床料占总床料量的比例也要升高，有效床存量 I_e 上升，而压降床存量 I_d 减小，床质量提高。由于位于分离器、料腿、返料阀、换热床中的存量 I_{e0} 的增加，测量得到的炉膛床存量 I_m 反而降低。

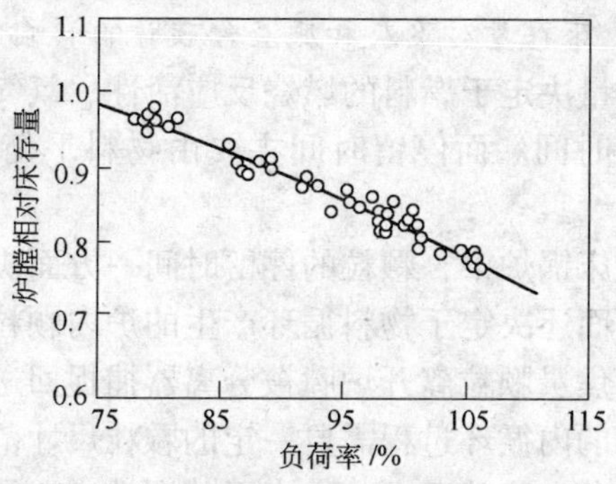

图1-29 床存量与负荷关系

虽然低负荷条件下，炉膛总床存量提高，但由于压降床存量比例提高，导致对于传热有重要影响的有效床压降下降。但是，有效床存量和压降床存量很难准确地区分，因此对两者的控制比较困难。在另一台商业运行的循环流化床锅炉上，详细测量了有效床存量和压降床存量与负荷的关系，如图 1-30 所示，发现二者的比例与负荷之间有良好的自适应性，因此通常条件下，运行中不进行刻意的调整。

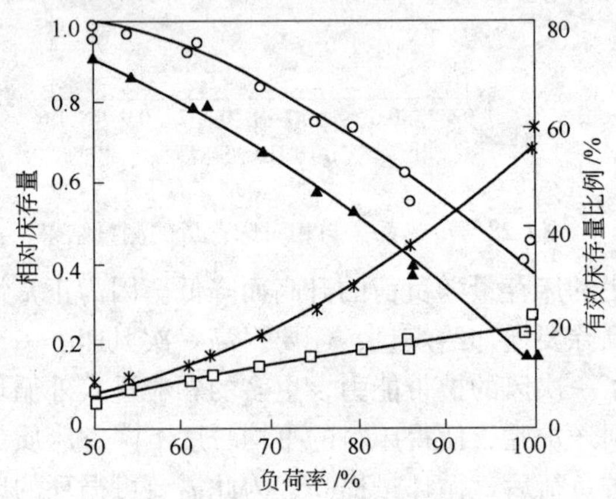

图 1-30　床存量与负荷的关系

○总床存量　▲压降床存量

□有效床存量　*有效床存量占总床存量比例

1.3.3.2　床存量对飞灰和底渣含碳量的影响

飞灰含碳量决定于燃料的燃烧反应活性、氧气供给条件、反应温度和停留时间。而停留时间主要由物料平衡系统的性能所决定。

循环流化床锅炉中，颗粒的停留时间一方面决定于颗粒尺寸分布，另一方面还决定于物料循环产生的炉内颗粒团聚，而不是简单地理解为焦炭颗粒离开炉膛被分离器捕捉回送循环燃烧。形成颗粒团回落的内循环过程需要一定的颗粒尺寸范围和浓度，才会出现团聚现象，这就要求一定水平的有效床存量。只有床质量和有效床存量同时达到要求，才会给焦炭的燃尽提供合适的条件。

在商业运行的锅炉上的测量结果表明，随着有效床存量的提高，无论什么煤种，飞灰含碳量均呈现出下降的趋势，如图1-31所示。其中的有效床存量简化为布风板之上500mm至炉膛出口的床料存量。而床存量提高，尤其是压降床存量或者密相区与过渡区的床存量的增加，有利于底渣含碳量的降低。图1-32为商业运行的锅炉上的测量结果。发现随着床存量的提高，压降床存量迅速上升，增加了大颗粒的燃尽时间，底渣含碳量迅速下降。

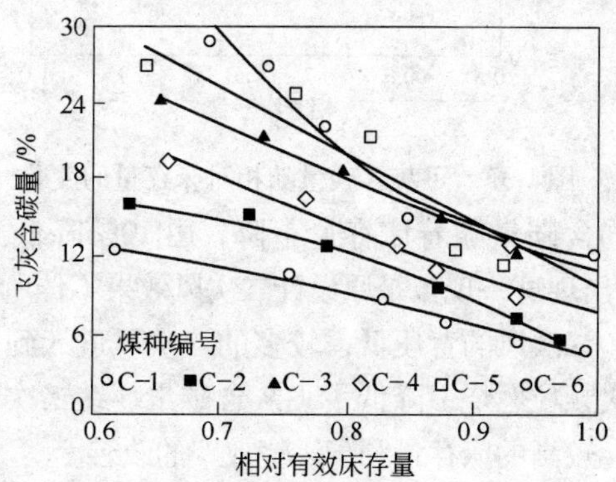

图1-31 飞灰含碳量与有效床存量的关系

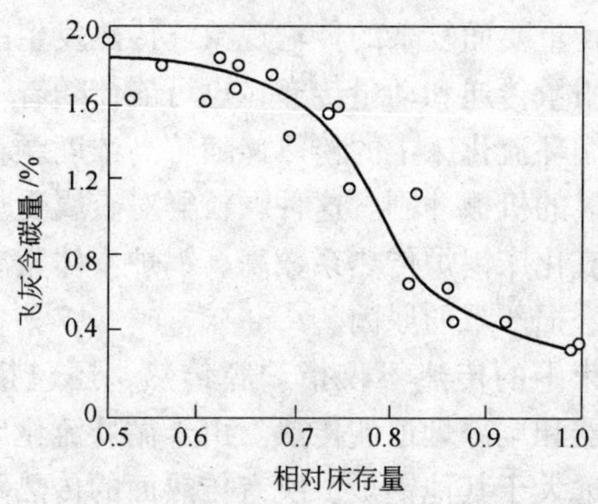

图1-32 飞灰含碳量与相对床存量的关系

因此床存量提高，利于提高燃烧效率。但是并非所有条件下均是如此。在一台135MW循环流化床锅炉在额定负荷条件下维持床温基本不变，降低床存量后，飞灰含碳量有明显的降低，如图1-33所

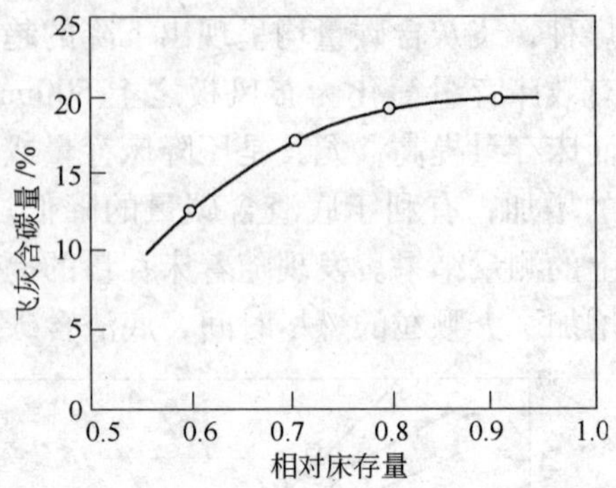

图 1-33 飞灰含碳量随相对床存量的变化

示。飞灰平均含碳量随着床存量下降，由 19% 降低到 11%。杨石 (2007) 认为出现这一现象是原设计二次风效果不佳所致。较低的床存量条件下，二次风的背压低，较多的二次风进入到炉膛中心的贫氧区参加到炭颗粒燃烧，降低了飞灰含碳量。在二次风混合没有缺陷的条件下，较高的床存量利于燃烧效率的改善。

1.4 循环流化床中的传热

传热是一种重要而复杂的传输现象。传热发生的同时既可能伴随着复杂的质量传递和动量传递，也可能伴随着一些化学效应和机械效应。循环流化床中的传热伴随着高浓度颗粒群运动，对受热面形成明显的机械冲刷。这种颗粒群对金属受热面的机械冲刷，既是循环流化床锅炉传热系数高、锅炉本体紧凑的原因，也是循环流化床磨损严重的原因。

循环流化床中的传热不仅指炉膛传热，还包括外置式换热器、气固分离器和尾部烟道的传热。由于循环流化床锅炉烟气携带的颗粒量远远大于其他锅炉，所有传热面的传热系数与其他炉型都不一致，尤其是在循环灰通道中的受热面。

1.4.1 循环流化床锅炉传热系数的实际测量结果

目前比较常用的计算颗粒团及气体与壁面之间平均传热系数

k 的方法，是将其表示为表面被颗粒所覆盖的壁面与颗粒之间的传热系数和暴露于气体部分的壁面与气体之间的对流传热系数之和：

$$k = fk_c + (1 - f)k_b \tag{1-21}$$

式中 k_c——面积平均的颗粒团的传热系数；

k_b——气体的传热系数；

f——气泡相份额。

由于分散相密度很低，很多研究者用单相气体湍流公式计算气体对流传热系数，可以获得比较准确的结果。

吕俊复等（2003）使用下式计算颗粒对流传热系数：

$$k_c = \frac{1}{\dfrac{y_{gap}}{\lambda_{gas}} + \sqrt{\dfrac{\pi t_d}{(\lambda\rho c)_{cluster}}}} \tag{1-22}$$

式中 y_{gap}——壁面颗粒层整体与壁面之间的气体间隙，一般在0.2～0.9mm，计算时可以取其平均值0.5mm；

λ——导热系数；

ρ——密度；

c——比热容；

t_d——颗粒团的贴壁时间。

在已经运行的循环流化床锅炉上，人们更习惯于使用经验公式。Jestin 等在 Carling 的 125MW 循环流化床锅炉的测试中根据测试的结果推导出（Jestin，1992）：

$$k = \varepsilon(\Delta p)^{\alpha}(T_f)^{\beta} \tag{1-23}$$

式中 Δp——整个炉膛的压降；

T_f——炉膛内的温度；

ε、α、β——经验常数。

吕俊复等（2007a）测量了三台不同容量循环流化床锅炉（炉膛截面积分别为3m×6m、5m×10m 和 7m×14m）不同高度上膜式水冷壁的金属壁温，得到了不同高度处水冷壁的传热系数。图1-34和图1-35是三台锅炉炉膛侧墙和前墙方向上的传热系数分布。

从图1-34和图1-35可以看出：离布风板越高，传热系数越

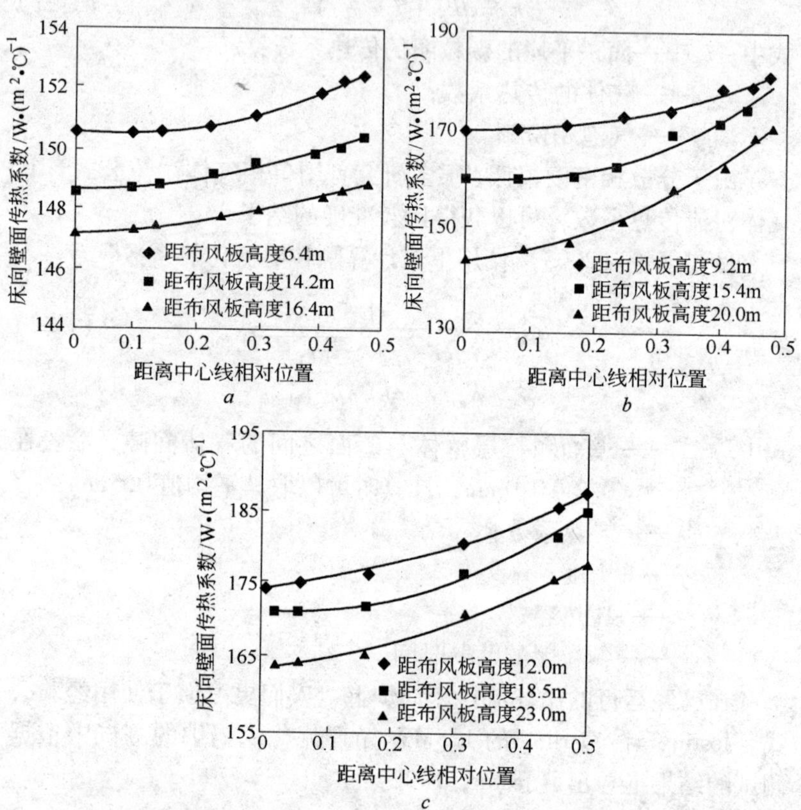

图1-34 三台循环流化床锅炉炉膛侧墙的传热系数分布

a—燃烧室尺寸3m×6m×20m，床温 $T_b=900\sim910$℃，流化速度 $v_f=4.97\sim5.15$m/s，工质温度 $T_f=253.6\sim254.8$℃，管径 $\phi51$mm×5mm，节距100mm；*b*—燃烧室尺寸5m×10m×30m，床温 $T_b=900\sim912$℃，流化速度 $v_f=4.75\sim4.93$m/s，工质温度 $T_f=272.3\sim273.1$℃，管径 $\phi60$mm×5mm，节距80mm；*c*—燃烧室尺寸7m×14m×35m，床温 $T_b=882\sim894$℃，流化速度 $v_f=5.78\sim5.86$m/s，工质温度 $T_f=353.8\sim354.6$℃，管径 $\phi60$mm×6.5mm，节距90mm

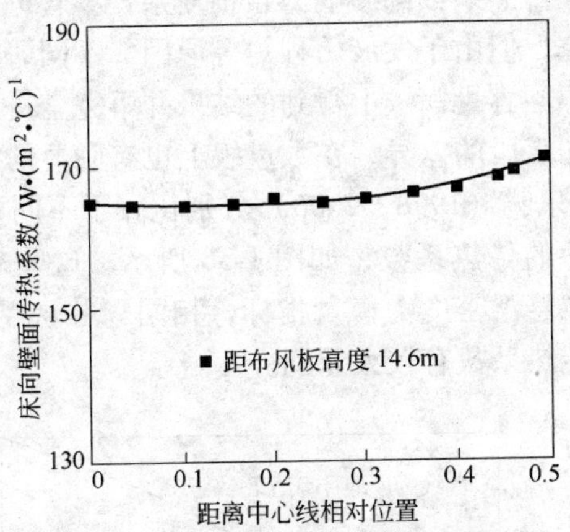

图 1-35 水冷壁前墙右侧的传热系数

燃烧室尺寸 5m×10m×30m，水冷壁饱和温度

为 274℃，布风板上 14.6m

小。传热系数单调下降；炉膛水冷壁中心线附近的传热系数相对较小，而在接近炉膛角部，传热系数有所提高。这与煤粉炉的分布是截然不同的。侧墙传热系数的分布与前后墙的分布相似。无论床截面的大小和炉膛的高低，炉膛中气固两相流向受热面的传热系数，在任何高度的水平方向上，无论侧墙还是前墙，均呈现出中心低、角部高的现象。

传热系数是物料浓度的函数。物料浓度的增加，可以提高传热系数；同时，较高的物料浓度，在一定程度上会削弱物料的横向扩散与混合，导致温度边界层增加，降低传热系数。而总的传热效果并不随浓度的增加而明显上升，这两种影响的综合作用结果，表现为炉膛角部传热系数的提高。一般角部传热系数比中心处高 10 % ~15 %左右，最差条件下，角部传热系数可以比中心处高 35%。炉膛中温度的横向分布比较均匀。在给煤正常条件下，床温最大偏差在 23°C 以内，而且热边界层的厚度基本与位置无关。

锅炉炉膛传热系数的影响因素很复杂，尽管进行过大量的理论和实验研究，但由于发展历程短等原因，不同研究人员在不同实验条件和不同容量锅炉上得到的结果并不完全一致。不仅反映了研究方法和手段的差异，在数量级上也有明显的差异。吕俊复（2000）和程乐鸣（1998，2006）分别比较了不同资料来源的循环流化床锅炉的传热系数，如图 1-36 所示。这些来自不同来源的数据以颗粒悬浮密度为衡量指标，相同颗粒悬浮密度条件下，不同来源的传热系数有较大差别。

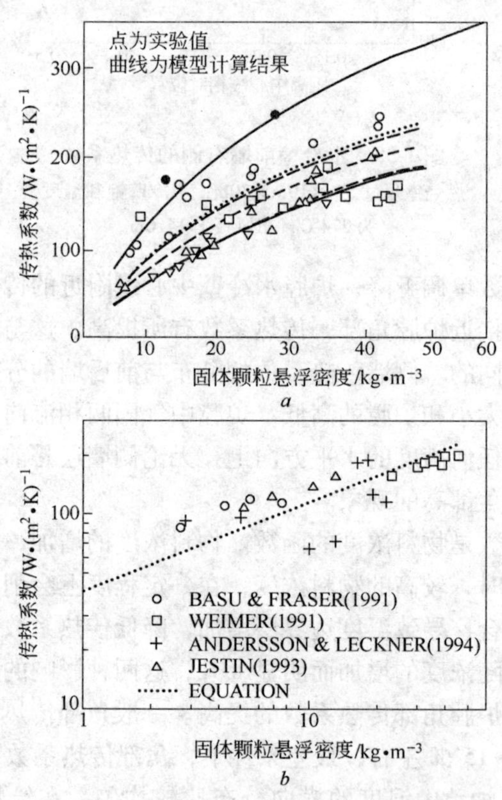

图 1-36　循环流化床锅炉传热系数的比较结果

a—吕俊复的比较；*b*—程乐鸣的比较

吕俊复是在测量了75t/h循环流化床锅炉不同灰浓度下床对受热面壁面的传热系数后进行的数据比较；程乐鸣是在总结循环流化床锅炉传热系数研究时作出的归纳。

程乐鸣等（1998）对一台165MW循环流化床锅炉的720h实际运行数据进行分析总结，提出炉膛四周水冷壁传热系数可通过下式计算：

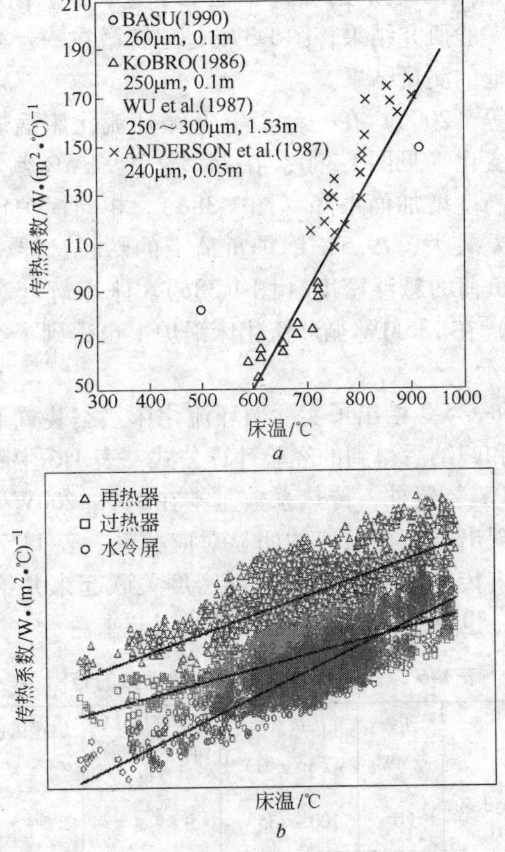

图1-37 床温对传热系数的影响

a—程乐鸣（2006）；*b*—王智微（2007）

$$k_w = 0.156\rho_b^{0.35} T_b^{0.91} \tag{1-24}$$

式中　k_w——传热系数，W/（m²·k）；

ρ_b——炉膛固体颗粒浓度，kg/m³；

T_b——炉膛温度，℃。

图 1-37 是运行温度与传热系数之间的关系，随着运行温度提高，传热系数直线上升。Jestin 等（1992）对在 Carling 的 125MW 循环流化床锅炉的测试也证明了这一点。图 1-37*a* 是程乐鸣总结的实验研究结果，图 1-37*b* 是王智微在一台 440t/h 循环流化床锅炉上的测量结果。

程乐鸣等（2006）在一台 220t/h 循环流化床锅炉上测量了传热系数的变化（见图 1-38）。在 74.5% 和 97.5% 额定负荷下的传热系数随高度增加而下降（图 1-38*a*）。相同锅炉负荷下颗粒悬浮密度相差较大，79.5% 锅炉负荷下的颗粒悬浮密度远大于 74.5% 锅炉负荷的悬浮密度（图 1-38*b*）。张小辉（2007）和王智微（2007）在 135MW 循环流化床锅炉上也得到了类似的结果如图 1-39 所示。

表 1-6 和表 1-7 给出了实际循环流化床热态装置上测量的传热数据范围和归纳后得到的经验计算公式。表 1-6 中除了德国杜伊斯堡 226MW 装置外，传热系数基本在 100～200W/（m²·K）之间，并表现出与运行风速的明显对应关系。表 1-17 给出的经验公式都是将传热系数与平均悬浮密度关联起来并给出温度范围。事实上，也有人将温度用幂指数关联起来。

表 1-6　一些 CFB 锅炉中传热系数的范围

厂　址	功率 /MW	传热系数 /W(m²·℃)⁻¹	炉膛尺寸（长×宽×高）/m	炉膛风速 /m·s⁻¹	炉膛温度 /℃
美国 Nucla（Boyd 和 Friedman，1991）	110	100～135①	6.9×7.4×34	2.6～5.1	774～913
瑞典 Chalmers 大学（Anderson 和 Leckner，1992）	12（热）	100～160	1.7×1.7×13.5	1.8～6.1	640～880

续表 1-6

厂 址	功率 /MW	传热系数 /W(m² · ℃)⁻¹	炉膛尺寸 (长×宽×高) /m	炉膛风速 /m · s⁻¹	炉膛温度 /℃
法国 Carling (Jestin 等，1992)	125	90 ~ 160②	8.6 × 11 × 33	—	850
德国 VW Wolfsburg (Blumel 等，1992)	145(热)	—	7.6 × 5.2 × 31	6.2	850
加拿大 Chatham (Couturier 等，1993)	72（热）	170 ~ 220②	3.96 × 3.96 × 23	6.4	875
德国 Flensberg (Werdermann 和 Werther，1994)	109	177 ~ 157①	5.13 × 5.13 × 28	6.3	855
德国 Duisberg (Werdermann 和 Werther，1994)	226	445 ~ 595③	8（直径）		
中国扬中 (王勤辉等，1998)	50（热）	~168	5.45 × 2.9 × 21.0	5.8 ~ 6.1	950
中国 Jianjiang (Jin 等，1999)	50	150 ~ 300	3 × 6 × 20	~5.1	920
中国杭州 (浙江大学，1999)	50	113 ~ 195	5.5 × 8.94 × 26.0	5.0	900 ~ 970
加拿大 (程乐鸣，2000)	165	110 ~ 170	7.0 × 18.0 × 36.0	4.6 ~ 5.2	800 ~ 950
中国山东 (Wang 等，2005)	135	93 ~ 140	6.6 × 13.1 × 38.0	5.2 ~ 5.9	800 ~ 930

① 根据有关公布数据推导而得；② 按设计传热表面的传热系数为 115 ~ 210W/(m² · ℃)；③ 用水平管束测量。

表 1-7 中床内稀相区固体颗粒平均浓度 ρ_b 和炉膛平均温度与一二次风比和流化风速成指数关系。

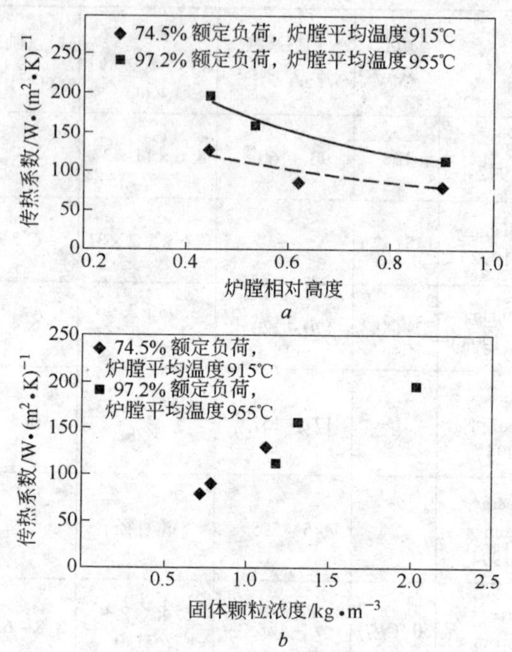

图 1-38　220t/h 循环流化床锅炉传热系数的变化

a—传热系数沿炉膛高度的变化；*b*—传热系数随悬浮密度的变化

表 1-7　一些工业 CFB 锅炉中传热系数的经验公式

研 究 人 员	经验公式	炉膛固体颗粒浓度 ρ_b/kg · m^{-3}	炉膛温度 T_b/℃
Andersson & Leckner（1992）	$k_w = 30\rho_b^{0.5}$	5 ~ 80	750 ~ 895
Colriz & Sunden（1994）	$k_w = 88 + 9.45\rho_b^{0.5}$	7 ~ 70	800 ~ 850
Basu & Nag（1996）	$k_w = 40\rho_b^{0.5}$	5 ~ 20	750 ~ 850
Andersson（1996）	$k_2 = 70\rho_b^{0.085}$	>2	637 ~ 883
	$k_w = 58\rho_b^{0.36}$	≤2	

陈春元（2007）总结了国内 135 ~ 150MW 级锅炉的传热系数，发现炉膛水冷壁传热系数在 170 ~ 180W/（m^2 · K），屏式过

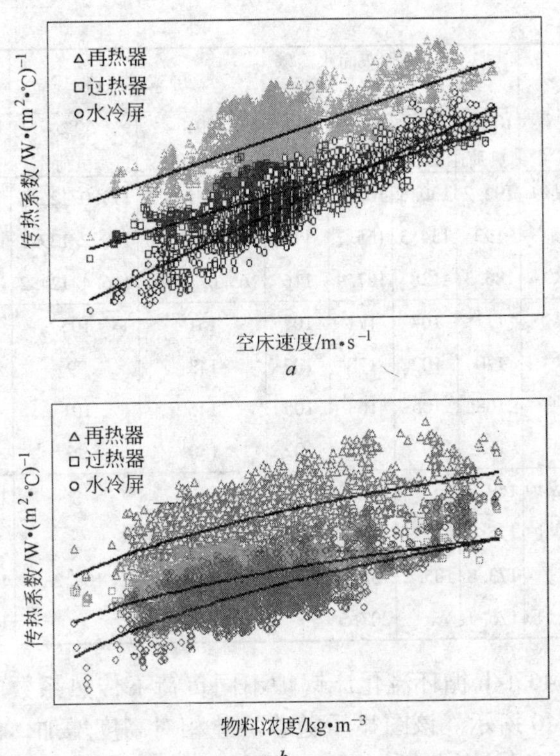

图 1-39 440t/h 循环流化床锅炉传热系数随运行参数的变化

a—传热系数与空床速度关系；*b*—传热系数与物料浓度关系

热器的传热系数约为 170W/（m^2 · K），屏式再热器的传热系数约为 170W/（m^2 · K）的范围内（见表 1-8）。

表 1-8 CFB 锅炉炉膛中受热面传热系数计算结果（Zhang H，et al，2005）

计算条件		水冷壁		双面水冷壁（水冷屏）		屏式过热器		屏式再热器	
		100%负荷	50%负荷	100%负荷	50%负荷	100%负荷	50%负荷	100%负荷	50%负荷
A公司	无烟煤炉	173	105	173	105	170	104	182	112
	贫煤炉	181	107	181	107	171	103	176	109
	烟煤炉	170	103	170	103	169	103	179	107

续表 1-8

计算条件		水冷壁		双面水冷壁（水冷屏）		屏式过热器		屏式再热器	
		100%负荷	50%负荷	100%负荷	50%负荷	100%负荷	50%负荷	100%负荷	50%负荷
B公司	无烟煤炉	192.2	130.8	165.7	115.1	169.8/170.3	119.0/125.8		
	贫煤炉	193	134.3	165.7	117	170.0/170.0	119.2/129.1		
	烟煤炉	186.3	128	167.9	116	165.0/170.4	116.4/124.2		
C公司	无烟煤炉	171	107	171	107	151	105	150	91
	贫煤炉	170	102	170	102	143	99	142	82
	烟煤炉	168	105	168	105	146	101	141	85
	褐煤炉	173	102	173	102	150	96	151	81
计算	A 无烟煤炉	169.3		198.8		168.1		153.5	
	B 无烟煤炉	175.3		151.5		156.5/162.0			
	C 贫煤炉	173.8	105.2	158.4	96.9	161.6	108.2	156.1	104.6
	A 贫煤炉	176.4		207.5		174.7		160.2	

一台 465t/h 循环流化床锅炉不同负荷下传热系数的测量结果如图 1-40 所示。该图显示随着炉膛相对高度增加，传热系数下降；随着锅炉负荷增加，温度水平提高，传热系数增加。

图 1-41 是炉膛悬浮受热面与炉膛水冷壁之间的传热系数比较。可见，悬吊受热面的传热系数低于炉膛水冷壁，悬吊高度不

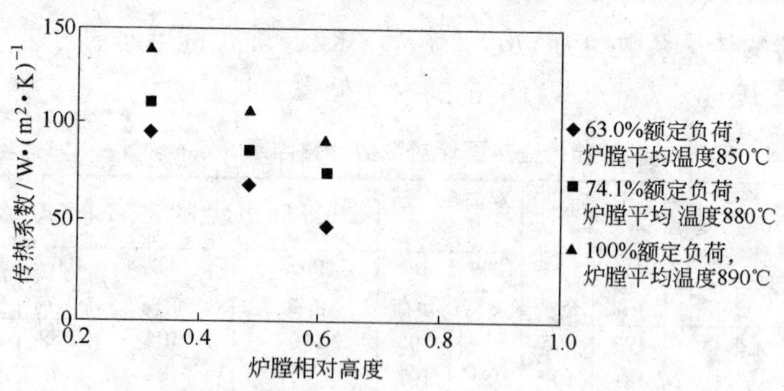

图 1-40　465t/h CFB 锅炉炉膛传热系数

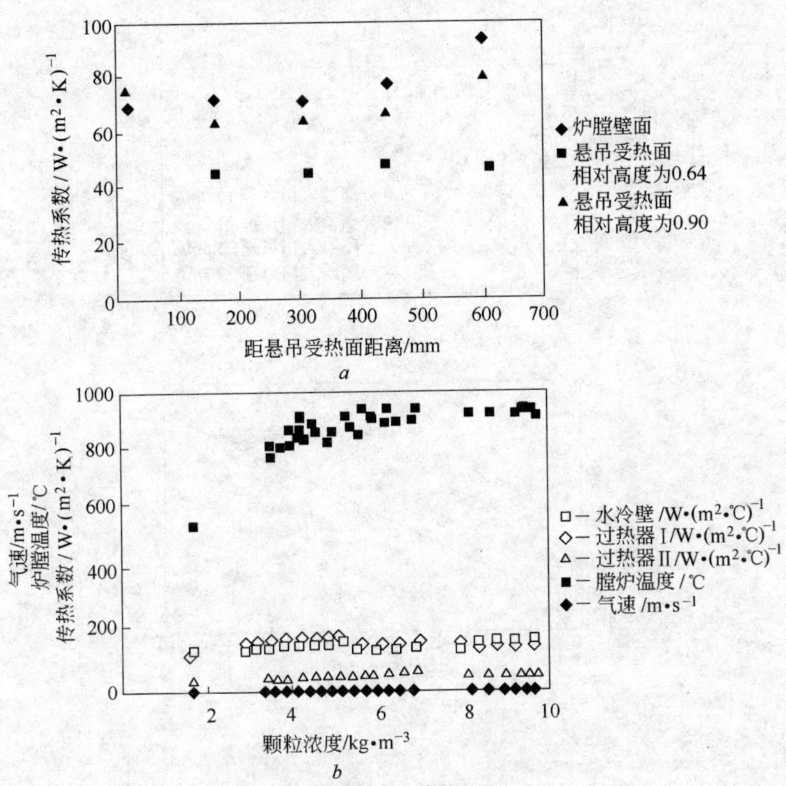

图 1-41 炉膛受热面传热系数比较

a—75t/h 和 130t/h CFB 锅炉测量结果（凌晓聪，2004）；

b——台 165 MW CFB 锅炉的测量数据（程乐鸣，2000）

同传热系数也不一样。

图 1-42 给出了颗粒循环回路上气固分离器和外置式换热器的传热系数。锅炉的循环倍率和旋风分离器进口速度不同对传热系数影响比较明显，显然这与锅炉结构和操作有关系。外置式换热器的传热系数比旋风分离器的传热系数高一个数量级。

李文凯等（2007）计算了循环流化床燃烧室内翼形墙的热流密度，并对一台 135MW 机组不同负荷下的测量数据进行了比较。结果显示，三个不同再热器屏出口具有不同的蒸汽出口温度

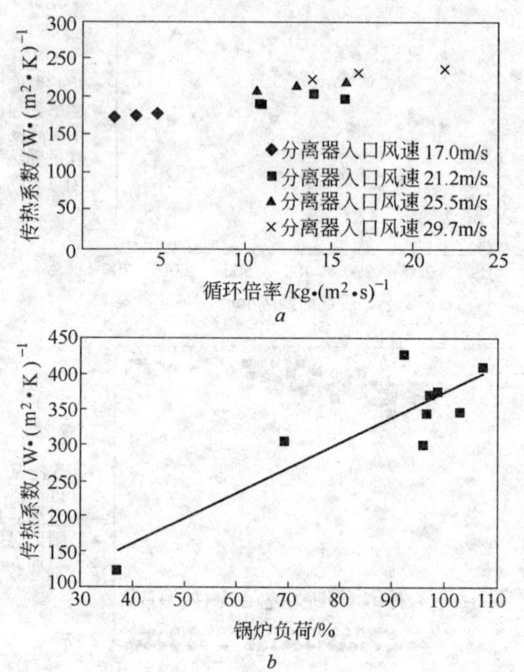

图 1-42 循环回路受热面的传热系数

a—旋风分离器受热面的传热系数（Gupta AVSSKS，2000）；

b—外置式换热器受热面的传热系数（Wang Q H，2003）

（见图 1-43）。

杨春等（2007）计算了 135MW 大型循环流化床锅炉悬吊受热面，结果显示，管内蒸汽温度随管子长度正比增加，悬吊受热面的连接方式不同汽温增加的程度不同。图 1-44 是两种连接方式的计算结果。蒸汽温度出现较大差别是因为所处位置不同所致。

编号 29 的管子距离炉膛中心最近，管外烟气温度最高，管内外温差最大。计算得到的各管流量见表 1-9。

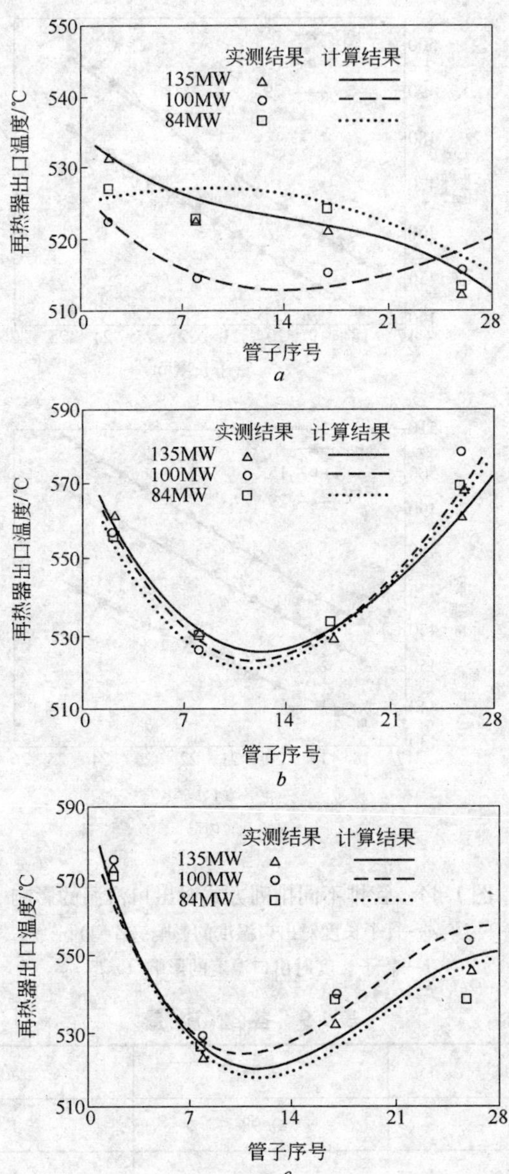

图 1-43 模型预测结果与运行结果的比较

a—A 屏；*b*—B 屏；*c*—C 屏

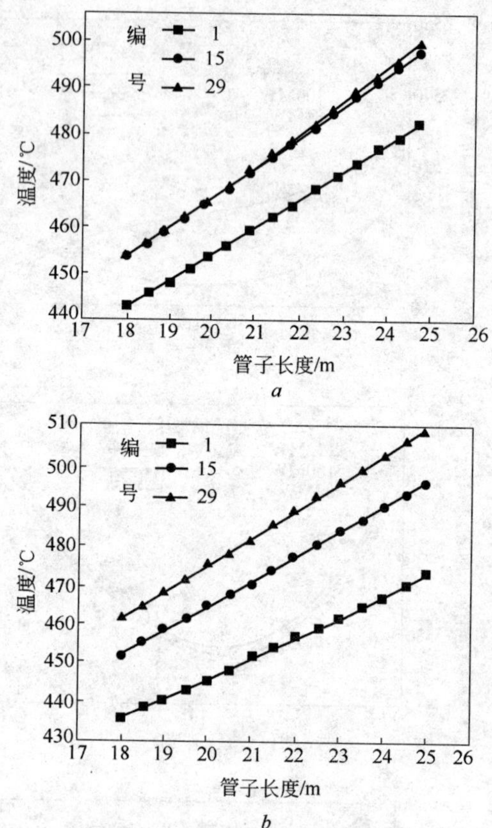

图 1-44　管排不同排列方式对出口汽温的影响

a—管子长度对出口温度的影响（Z 型）；

b—管子长度对出口温度的影响（π 型）

表 1-9　各 管 流 量

管子编号	Z 型	π 型
1	0.98	1.09
15	1	1.01
29	1.08	0.98

保持运行风速5.5m/s不变，改变二次风比例计算出工质平均出口温度，如图1-45所示。由图3-12可见，以二次风比例对工质出口温度几乎没有影响，但工质流量对出口温度影响很大。

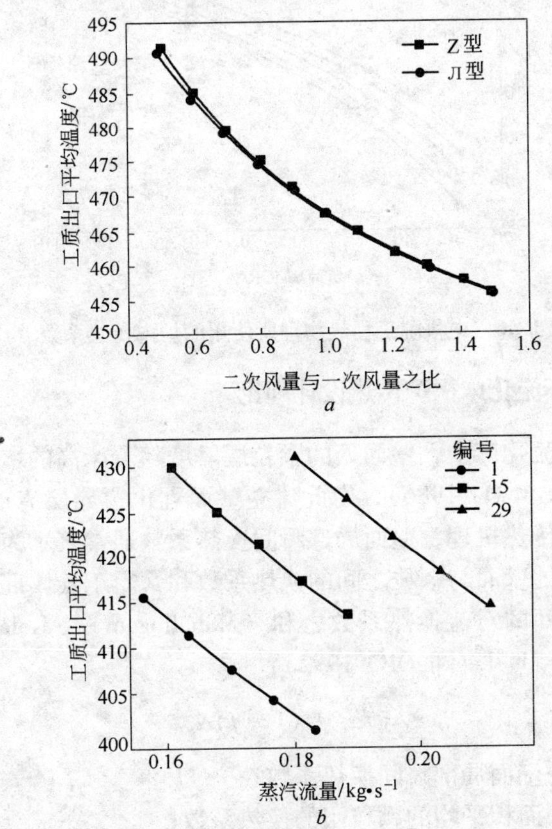

图1-45 工质出口温度随一、二次风和蒸汽流量的变化

a—工质平均出口温度随一、二次风比变化；

b—流量变化对工质出口温度影响

中国科学院工程热物理所设计循环流化床锅炉时采用的炉内传热系数如图1-46所示。该图给出了不同蒸汽压力的CFB锅炉在不同负荷下炉膛传热系数。该图有两个趋势，一是传热系数随着锅炉负荷增加而提高，二是传热系数随着锅炉蒸汽压力下降而提高。

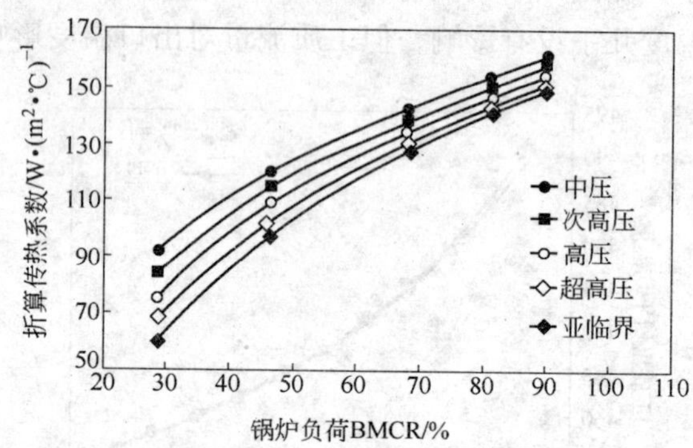

图 1-46　中科院工程热物理所使用的炉内传热系数

1.4.2　循环流化床锅炉传热设计理论

在循环流化床中，壁面处的颗粒层厚度随着床高的增加而减少（Brewster M Q，1986），由此建立壁面乳化边界层流动模型。根据乳化团传热机理，壁面局部瞬间换热系数通常表示为表面被颗粒所覆盖的壁面与颗粒之间的换热系数和暴露于气体部分的壁面与气体之间的对流换热系数之和（Mahalingam M，Kolar A K，1991；Golriz M，Leckner B，1992）：

$$\alpha = f\alpha_c + (1-f)\alpha_g \tag{1-25}$$

式中　α——壁面局部瞬间换热系数；

α_c——面积平均的颗粒团的换热系数；

α_g——气体的换热系数；

f——壁面被颗粒絮团覆盖的时均面积分率。

Subbarao 和 Basu 由鼓泡床的理论模拟结果出发，提出流化床内部 α_c 和 α_g 的计算方法为（Subbarao D，et al，1986）：

$$\alpha_c = \sqrt{\frac{4\lambda_c c_c \rho_c}{\pi \tau_c}} \tag{1-26}$$

$$\alpha_g = \sqrt{\frac{4\lambda_g c_g \rho_g}{\pi \tau_g}} \tag{1-27}$$

而 Golriz 认为颗粒团对流的换热系数可以按下式计算：

$$\alpha_c = \frac{1}{\frac{L_c}{\lambda_g} + \sqrt{\frac{\pi \tau_c}{(\lambda \rho c)_{\text{cluster}}}}} \tag{1-28}$$

式中 λ_c、λ_g——分别是颗粒团和气体的导热系数；

c_c、c_g——分别是颗粒团和气体的比热容；

ρ_c、ρ_g——分别是颗粒团和气体的密度；

τ_c、τ_g——颗粒团与气体同壁面的接触时间；

L_c——颗粒团下滑长度。

显然，关键参数是颗粒团与壁面接触时间 τ_c、壁面被颗粒团所覆盖的百分比 f。

关于壁面被颗粒团覆盖的时均面积分率 f 有很多模型（Mahalingam M，Kolar A K，1991；Lints M C，Glicksman L R，1993），但不尽统一。Lints 等人总结了许多研究者的实验结果，认为（Montat D，et al，1995）：

$$f = 3.5v^{0.37} \tag{1-29}$$

由于这类模型的许多参数未知，导致这一方法的可靠性受到质疑（Montat D，Arhaliass A，1995；Anna E G，2000）。但是这些研究为理解和分析循环流化床锅炉燃烧室中的传热过程提供了基础。

迄今为止，已经发表的关于循环流化床锅炉传热的研究文献大部分是在实验室中得到的，而实验室的研究结果是有局限性的，而对于工业规模的循环流化床锅炉燃烧室内的传热研究，由于测试试验困难或技术保密，公开发表的较少。但是实验室的研究结果并不能直接应用，循环流化床锅炉放大时的传热问题已经引起人们的关注（Werdermann，1993）。研究表明，当炉膛当量直径扩大以后，传热系数有所提高（Wu R L，Grace J R，Lim C J，1990）。由于传热的接触时间与受热面长度与颗粒团速度的比值有关，使得循环流化床锅炉的炉内传热系数受到受热面长度的影响（Nag P K，M N，1990；Divilio R J，Boyd T J，1994）；同时，循环颗粒的炉内下降流动导致温度梯度变化影响传热系数。与小型实验台当量直径相比，商业循环流化床锅炉炉膛尺寸较大，存在明显的角部效应。悬浮浓度是影响传热系数最重要的因素，几乎所有的实验室研究都注意到了悬浮浓度对传热的巨大影响并得出了相类似的结论，但这些多数是在高径比很大的实验装置上获得的结果，实验中的悬浮浓度高达 $500kg/m^3$ 以上，运行流化速度有的高达 10m/s 以上，热边界层非常薄，而平均悬浮浓度直接影响热边界层厚度。与实验室条件不同，商业循环流化床锅炉上的悬浮浓度为每立方米几十千克范围，流化速度在 4.5～6.5m/s，热边界层厚度为 150～500mm（Basu P，Nag P K，1995）。尽管不同容量商业循环流化床锅炉所报道的传热系数的数值不同，但如果进行无量纲化处理就会发现，传热系数数值都是相近的，而实验室得出的传热数据差别十分显著。

Leckner 及其同事在 12MWth 循环流化床锅炉上研究了床对膜式水冷壁的传热（Andersson B A，Jonhsson F，Leckner B，1987；Andersson B A，Leckner B，1992），发现在不同的流化速度和不同床高上，下降流状况和固体悬浮浓度不同，从而造成了不同位置上床向受热面的传热系数的差异，平均传热系数为 100～160W/(m^2·K)，而局部传热系数为 50～280W/(m^2·K)。Werdermann 等人在两台循环流化床锅炉上热态测试认为，边壁下降流大大减少了辐射换热系数（Werdermann C C，Werther J，1994）。

一般认为气体对流分量对总传热系数的贡献不大，流化速度对传热系数几乎没有什么影响；而流化速度的提高导致平均悬浮浓度下降，使传热系数下降。调整一、二次风比例可以控制悬浮浓度，在颗粒悬浮浓度不变的条件下，运行的流化速度对传热系数没有影响。

Feugier 认为颗粒度对循环流化床传热系数有强烈影响，而绝大多数研究人员的实验并不支持他的说法（Andersson B A, 1996）。在循环流化床上，颗粒度的影响只发生在短小的受热面上（Mickley T，1994）。当床内固体悬浮浓度很高时，顺着壁面下落的颗粒通过对受热面的传热而逐渐冷却，这个比中心区温度低的热边界层会部分削弱床温对传热的影响；对于较小的受热面，粒径的减小会提高颗粒对受热面的对流换热系数；而对于较大的受热面，壁面附近的下落颗粒能得到足够的冷却，使得粒径的变化对传热的影响减小。在较长的循环流化床锅炉燃烧室受热面中，颗粒度传热效应消失。特别是多数循环流化床循环物料粒径均在一个较窄的范围内，因此粒度对传热的影响意义不大。

一般地，床对受热面的传热系数 α 可表示为床中物料悬浮浓度 C_P 的函数（Werdermann C C，Werther J，1994）：

$$\alpha = aC_P^b \tag{1-30}$$

Ebert 提出传热系数与悬浮浓度的平方根成正比（Ebert J A, Glicksman L R，Limts M，1993）。床温的升高对辐射换热的影响是明显的，同时还会提高床内气体的导热系数，从而有效地提高总传热系数。目前比较公认的悬浮浓度和床温对传热的影响写成如下（Jestin，1992；Luc Lafanechere，et al，1995b）：

$$\alpha = aC_P^b T_b^c \tag{1-31}$$

式中 a、b、c——经验常数；

C_P——固体物料平均悬浮浓度，kg/m^3；

T_b——平均床温，K。

1.4.3 炉内对流换热系数的直接测量

人们研究了单独的对流换热过程（Jestin，1992；Wu R L, Grace J R，Lim C J，1989）以及单独的辐射换热过程（Wu R L, Grace J R，Lim C J，et al，1989），Leckner 区分了热辐射和颗粒

团及气体与壁面之间的换热两种过程的传热机理（Leckner B, Golriz M R, Zhang W, et al, 1991），认为后者在总的传热量中所占比重较大（Gloriz M R, 1995）。而 Glicksman 则强调颗粒对流的重要性（Glicksman L R, 1997; Lints M C, Glicksman L R, 1993）。Chen 等人提出对流和辐射会同时对温度场和热流形态产生影响（Chen J C, Dou S, Cimini R J, 1988）。

在实际运行的循环流化床锅炉上，床向受热面的换热系数的测量可采用导热式热流计（见图 1-47），通过测量其导热量、温度及床温来计算出床与壁面之间的换热系数。探头轴线的不同位置上焊有三个热电偶，测量轴向热流；在相同轴向位置的截面外缘安装三个热电偶，监测径向热流。试验中将热流计从测孔伸入使其前端面与水冷壁鳍片内壁面平齐，接受床内传来的热量；导热元件的另一端用水冷却。若圆柱为一维导热，则稳态时轴向温度应是线性分布，当探头达到热平衡时，探头的轴向热流密度 q_o为：

$$q_o = \lambda \frac{\Delta t}{\Delta l} \tag{1-32}$$

式中 q_o——热流密度，W/m^2；

λ——导热元件导热系数，W/(m · K)，碳钢的导热系数 λ 受温度影响，在实验室中对使用的导热元件的导热系数进行了标定；

Δl——热电偶距离，m；

Δt——热电偶示数差，K。

若测得探头表面温度 t_m 和床温 t_b，则测孔处的床与壁面之间的换热系数 α_b：

$$\alpha_b = \frac{q_o}{(t_b - t_m)} \tag{1-33}$$

热流计测量误差通常需要在实验室中标定，其测量误差小于 ±15%。

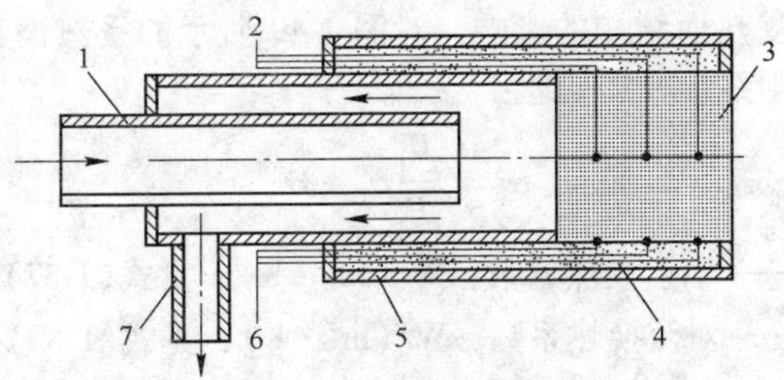

图 1-47 热流计结构示意图

1—进水管；2—中心热电偶；3—探头；4—绝热层；
5—保护套管；6—表面热电偶；7—出水管

1.4.4 炉内平均悬浮密度和辐射换热系数的直接测量

在测量换热系数的同时，可进行测量点的局部物料悬浮浓度的测量。固体物料浓度可采用固体物料浓度取样器（结构如图1-48所示）测量。取样器前、中、后挡板与侧挡板连成一体，滑动挡板与上下两片移动挡片连成一体，移动挡片在滑动挡板的带动下可以沿滑槽滑动。手柄标有刻度，与定位盘一起用于定位。使用时取样器以开启状态从测孔伸入炉膛并定位，流场稳定之后快速推动推柄，推动滑动挡板并带动上下移动挡片关闭取样器，取样器采样体积 V（m^3）内的颗粒被捕捉。对样品称量为 m（kg），这样就可以计算出取样器所在处的局部颗粒浓度 C_p：

$$C_p = \frac{m}{V} \tag{1-34}$$

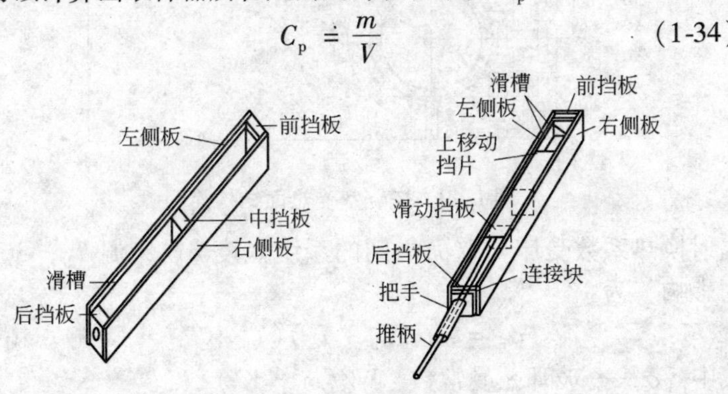

图 1-48 颗粒取样器示意图

考虑受热面结构的影响，对图 1-49 所示的受热面结构，按对流和辐射线性叠加处理：

$$\alpha_b = \frac{H_p}{H_t}\alpha_r + \alpha_c \tag{1-35}$$

式中　α_r——辐射换热系数，W/(m^2 · K)，见式(1-37)；

α_c——对流换热系数，W/(m^2 · K)，见式(1-49)；

H_p——投影面积，m^2；

H_t——烟气侧换热面积，m^2。

在图 1-49 所示的结构中：

$$\frac{H_p}{H_t} = \frac{s}{s - d + \frac{\pi}{2}d - \delta} \tag{1-36}$$

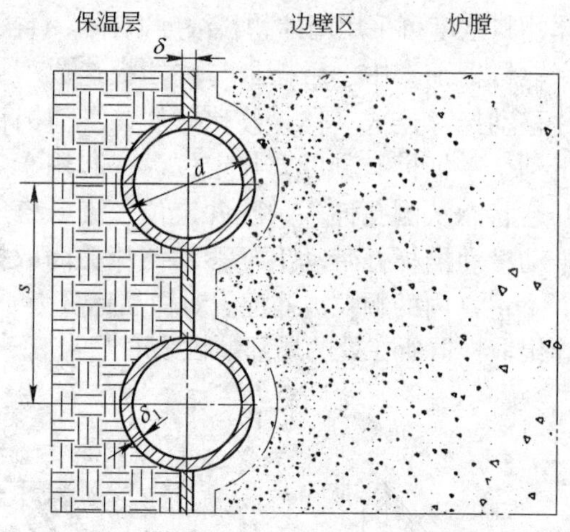

图 1-49　燃烧室受热面结构简图

辐射换热系数受床与壁面之间的系统黑度 ε、床温 T_b、壁温 T_w 的影响，为：

$$\alpha_r = \varepsilon\sigma(T_b + T_w)(T_b^2 + T_w^2) \tag{1-37}$$

式中　σ——玻耳兹曼常数，W/(m^2 · K^4)；

T_w——壁面温度，K，见式（1-38）。

管外壁温度 T_w 是管材料、工质温度、工质流速、壁厚与床侧温度的函数，而受热面材料及壁厚的选取主要考虑受热工质的压力及温度，在循环流化床条件下，床层温度基本在 750 ~ 950℃之间，T_w 为：

$$T_w = T_f + \Delta T_w \tag{1-38}$$

式中，ΔT_w 为受热面管壁外侧温度与内侧工质温度之差，与受热形式、管子结构、床温以及管内工质温度及其换热系数有关，表达为：

$$\Delta T_w = 0.7(T_b - T_f)N\left(\frac{H_{fm}}{H_f}\right)^{\bar{\omega}}\frac{1000}{\alpha_f} \tag{1-39}$$

式中 α_f——工质侧换热系数，W/（$m^2 \cdot K$）；

N——受热面的受热情况，单面变热，$N=1$，双面受热 $N=2$；

对于碳钢，$\bar{\omega}=0.4$，对于合金钢，$\bar{\omega}=1$。

壁面与床的系统黑度 ε 是壁面黑度 ε_w 和床层黑度 ε_b 的函数：

$$\varepsilon = \frac{1}{\dfrac{1}{\varepsilon_b} + \dfrac{1}{\varepsilon_w} - 1} \tag{1-40}$$

式中，壁面黑度 ε_w 为 0.5 ~ 0.8。在气固两相中的床层黑度 ε_b 包括气体黑度 ε^g 和固体黑度 ε^p 两部分（Nag P K, M N, Mortal A, 1990）：

$$\varepsilon_b = \varepsilon^p + \varepsilon^g - \varepsilon^p\varepsilon^g \tag{1-41}$$

固体物料黑度：

$$\varepsilon^p = \sqrt{\left[\frac{\varepsilon_s^p}{(1-\varepsilon_s^p)B}\cdot\left(\frac{\varepsilon_s^p}{(1-\varepsilon_s^p)B}+2\right)\right]} - \frac{\varepsilon_s^p}{(1-\varepsilon_s^p)B} \tag{1-42}$$

式中 B——系数，$\frac{1}{2}$ ~ $\frac{2}{3}$；

ε_s^p——物料表面平均黑度。

循环流化床中固体颗粒随着气流以分散相的形式在核心区上升，随即部分颗粒发生团聚，而颗粒团有相对较大的终端速度，

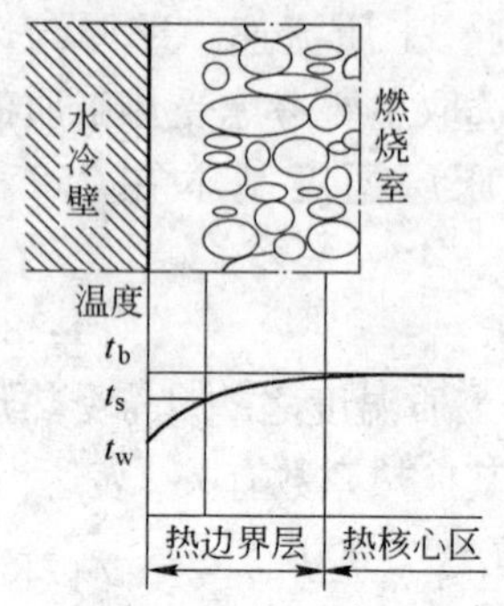

图 1-50　边界层示意图

使得空间悬浮浓度明显增加，而靠近壁面的区域形成的下降流使得该区域的物料悬浮浓度更高，床向受热面的换热几乎全部发生在近壁区内。近壁区物料是床向受热面换热的重要因素（Jin X, Lu J, Li Y, et al, 1999），与壁面的换热使其得到冷却，同时中心区物料向壁区物料的热交换、物质交换使之维持较高温度（Hartge E U, Rensner D, Werther J, 1998），如图 1-50 所示。因此可以不考虑核心区向边壁区的物料和气体的换热过程。近壁区的颗粒流动及其团聚是随机的，很难比较合理地进行数学描述。但总体而言，近壁区的物料悬浮浓度比较高，近似认为换热有效区域内在较长时间范围内是散式稳定流。物料表面平均黑度与固体颗粒的浓度有关，可表示为：

$$\varepsilon_s^p = 1 - \exp(-C_\varepsilon C_p^n) \tag{1-43}$$

式中　n、C_ε——常数，通过整理实验数据，得到 n 为 0.2 ~ 0.4，C_ε 为 0.1 ~ 0.2；

C_p——物料空间浓度，kg/m³；

ε^g——烟气黑度：

$$\varepsilon^g = 1 - \exp(-kP_f s) \tag{1-44}$$

式中，P_f为炉膛烟气压力，MPa。

烟气辐射发生在边界层中，其减弱系数 k 为：

$$k = \left(\frac{0.55 + 2r_{H_2O}}{\sqrt{s}} - 0.1\right)\left(1 - \frac{T_b}{2000}\right)r_\Sigma \tag{1-45}$$

式中　r_{H_2O}——烟气中水蒸气份额；

r_Σ——烟气中三原子气体份额；

s——烟气辐射厚度，m。

循环流化床锅炉中壁面不是平的，由膜式水冷壁组成，这将影响颗粒在肋片上的运动。同时，床内核心区上行的固体颗粒，由于流体动力的作用，会向边壁漂移，当到达壁面时，由于气速较低，流体对颗粒或颗粒团的曳力也降低，这样颗粒在近壁面处的上升速度减慢或者向下运动（刘德昌，1999），从而形成边壁层。边壁层厚度 s 随离布风板高度增加而变小，在炉膛顶部边壁层厚度 s 为零（Basu P，1990），并且与床直径有关：

$$\frac{s}{d_0} = 0.55Re_0^{-0.22}\left(\frac{z_0}{d_0}\right)^{0.21}\left(\frac{z_0 - z}{z_0}\right)^{0.73} \tag{1-46}$$

$$Re_0 = \frac{ud_0}{\nu_g} \tag{1-47}$$

$$d_0 = \frac{2x_0y_0}{x_0 + y_0} \tag{1-48}$$

式中 S——边壁层厚度，m；

z_0——从布风板到床体顶部的距离，m；

z——计算点距离布风板的高度，m；

u——近壁区烟气速度，m/s；

d_0——炉膛当量直径，m；

ν_g——烟气运动黏度，m^2/s；

x_0、y_0——炉膛截面宽、深，m。

对流换热系数由烟气对流和颗粒对流两部分组成（Chen J C，Dou S，Cimini R J，1988）：

$$\alpha_c = \alpha_c^g + \alpha_c^p \tag{1-49}$$

式中 α_c^g——烟气对流换热系数，见式（1-50）（Ebert J A，1993）；

α_c^p——颗粒对流换热系数，W/(m^2·K)，见式(1-51)。

烟气对流换热近似为纵掠平板的换热，由于烟气成分相对稳定，因此换热主要受烟气速度的影响：

$$\alpha_c^g = C_c^g \cdot u_f^{0.7} \tag{1-50}$$

式中 C_c^g——烟气对流系数，通过分析和实验，$C_c^g = 2 \sim 3$；

u_f——流化速度，m/s。

$$\alpha_c^P = C_c^P u_f^m \alpha_c^{P_0} \quad (1\text{-}51)$$

式中 $\alpha_c^{P_0}$——初始流态条件下颗粒对流理论换热系数，其值与颗粒的粒度、温度，受热面布置有关；

m——流化速度影响因子，反映了不同流化速度下的颗粒速度对颗粒对流换热的影响，0.5；

C_c^P——颗粒对流系数，通过分析，C_c^P 可按下式计算：

$$C_c^P = 0.3\{1 - \exp[-0.3065\exp(0.21C_P)]\} \quad (1\text{-}52)$$

利用上述模型，预测了部分文献中的实验条件下的循环流化床中气固两相流向壁面的换热系数（Kobro H，Brereton C，1986；Lu J，Zhang J，Yue G，et al，2002），并与采用热流计的测量结果和文献结果比较，如图 1-51 所示。上述床向受热面的局部换热模型的预测结果与测量结果吻合得较好，误差绝大部分在 ±20% 范围内，表明该模型用于循环流化床燃烧室床向壁面换热系数计算有较高精度。

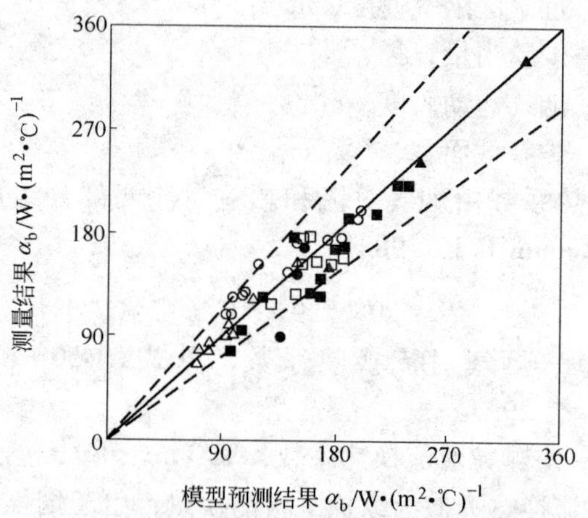

图 1-51 模型计算结果与实验测量结果的比较

■ t_b = 895℃；□ t_b = 850℃；○ t_b = 815℃

△ t_b = 730℃；● t_b = 880℃；▲ t_b = 925℃

——100%；-------- ±20%

1.4.5 炉内传热量计算

锅炉中的受热面为曲面，必须考虑管子表面以及管间鳍片的换热效率对受热面传热的影响。一般地，循环流化床锅炉燃烧室受热面的吸热量为:

$$Q = kH_t\Delta T \tag{1-53}$$

式中 Q——吸热量，W;

k——基于烟气侧传热总面积的传热系数，W/(m^2·K)，见式(1-55);

H_t——烟气侧总面积，m^2;

ΔT——温差，K。

$$\Delta T = T_b - T_f \tag{1-54}$$

其中，T_b 指床料温度，T_f 指工质温度。

由于循环流化床近壁区物料悬浮浓度很高，循环流化床燃烧室辐射换热几乎全部发生在近壁区热边界层内。在图 1-49 所示的受热面结构中，若管内受热面积为 H_f，管内外受热面积之比为 H_t/H_f；管壁厚度为 δ_1，则床向管内工质的传热过程中，基于烟气侧总面积的传热系数 K 可写作:

$$K = \frac{1}{\dfrac{1}{\alpha_{bn}} + \dfrac{1}{\alpha_f}\dfrac{H_t}{H_f} + \varepsilon_{as} + \dfrac{\delta_1}{\lambda}} \tag{1-55}$$

式中 α_{bn}——床向壁面总表面的名义换热系数，W/(m^2·K)，见式（1-61）;

α_f——工质侧换热系数，W/(m^2·K)，按有关文献求取;

H_f——工质侧换热面积，m^2;

λ——受热面金属导热系数，见式（1-59）;

ε_{as}——附加热阻，包括壁面污染和附加耐火层热阻:

$$\varepsilon_{as} = \varepsilon_s + \frac{\delta_a}{\lambda_a} \tag{1-56}$$

式中　ε_s——受热面壁面污染系数，$m^2 \cdot K/W$；

δ_a——受热面耐火层厚度，m；

λ_a——受热面耐火层导热系数，$W/(m \cdot K)$：

$$\lambda_a = a_0 + a_1 \overline{T}_a \tag{1-57}$$

式中，a_0、a_1与选用的材料有关，可查有关数据，对于循环流化床锅炉，耐火材料基本为$a_0 = 2.5 \times 10^{-3} W/(m \cdot K)$，$a_1 = 2.5 \times 10^{-7} W/(m \cdot K)$；$\overline{T}_a$为耐火层平均温度：

$$\overline{T}_a = \frac{T_b + T_w}{2} \tag{1-58}$$

式中　T_b——床侧温度，K；

T_w——受热面壁面温度，K，见式(1-38)。

$$\lambda = b_0 + b_1 \overline{T}_w \tag{1-59}$$

式中，b_0、b_1与选用的材料有关可查有关数据，$\overline{T}_w$为壁面平均温度：

$$\overline{T}_w = (T_w + T_f)/2 \tag{1-60}$$

式中　T_f——受热面内工质温度，K。

名义床侧换热系数α_{bn}受管节距、鳍片厚度、壁面污染情况影响：

$$\alpha_{bn} = \left[\frac{H_{fin}}{H_t}\eta + \frac{H_{cn}}{H_t}\right]\frac{\alpha_b}{1 + \varepsilon_s \alpha_b} \tag{1-61}$$

式中　H_{fin}——鳍片面积，m^2；

H_{cn}——光管面积，m^2；

η——鳍片利用系数，见式(1-65)；

α_b——床侧换热系数，见式(1-35)。在图1-49所示的结构中：

$$\frac{H_t}{H_f} = 1 + \frac{2}{\pi}\left(\frac{s - \delta - (2 - \pi)\delta_1}{d - 2\delta_1} - 1\right) \tag{1-62}$$

$$\frac{H_{fin}}{H_t} = \frac{s - d}{s - \delta + \left(\frac{\pi}{2} - 1\right)d} \tag{1-63}$$

$$\frac{H_{cn}}{H_t} = \frac{\frac{\pi}{2}d - \delta}{s - \delta + \left(\frac{\pi}{2} - 1\right)d} \tag{1-64}$$

式中 s——管节距，m；

δ——鳍片厚度，m。

鳍片利用系数 η 为：

$$\eta = \frac{\text{th}(\beta \cdot h')}{\beta \cdot h'} \tag{1-65}$$

式中，β 与受热面受热情况、膜式壁鳍片结构尺寸和材料等有关，可表示为：

$$\beta = \sqrt{\frac{N\alpha_b}{\delta\lambda(1 + \varepsilon_s\alpha_b)}} \tag{1-66}$$

实际鳍片高度为：

$$h = \frac{s - d}{2} \tag{1-67}$$

鳍片有效高度 h' 为：

$$h' = \frac{0.8h\exp\left(\frac{s}{5d}\right)}{\sqrt{N}} \tag{1-68}$$

提出的上述模型用于计算局部传热系数。若获取局部固体物料悬浮浓度的分布，便可得到床侧换热系数的分布。对于多粒径组成的流化床，特别是在循环流化床锅炉中，随床层高度的增加，轴向空隙率逐渐增大，一般呈指数函数单调下降(Wen C Y, Chen L H, 1982)：

$$C_p = a\frac{G_s}{v_0}\exp\left(-b\frac{h}{H}\right) \tag{1-69}$$

式中 C_p——物料悬浮浓度，kg/m^3；

G_s——基于悬浮段床面积的物料循环流率，kg/(m^2·s)；

v_0——烟气速度，m/s；

h——计算部位高度，m；

H——床总高度，m。

对式(1-69)积分可得到平均物料悬浮浓度 $\overline{C_{\mathrm{p}}}$：

$$\overline{C_{\mathrm{p}}} = \int_0^1 C_{\mathrm{p}} \mathrm{d}\left(\frac{h}{H}\right) \tag{1-70}$$

对于某个受热面，可以根据其所在区域的平均固体物料悬浮浓度来预测受热面的平均传热系数。图 1-51 为利用提出的上述模型，对 16 台运行的锅炉受热面的传热系数预测结果与运行结果的比较，受热面包括水冷壁、水冷屏、过热器/再热器屏；受热面材料有碳钢、合金钢；管子规格和节距包括 $\phi38 \times 5-50$、$\phi42 \times 5-50$、$\phi38 \times 6-50$、$\phi42 \times 6-60$、$\phi51 \times 5-80$、$\phi51 \times 5-100$、$\phi60 \times 5-80$、$\phi60 \times 5-100$。绝大部分结果在 ±4% 包络线之内，最大误差小于 ±5%。

2 循环流化床锅炉关键结构

2.1 炉膛

和所有动力锅炉一样，循环流化床锅炉也分成锅内系统和炉内系统。所谓锅内系统是指锅炉工质(水和蒸汽)贮存和流动的系统。炉内系统则主要指锅炉的燃烧系统。与其他锅炉不同的是，循环流化床锅炉的燃烧器是布风板及其周围炉墙。

循环流化床燃烧系统可以大致地分成两部分。一部分是物料循环回路，包括炉膛、气固分离器、返料机构(料腿和返料器)或外置式换热器；另一部分是与常规锅炉近似的锅炉尾部装置，包括过热器、再热器、省煤器和空气预热器。

与煤粉锅炉和层燃锅炉不同，循环流化床锅炉的炉膛按照二次风喷口位置分成上下两部分。二次风口以下是以大颗粒为主的还原气氛燃烧区，二次风口以上是以小颗粒为主的氧化气氛燃烧区。燃料的燃烧过程、脱硫过程、NO_x 和 N_2O 生成和分解过程都是在燃烧室中完成的。燃烧室内布置大量的受热面，使燃烧室成为燃烧装置、脱硫装置、换热装置一体的反应器。这个反应器中集合了流态化现象、低温燃烧和脱硫等化学反应、传热相变等重要的物理化学过程，是一个典型的多过程反应器。

确定一台锅炉炉膛的几何尺寸，首先应根据锅炉规范和炉膛的烟气性质确定炉膛的长宽高(流化风速确定截面积，分离器布置方式确定长宽比，传热计算确定高度)，然后再由经验和设计惯例确定结构细节及其几何尺寸，同时还要顾及建筑及相关方面的安全性等。循环流化床锅炉炉膛结构和主要参数包括以下几个方面：炉膛几何尺寸、受热面布置、炉膛开孔以及被认为是关键部件的循环回路，如气固分离器、返料机构和布风装置等的设计。

2.1.1 循环流化床锅炉炉膛的主要几何特点

循环流化床锅炉炉膛几何特点包括炉膛截面积、截面宽深比、炉膛高度、炉膛密相区结构、炉顶结构等主要几何结构参数。

2.1.1.1 炉膛截面积

与常规锅炉不同，循环流化床锅炉的炉膛截面积是由流化速度与烟气量决定的。炉膛截面积既决定了一定容量锅炉的运行风速，同时也决定了锅炉负荷的调节范围。实际上，循环流化床在降低风速运行时可以保持鼓泡流化床方式运行，所以循环流化床锅炉的调节范围比煤粉炉要宽得多，通常在30%负荷下仍能稳定运行，有些报道称可以达到25%的锅炉负荷。一般地，炉膛上部保持4.5～6m/s速度范围。

炉膛截面积过大，烟气流速偏低，满负荷时物料循环量较低，炉膛上部稀相区的固体物料浓度较低，导致稀相区受热面的传热系数较低，因此需要布置更多的受热面积，钢材耗量增加；低负荷时需要较大的风量才能稳定流化。而炉膛面积过小，可能导致运行风速过高，增大受热面的磨损。

2.1.1.2 炉膛截面宽深比

由于受到燃烧器布置和运行的限制，四角燃烧的煤粉锅炉炉膛截面的长宽比通常为1∶1或1∶1.2。而流化床锅炉的燃烧器可以类比为布风板，以布风板标高为起点，沿炉膛高度方向炉膛截面逐渐增大，在一定高度以后保持不变。循环流化床锅炉的宽深比就是指截面不再变化的炉膛截面，在考虑炉膛宽深比时要比煤粉炉自由得多。循环流化床锅炉考虑炉膛宽深比设计主要考虑以下几个方面：(1)炉膛内受热面布置、尾部受热面布置及分离器的布置；(2)二次风在炉膛内的穿透能力；(3)固体颗粒扩散。由于循环流化床锅炉大型化以后对二次风射流深度提出了明确要求，炉膛宽深比的概念发生了很大变化。Alstom公司为解决这个问题，将循环流化床的密相区一分为二，形成“裤衩”状的双布风板流化床。形成了事实上的第二个宽深比概念。实际上，循环流化床锅炉已经出现长宽比大于3的情况，如东方锅炉厂设计的300MW循环流化床锅炉。

在炉膛深度为7m的100MW CFB锅炉上试验研究表明，炉膛中心区域氧浓度较低，如图2-1所示。因此炉膛放大过程中应研究供风方式和氧扩散模型，尤其是二次风的穿透性能及对炉内氧浓度分布的影响规律，以保证炉内燃烧脱硫效果。

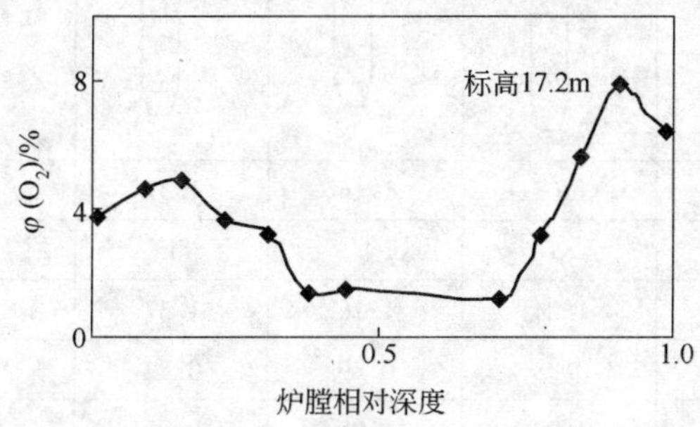

图2-1 炉膛深度为7m时炉内 O_2 浓度分布特性

2.1.1.3 炉膛高度

决定炉膛高度的主要因素是燃煤性质，包括成分和颗粒分布等因素。在特定的操作风速下，为保证足够高的燃烧效率，必须让没有机会参加循环的可燃物质在穿过炉膛时烧透。这样，颗粒的燃尽时间成为炉膛高度的首要考虑条件，由此确定的炉膛高度是最小炉膛高度。没有机会参加循环颗粒的尺寸决定于气固分离器的性能。其次，炉膛高度要考虑能布置下全部或大部分蒸发受热面；第三要考虑脱硫剂完成脱硫反应的最短时间；第四，分离器和返料器要有足够高度；第五，与尾部受热面所需高度相协调；第六，工质自然循环的循环流化床锅炉要保证足够的自然循环动力。Luc Lafanechere 等(1995b)在考虑煤种对流化床锅炉性能影响时，给出了170MW CFB锅炉炉膛主要尺寸随煤种的变化(见表2-1)。该计算以低位热值为32MJ/kg的低挥发分烟煤为基准，即将燃用这种燃料的 CFB 炉膛的长宽高、炉膛截面积和分离器直径均设为 1，比较了 5 个煤种炉膛主要尺寸的变化。

表 2-1　170MW CFB 锅炉炉膛主要尺寸随燃料性质的变化

尺寸	低挥发分烟煤 LHV = 32MJ/kg	中/高挥发分烟煤 LHV = 26.7MJ/kg	次烟煤 LHV = 17.7MJ/kg	褐煤 A LHV = 11.9MJ/kg	褐煤 B LHV = 5MJ/kg
	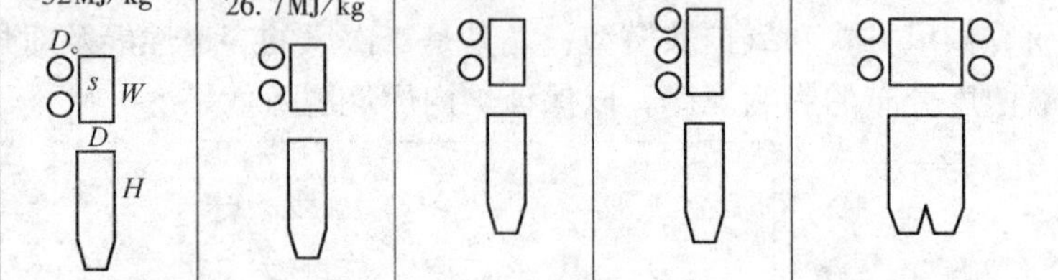				
S	1	1.05	1.16	1.37	2.1
D	1	1	1	1	2
W	1	1.04	1.16	1.37	2
H	1	0.98	0.89	0.84	0.68
D_c	1	1.02	1.08	0.95	1.03

注：LHV 指低位发热值。

对于大型 CFB 锅炉的炉膛，为保证分离器难以分离下来的细颗粒(不大于 70μm)一次通过炉膛的燃尽效果，合理炉膛高度可通过西安热工研究院 TPRI 曾提出的循环流化床锅炉炉膛高度的计算方法获得：

$$H_f = 29.7 + Kf(C_b) \tag{2-1}$$

式中　H_f——炉膛总高度；

C_b——煤的燃尽指数；

K——炉膛特性系数。

当循环流化床锅炉的炉膛高于 35m 后，受热面布置成为锅炉设计的主要矛盾。135MW 锅炉不论燃烧哪个煤种，其炉膛高度并没有发生变化，一方面显示了循环流化床锅炉燃料适应性强的特点，也显示了循环流化床还有一些实际规律需要加深认识。

循环流化床锅炉除了主要尺寸外，锅炉燃烧室还有一些内容与煤粉炉或鼓泡流化床锅炉不同。循环流化床炉膛上至少要开下述开孔：一次风进口(布风板)、二次风口、给煤口、脱硫剂进口、返料口、排渣口，以及炉膛出口、观察口、防爆门、人孔门、测试孔等。

2.1.2 我国主要锅炉厂商生产的循环流化床炉型

我国循环流化床锅炉发展经历了较长时间的鼓泡床阶段后，循环流化床锅炉由小到大逐步发展起来。锅炉设计由炉型模仿设计到自主开发设计走出了一条自己的工业化道路。值得提及的是，中国循环流化床锅炉发展过程中，曾出现过性能十分优秀的内循环流化床锅炉，锅炉结构十分紧凑，燃烧效果和锅炉整体都表现出优良性能。由于(外)循环流化床锅炉的快速发展和内循环分离器放大困难等原因，内循环流化床锅炉一直限制在中小容量锅炉上。

国际上，循环流化床锅炉发展十分迅速。1979 年 Ahlstrom 公司开发的第一台商业循环流化床锅炉在芬兰 Pihlava 投运后，Lurgi 公司于 1982 年开发了 84MWth CFB 锅炉在德国的 Leunen 投运。1985 年 9 月，Duisberg 96MW 再热式 CFB 锅炉标志着循环流化床锅炉进入发电领域。经过 30 年左右的发展，循环流化床锅炉不仅完成了大型化过程，而且正在向高参数的超临界发展，CFB 燃烧技术已经基本成熟(以循环流化床锅炉检验规程和安全规程列入美国 ASME 标准作为标志)。生产大型循环流化床锅炉的厂商经过了一番整合后，出现了几个大型的商业公司(见第 1 章图 1-7)。

20 世纪 90 年代初，中国已经有了 100t/h 上下容量的循环流化床锅炉，90 年代中期开始发展 100MW 等级循环流化床发电锅炉，21 世纪第一个 10 年初期，发展出 200MW 等级循环流化床锅炉，20 世纪第一个 10 年中期发展出 300MW 锅炉。“十一五”国家科技支撑计划已经将超临界循环流化床锅炉列入计划，国内多个厂家已经完成 600MW 循环流化床锅炉设计。

中国循环流化床锅炉发展过程中，形成了几种不同技术。锅炉生产厂商包括哈尔滨锅炉厂、东方锅炉厂、上海锅炉厂、济南锅炉厂、无锡锅炉厂、杭州锅炉厂、四川锅炉厂、武汉锅炉厂、南通锅炉厂等企业，技术上采用引进国外技术生产、国内研究机构合作开发等措施完成技术实施。我国 CFB 锅炉的技术特点可归纳如表 2-2（根据骆仲泱等，2004 年补充）。

表 2-2　我国 CFB 锅炉的技术特点

锅炉厂家	技术流派/主要合作单位	主要产品型式及技术特点
哈尔滨锅炉厂	引进 Alstom 公司德国 EVT 的大容量 CFB 锅炉技术和美国 CPC 公司的中小容量 CFB 锅炉技术；国内主要与国电热工研究院、清华大学等合作。引进 Alstom 公司 300MW 技术	（1）75t/h 及以下 CPC 锅炉；（2）135MW 等级超高压再热循环流化床锅炉（钟罩式风帽，返料管加料；再热蒸汽喷水减温，高温绝热旋风分离）；（3）100MW、200MW、300MW 级超高压高温旋风分离形式锅炉；（4）300MW 亚临界一次中间再热自然循环，双布风板，风水联合冷渣器；（5）Alstom 300MW，开远工程
东方锅炉厂	引进美国 FW 公司 50 ~ 100MWCFB 锅炉技术；引进 Alstom 公司 300MW 技术；国内主要与清华大学合作自主开发更大容量循环流化床锅炉	（1）100MW 级超高压锅炉（汽冷旋风分离，风水联合冷渣器，大开口导向风帽）；（2）135MW 级超高压再热锅炉（汽冷旋风分离，风水联合冷渣器，大开口导向风帽，再热蒸汽温度烟气挡板调节）；（3）Alstom 300MW，秦皇岛工程；（4）300MW 为 M 形布置 + 三分离器
上海锅炉厂	中小型锅炉与中科院工程热物理所和日本 MES 公司合作；大容量锅炉技术与 Alstom 旗下的 ABB - CE 公司合作；引进 Alstom 公司 300MW 技术	（1）135MW 级超高压再热锅炉（高温绝热式旋风分离器，烟气挡板调节再热汽温，T 形风帽，模块化设计）；（2）25MW 级中压、高压锅炉（高温汽冷旋风分离器，汽冷屏）；（3）Alstom 300MW，小龙潭工程
济南锅炉厂	中科院工程热物理所；清华大学	（1）35 ~ 440t/h 中压、次高压、高压、超高压锅炉（高温绝热旋风分离器，返料立管冷却措施）；（2）75t/h 中压锅炉（水冷异型分离器）
北京巴威锅炉厂	引进德国 Babcock 公司的 Circofluid 技术	35 ~ 75t/h 中压、次高压锅炉（塔型布置，悬浮段敷设卫燃带，中温旋风分离器）

续表 2-2

锅炉厂家	技术流派/主要合作单位	主要产品型式及技术特点
江西锅炉厂	引进德国 BAY 公司的 Bio-fluid 技术	75t/h 及以下中压、次高压锅炉(低流化速度；双床流化床)
杭州锅炉厂	中科院工程热物理所、浙江大学	(1) 35t/h 中压锅炉(中温下排气旋风分离，“Π”形布置，燃用劣质煤)；(2)75t/h 级中压循环流化床锅炉(两级分离)；(3) 130t/h、220t/h 级中压、次高压、高压锅炉(蜗壳式汽冷或绝热高温分离)；(4) 75t/h 及以下煤泥锅炉
无锡锅炉厂	清华大学、浙江大学，中科院工程热物理所；引进 FW 的 200 ~ 300MW 超高压锅炉技术	(1) 35 ~ 75t/h 中压锅炉(两级分离)；(2)130t/h 及以下煤泥锅炉；(3) 220t/h 及以下中压、次高压、高压锅炉(高温绝热分离、异形水冷分离)；(4) 135MW 级超高压再热锅炉(高温旋风分离)；(5)引进 FW 的 200 ~ 300MW 超高压锅炉技术(水冷旋风筒)
四川锅炉厂	清华大学	75t/h、130t/h 中压、次高压、高压锅炉(水冷异型分离器)220t/h 及以下中压、次高压、高压锅炉(水冷旋风分离)
武汉锅炉厂	中科院工程热物理所、国外引进技术	(1) 220t/h 及以下锅炉(两级分离)；(2) 135MW 超高压再热锅炉(高温分离)
太原锅炉厂	清华大学	35 ~ 440t/h 中压、次高压、高压锅炉、超高压，高温绝热旋风分离器
南通锅炉厂	浙江大学	(1)130t/h 中压、次高压锅炉(高温绝热)蜗壳旋风分离器，双鸭嘴定向风帽，后墙排渣；燃料系列全(烟煤、无烟煤、石煤、劣质煤、煤生物质混合燃料等)；(2) 400t/d 废弃物焚烧锅炉

2.2 高温气固分离器

气固分离器是循环流化床锅炉的关键部件，循环流化床锅炉采用高温气固分离还是中温气固分离是一个复杂的技术经济问题。气固分离器需要满足下述要求才能被循环流化床锅炉采用：

(1)能有效地连续工作；(2)适应颗粒浓度变化；(3)具有较低的运行阻力和较高的分离效率。

2.2.1 离心分离原理

旋风分离器内实现气固分离的气体运动可以分为切向速度和径向速度。通常测量旋风分离器内部特性时还要包括全压和静压分布。

(1)切向速度 v_t。切向速度主导着气固分离。排气管以下任一截面切向速度沿着半径方向的变化可分为三个区，靠近器壁的I区内切向速度为常数，称为自由旋流区。该区中：

$$\frac{v_t}{v_i} = 2.15\left(\frac{F_i}{D_e D_0}\right)^{0.5} \tag{2-2}$$

式中 v_i——进口速度；

F_i——旋风分离器进口截面积；

D_e——排气筒直径；

D_0——分离器直径。

在分离器中心到具有最大切向速度处，

$$v_t/r = 常数$$

在这两个区之间，

$$v_t/r^n = 常数$$

式中，r 指半径，n 称为速度分布指数，一般在0.5~0.9之间。

$$n = 1 - (1 - 0.668D_0^{0.14})(T/283)^{0.3}$$

(2)径向速度 v_r。理想条件下，平面旋转流可近似看作平面势流与平面点汇组成。假设径向速度分布均匀就有：

$$v_r = q/2\pi rH \tag{2-3}$$

式中 q——进入分离器的气体流量；

H——半径为 r 的假想圆柱高。

2.2.2 分离效率和分离器阻力

气固分离器效率定义为分离器捕集的颗粒量与进入分离器颗

粒量之比。为进一步表明分离器的工作能力，引进分级效率的概念。分级效率是分离器对某一尺寸颗粒的分离效率，两者之间有如下关系：

$$\eta = \sum_{d_i=0}^{\infty} \eta(d_i) f(d_i)$$

或

$$\eta = \int_0^{\infty} f(d_i) d(d_i) \tag{2-4}$$

式中 $\eta(d_i)$——分离器的分级效率。

循环流化床锅炉有一个特殊定义的参数——循环倍率。在其他类型锅炉上，循环倍率是一个工质循环方面的概念，而在循环流化床锅炉上，循环倍率 R 指的是单位时间经过气固分离器送回炉膛的颗粒量与给煤量的比值。因此，气固分离器的分离效率是一个与循环倍率紧密关联的参数。气固分离器分离效率和循环倍率之间的关系可由下式表述：

$$\eta = \frac{G_c}{\alpha_{fa} B A_{ar} \dfrac{1}{1 - C_{fa}} + G_c} = \frac{R}{R + \alpha_{fa} B A_{ar} \dfrac{1}{1 - C_{fa}}} \tag{2-5}$$

式中 η——分离器效率；

G_c——单位时间分离器送回炉膛的颗粒量；

$\alpha_{fa} B A_{ar} \dfrac{1}{1 - C_{fa}} + G_c = G_e$——单位时间逸出炉膛的颗粒量；

R——循环倍率；

C_{fa}——飞灰含碳量；

α_{fa}——飞灰份额；

A_{ar}——收到基灰分。

分离器效率是一个十分重要的运行参数，它发生变化后，会相继影响到主颗粒循环回路中各处的颗粒尺寸分布、颗粒停留时间、燃尽程度、脱硫效果、运行床温，甚至锅炉负荷。

当一个分离器无法满足分离效率要求时，可以串联一个分离器，此时的分离效率为：

$$\eta = \eta_1 + (1 - \eta_1)\eta_2 \tag{2-6}$$

分离器工作阻力是衡量分离器性能的重要参数，它取决于分离器结构和运行条件。通常用经验公式表达：

$$\Delta p = \xi \rho_g v^2 / 2 \tag{2-7}$$

式中 Δp——分离器阻力；

ξ——阻力系数；

ρ_g——气流密度；

v——气流速度。

用于循环流化床锅炉的旋风分离器处于高温状态工作，可以分为绝热型和冷却型两大类。绝热型分离器最外层的壳体由钢板卷制而成，内衬由绝热材料和耐磨耐火材料组成，厚度一般为300mm。分离器本身不吸热。其特点是制造简单、初投资较低，但可靠性差、运行维修费用高和冷态启动时间长。冷却型又称为吸热型，分为水冷和汽冷两种。壳体由蒸汽或水冷却的膜式壁组成，内衬仅为耐磨耐火材料，厚度一般为50mm。绝热型分离器和冷却型分离器的结构如图2-2所示。

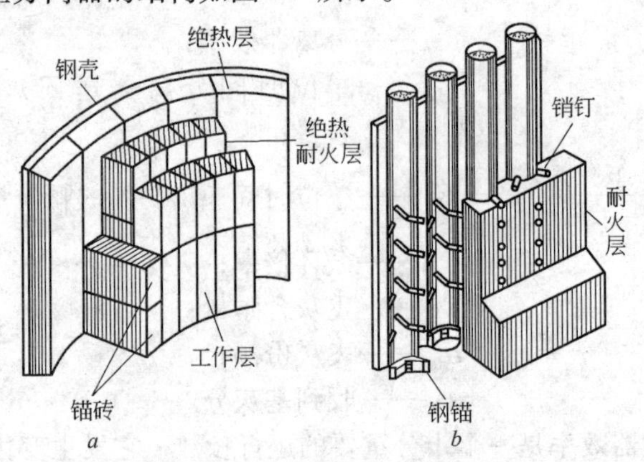

图2-2 绝热型分离器和冷却型分离器的结构

a—绝热型；*b*—冷却型

采用水冷时，分离器和炉膛的连接不需膨胀节；采用汽冷时，需要补偿热膨胀量较小的膨胀节。其特点是制造复杂、造价较高，但运行可靠，冷态启动时间短、效率高，寿命长。

表2-3给出了绝热型和冷却型分离器的技术特点比较。表2-4给出了高温分离器在国内的部分应用情况(王运法，2007)。

表2-3 高温绝热型与冷却型旋风分离器特点对比

比较内容	高温绝热型旋风分离器	高温冷却型旋风分离器		
		水冷	汽冷	短形水冷
初始投资费用	较 低	高		较高
运行可靠性	差	较好		
内衬组成	绝热+耐磨耐火材料	耐磨耐火材料		
热惯性	较 大	较小		
使用寿命	较 短	长		
冷态启动时间	长	较短		
运行散热损失	较 大	较小		
系统复杂性	简 单	较复杂		
分离器自重	重	较轻		
与炉膛的关系	分开布置	分开布置		整体布置
内衬厚度	~300mm	~50mm		
内衬施工难度	较 大	较小		
膨胀节	需 要	需要		不需要
锅炉模块放大性	差	差		好
检修维护工作量	较 大	较小		
内衬磨损率	较 大	较小		
结渣可能性	较 大	较小		
启动所用燃料	较 大	较少		
内衬与烟气温差	较 大	小		

表2-4 高温旋风分离器应用实例

电厂名称	锅炉型号	分离器类型/个数	备注
山东时风热电中心	CG-130/9.8-MX11	水冷型/2个	
宁波亚洲浆纸业自备电厂	CF-C-300	绝热型/2个	
华电石家庄热电公司	DG410/9.81-9	汽冷型/2个	
江西分宜电厂	HG-410/9.8-L.WM17	绝热型/4个	两侧布置
东糖集团有限公司	SG-M440/13.7	绝热型/2个	

续表 2-4

电厂名称	锅炉型号	分离器类型/个数	备注
保定热电厂	DG450/9.81-1	汽冷型/2 个	
新乡、开封火电厂	HG-440/13.7-L.PM4	绝热型/2 个	
景德镇发电有限责任公司	SG-475/13.7-567	绝热型/2 个	
华能白杨河电厂	HG-465/13.7-L.PM7	绝热型/2 个	
华电乌达热电有限公司	UG-480/13.7-M	绝热型/2 个	
四川白马电厂	1025t/h	绝热型/4 个	两侧布置

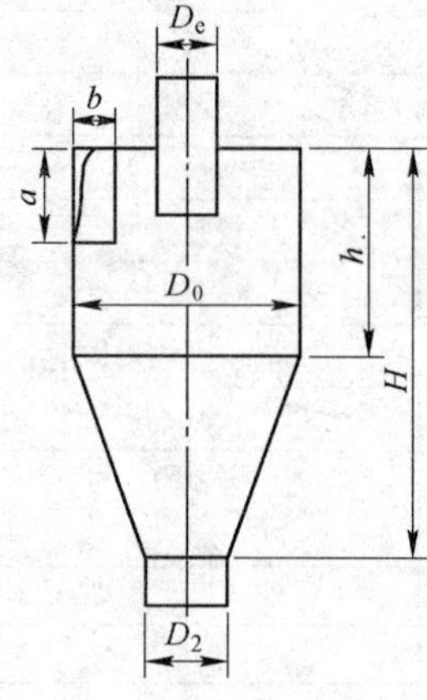

图 2-3 圆形分离器主要结构尺寸

有人将绝热型分离器称为第一代，冷却型分离器称为第二代，而将方形分离器称为第三代。

2.2.3 圆筒形高温旋风气固分离器

典型的高温气固分离器包括旋风分离器(绝热式和冷却式)和惯性分离器。旋风分离器是利用离心原理进行气固分离的装置，主要分为高效分离器和大流量分离器两大类。在结构上主要分为长锥体、圆筒体、扩散式和旁通型。分离器的主要结构尺寸如图 2-3 和表 2-5 所示。

表 2-5 分离器的主要结构尺寸

装置	a/D_0	b/D_0	D_e/D_0	h/D_0	H/D_0	D_2/D_0	半锥角/(°)	D_0
装置 A	0.75	0.725	0.47	1.75	3.9	0.146	11.6	5.46
装置 B	0.83	0.33	0.45	1.08	1.8	0.52	18.7	7.7
装置 C	0.81				2.73			4.3
装置 D	1.84			1.01	2.37			5.9

投入运行的循环流化床锅炉的旋风分离器的主要工作特性包括入口颗粒浓度、入口颗粒尺寸及其分布、d_{50} 和 d_{90} 等。表 2-6

给出了已经投运的典型循环流化床锅炉使用的旋风分离器的定性尺寸和主要性能。

表 2-6　循环流化床锅炉旋风分离器性能

用户和煤种	锅炉容量 /t·h^{-1}	分离器直径 /m	d_{50}/μm	d_{90}/μm
大连春海集团，烟煤	130	4.2	19	47
湖北松木枰公司，劣质贫煤	130	4.2	15	45
洛阳华润热电公司，无烟煤	220	5.0	24	64
山东恒通化工集团，贫煤	240	5.4	21	56
济宁华能电厂，烟煤	400	8.0	25	47
乌达热电公司，烟煤	480	8.0	22	77

表 2-6 中数据都是在满负荷条件下获得，测试使用的仪器为 Malven 型。

旋风分离器与循环流化床锅炉炉膛匹配是一个重要的几何和锅炉性能要求。图 2-4 和表 2-7 给出了旋风分离器与锅炉炉膛之间的配合。

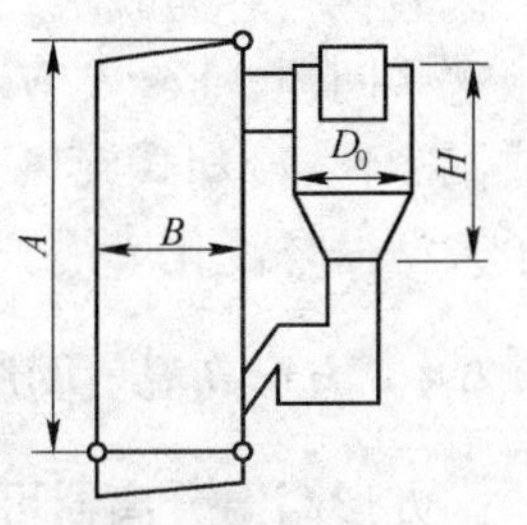

图 2-4　分离器尺寸与炉膛尺寸的配合

影响分离器工作性能的因素包括：筒体直径、进口风速、烟气温度、颗粒尺寸、颗粒浓度、进口通道结构和尺寸、中心管直径和插入深度等。

表 2-7　旋风分离器与锅炉炉膛的尺寸配合

蒸发量/t·h^{-1}	A/m	B/m	D_0/m	H/m	分离器个数
9	9.1	1.8	3	4.6	1
23	12.2	2.7	3.7	6.1	1
46	15.2	3.7	4.6	7.6	1
90	15.2	3.7×7.7	4.6	7.6	1~2
130	29	5	4~5	16	1~2

续表 2-7

蒸发量/$t \cdot h^{-1}$	A/m	B/m	D_0/m	H/m	分离器个数
220	30	4.5×6	5~6	12	1~2
440	35~40		8	18~20	2
670		164m²	6.4		2~4
1025	35500mm	15051mm×12615mm	8.3		4
2000					6

绝热式高温气固分离器存在以下几个问题：一是绝热结构使得未燃可燃物可以在分离器中继续燃烧，通常不希望分离器受到结焦的威胁；二是保温层厚度较厚，要求锅炉的启动时间较长，且保温材料容易脱落，体积庞大，支架的钢材消耗量较大。为克服这些问题，Foster Wheeler 公司设计了冷却式旋风分离器（水冷或汽冷）。冷却式旋风分离器结构复杂、制造困难、成本高，除了大型循环流化床锅炉外采用的比较少。

2.2.4 方形高温气固旋风分离器

方形高温分离器可以是正方形、矩形或多边形结构。由于采用较多的是正方形，故称为方形分离器。采用冷却结构时可以大大降低制造困难和制造成本。

方形分离器有一个单独定义的参数——圆形度，其定义为：

$$\phi_0 = \text{分离器气相空间周长/包含气相空间的圆周长} \quad (2\text{-}8)$$

由此定义可知，圆形分离器的 $\phi_0 = 1$，方形分离器的 $\phi_0 = 1.273$。设计时应保证 $\phi_0 > 1.1$，最好大于 1.15。方形分离器可以十分紧凑地在循环流化床锅炉上布置，返料器与分离器的联系也十分方便。

国内研究循环流化床锅炉的主要实验室都进行过方形分离器的实验研究，如梁绍荣（1995）、由长福（1995）、余战英（2004）、周强等（2006）、王玉召（2006，2007）。

方形分离器的结构如图2-5所示，主要结构参数有8个，分别是：入口高度(a)和宽度(b)、特征尺寸(D)、直段高度(h)、总高度(H)、芯筒直径(d)、芯筒插入深度(s)和排灰口宽度(B)。

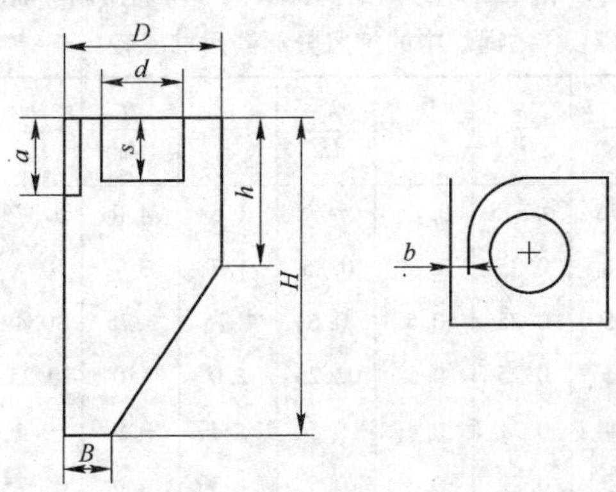

图2-5 入口带加速段的方形分离器结构参数

2.2.5 旋风分离器设计

旋风分离器是典型的气固分离设备，应用最多的是低温气固分离。循环流化床锅炉的旋风分离器在高温条件下工作，按照低温设计的旋风分离器的性能会发生很大变化。高温工作时，旋风分离器有如下特点：(1)采用较短的涡旋导向管；(2)螺旋入口优于切向入口；(3)雷诺数太高分离效率会下降；(4)为返料方便，分离器直段通常较短。

为满足这些特殊要求，在运行阻力和分离效率适当折中的条件下，可按下述步骤设计循环流化床锅炉的旋风分离器。

(1)入口气体速度：

$$v_i = 18 \sim 35\text{m/s} \tag{2-9}$$

(2)按下式计算旋风分离器的直径：

$$D_0 = \sqrt{q/(N\alpha\beta v_i)} \tag{2-10}$$

式中 q——气体流量；

N——分离器个数。

$$\alpha = a/D_0, \beta = b/D_0$$

（3）按表2-8确定相关尺寸。

表2-8 常规旋风分离器的标准尺寸与商用循环流化床锅炉中的旋风分离器尺寸比较

推荐值	$\frac{a}{D_0}$	$\frac{b}{D_0}$	$\frac{D_e}{D_0}$	$\frac{h_c}{D_0}$	$\frac{h}{D_0}$	$\frac{H}{D_0}$	$\frac{D_2}{D_0}$	N_h	$\frac{q}{D_0^2}$
a. 高流量	0.75	0.375	0.75	0.875	1.5	4.0	0.375	7.2	4.58
b. 高流量	0.8	0.35	0.75	0.85	1.7	3.7	0.4	7.0	3.47
c. 通用型	0.5	0.25	0.5	0.6	1.75	3.75	0.4	7.6	1.86
d. 通用型	0.5	0.25	0.5	0.625	2.0	4.0	0.25	8.0	1.91
e. 高效率	0.44	0.21	0.4	0.5	1.4	3.9	0.4	9.2	1.37
f. 高效率	0.5	0.22	0.3	0.5	1.5	4.0	0.375	5.4	1.53
循环流化床锅炉旋风分离器	$\frac{a}{D_0}$	$\frac{b}{D_0}$	$\frac{D_e}{D_0}$	$\frac{h_c}{D_0}$	$\frac{h}{D_0}$	$\frac{H}{D_0}$	$\frac{D_2}{D_0}$	半锥角/（°）	D_0/m
装置A	0.75	0.725	0.47		1.75	3.9	0.146	11.6	5.46
装置B	0.83	0.33	0.45		1.08	1.8	0.52	18.7	7.7
装置C	0.81					2.79			4.3
装置D	1.84				1.01	2.37			5.9

注 1. 旋风分离器A、B的圆锥斜度较大以增加分离效率。

2. a 为分离器入口高度，m；b 为分离器入口宽度，m；D_0 为分离器直径，m；D_e 为排气管直径，m；D_2 为分离器排灰口直径，m；h_c 为排气管插入深度，m；h 为分离器筒体高，m；H 为分离器总高，m；q 为入口气体流量，m^3/s；N_h 为入口速度系数，$N_h = cab/D_e^2$，$c = 7.5 \sim 18.4$。

（4）计算分离器的下锥角。

（5）校核分离器下部立管直径，保证返料量：

$$返料量 = 2.29 \times 立管中固体的表观密度 \times \sqrt{立管直径} \tag{2-11}$$

（6）计算沉降速度，检查是否有再夹带。旋风分离器的颗粒沉降速度为：

$$v_s = 2.991w\left[\frac{(b/D_0)_{0.4}}{(1-b/D_0)^{1/3}}\right]D_0^{0.0667}v_i^{2/3} \tag{2-12}$$

其中 $w = [4g\mu(\rho_p - \rho_g)/3\rho_g^2]^{1/3}$(m/s)。

(7) 按图选取旋转圈数 N_c，用下式计算颗粒的切割直径 d_{50}:

$$d_{50} = \sqrt{9\mu b/[2\pi N_c v_i(\rho_p - \rho_g)]} \tag{2-13}$$

(8) 按图选取某一粒径颗粒的分离效率，颗粒浓度的影响按图进行修正。总的分离效率都是采用经验公式或实验结果确定。

(9) 分离器运行阻力都是按照经验公式计算的。

2.2.6　分离器的试验研究

影响气固分离器性能的主要因素包括：分离器进口结构、中心管尺寸、筒体直径等结构因素和进口速度、运行温度和颗粒浓度等操作因素。从运行角度看，运行温度的影响是通过烟气物性（密度和黏度）改变显示的。烟气的黏度是温度的单值函数，烟温升高时，烟气的黏度随之升高，对颗粒的裹挟作用加强，致使分离效率下降。有数据显示，某旋风分离器20℃下工作时，对10μm颗粒的分离效率为84%，而在500℃下工作时，对10μm颗粒的分离效率降为78%。烟气的密度也是温度的单值函数，但由于烟气密度与飞灰颗粒密度相比太小，其变化对分离效率影响很小。但烟气密度变化对分离器运行阻力影响较大，烟气密度变化与温度变化成反比，分离器阻力与气体密度成正比。因此，烟温升高时分离器阻力下降。

随着颗粒浓度提高，分离效率随之提高，但达到一定浓度后，排出的粉尘量也随之升高。同一旋风分离器分离效率 η 随颗粒浓度 C 的变化可用下式表述（姚建奎，1992）。

$$\frac{100-\eta_a}{100-\eta_b} = \left(\frac{C_a}{C_b}\right)^{0.182} \tag{2-14}$$

式中，a 和 b 代表两个不同含尘浓度条件。

含尘浓度 C_i 与运行阻力 ΔP 可以归纳出下式，即含尘气流的运行阻力与清洁气流阻力成正比，随着含尘浓度提高，运行阻力下降。

$$\Delta P_{\text{dust}} = \frac{\Delta P_{\text{claen}}}{1 + 0.0086\sqrt{C_i}} \tag{2-15}$$

上述两个公式来源于除尘旋风分离器研究，用于循环流化床锅炉时运行温度、颗粒浓度、分离器尺寸都发生了重大变化，但变化趋势应该是相同的。

旋风分离器存在一个临界颗粒浓度。在低于某一浓度前，随着颗粒浓度上升，分离效率随之升高。超过临界浓度后，分离效率下降。该临界值与分离器类型和操作条件有关。

进口烟气速度说到底是一个分离器结构问题。由于锅炉容量一定，产生的烟气量是固定的。分离器是锅炉炉膛后的第一个装置，烟气量没有机会降低，烟气进口速度就是分离器进口面积的单值函数。烟气进口速度对分离效率和运行阻力都有重大影响。实验表明，运行阻力与烟气进口速度的1.5～2次方成正比。进口速度越高分离效率越高，但运行阻力也越大。但达到一定速度后，分离效率开始下降，显示气固分离器有一个临界进口速度。

为获得分离器的最佳分离效率和最低运行阻力，即获得可以接受的分离器阻力和分离效率的折中，需要研究分离器的主要结构尺寸。通常认为旋风分离器的主要结构包括筒体直径、进口结构、中心筒尺寸、分离器高度等。

（1）筒体直径的影响。筒体直径是旋风分离器的核心尺寸。一些重要的设计参数都被整理成与筒体直径的比值。随着筒体直径增大，气固分离的离心力减弱，分离效率下降。决定筒体直径的首要因素是处理的烟气量多少。当处理的烟气量达到一定量后，分离效率和运行阻力都不允许进一步增大筒体直径，解决的办法就是采用多个并联的旋风分离器。

（2）进口结构的影响。旋风分离器进口结构包含两个方面的因素：一个是进口结构，一个是进口尺寸。进口结构分为切向式和蜗壳式。前者简单后者复杂，但后者可以使进口气流平滑，降低运行阻力，提高分离效率，采用的比较多。进口尺寸指的是烟气进口的高宽比。通常取进口宽度为 a =（筒体直径－排气筒直径）/2，高宽比为2～3。

（3）中心筒的影响。一定范围内，中心筒直径越小，分离效率越高而运行阻力越高。通常取中心筒直径为筒体直径的30%～50%。中心筒长度的关键在于中心筒在分离器上的插入深度。插入深度过大或过小对分离效率和运行阻力都有明显影响。随着插入深度增加，分离效率提高而运行阻力下降。当中心筒插入深度达到进口管高度的40%～50%时，分离效率达到最高值而运行阻力达到最低值，然后分别下降和升高。研究表明中心筒插入深度的最佳值为进口管高度的近一半处。

（4）分离器高度的影响。分离器高度指的是分离器筒体高度和锥体高度之和。但分离器高度不是一个孤立的参数，它受制于循环系统高度，即返料器高度、立管高度和分离器高度。这三个高度的总和要与锅炉炉膛相配合。

以循环流化床锅炉为目标的旋风分离器研究，目前还没有公认的优秀方法。但相似模化理论是成熟的，旋风分离器曾进行过大量理论和实验研究。在高温实炉上进行旋风分离器详细研究几乎没有可能性，但在实验室中，特别是冷态下的研究可以达到所有的研究目的。

旋风分离器的实验研究需要满足以下几个准则：斯托克斯准则 S_{tk}、雷诺准则 Re、进出口直径比准则 D_i/D_o、进口尺寸与筒体直径比 D_i/D_a 准则等。

樊旭等（2007）模拟120t/h 循环流化床锅炉的旋风分离器，研究了不同内筒插入深度和不同风量对分离器效率的影响。实验台的主要尺寸包括炉膛尺寸200mm×160mm×1000mm，旋风分离器内筒直径为80mm，外筒直径为170mm，长244mm。其实验系统和部分实验效果如图2-6和图2-7所示。

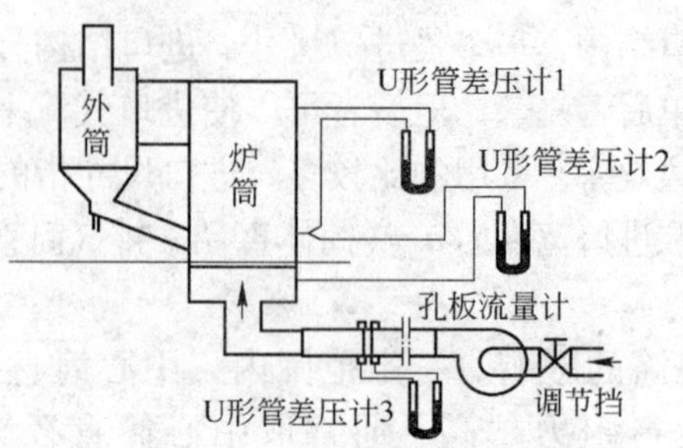

图 2-6　樊旭的实验系统图

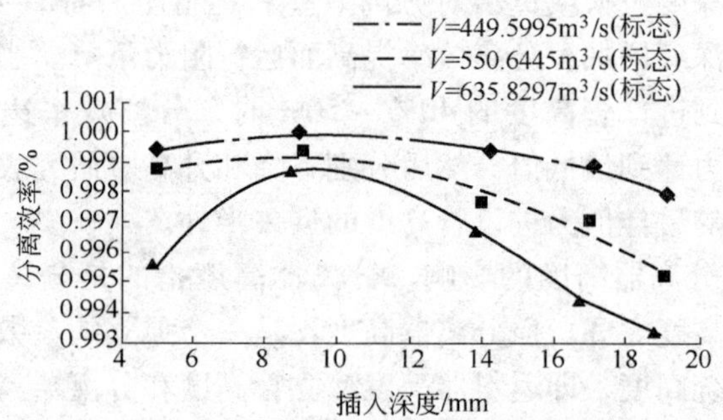

图 2-7　分离效率随插入深度和的流化风量变化

王玉召等（2007）在一个特征尺寸 300mm 的实验台上研究了方形分离器主要结构并给出了优化数值。实验条件下的优化数值为中心筒直径 $d = 0.4D$（D 为特征尺寸）、中心筒插入深度 $s = 0.6D$、进口高宽比 $a/b = 8$ 和分离器直段高度 $h = 1.8D$，此时对应的分离器阻力为 1.22kPa。其试验装置和部分实验结果如图 2-8 和图 2-9 所示。

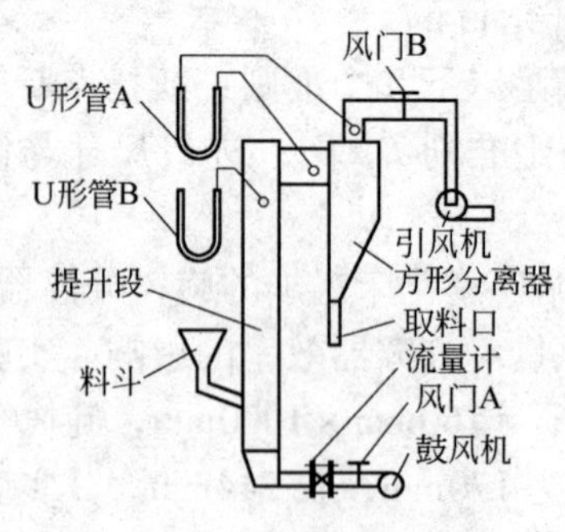

图 2-8　王玉召的试验装置图

实验结果显示，入口高宽比、直段高度影响很大，芯筒直径、芯筒插入深度影响较小；分离器阻力随着入口高宽比的

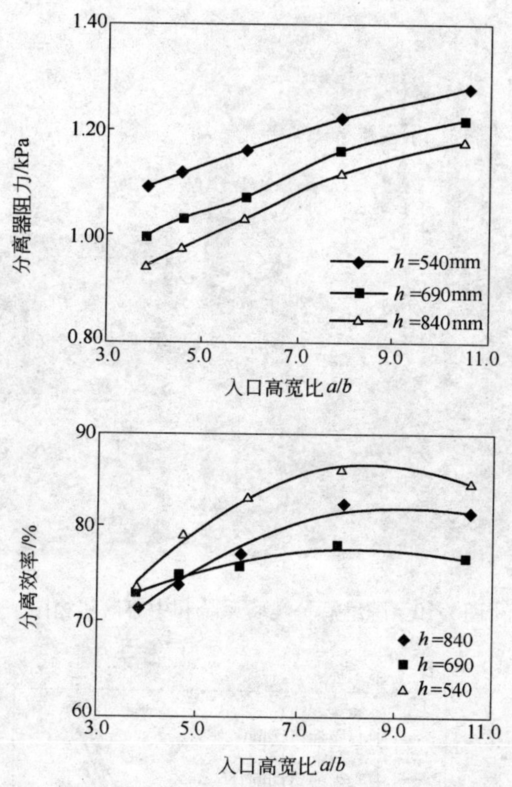

图 2-9 进口高宽比对分离效率和运行阻力的影响

增大而增大，随着直段高度的增大而减小。

陈继辉等（2007）以 100MW 循环流化床锅炉为原型，在20∶1的有机玻璃实验台上研究了中心筒底部缩口斜切对循环流化床锅炉旋风分离器性能的影响（分离器直径 450mm）。实验结果显示，中心筒底端切口的朝向对分离效率有很大的影响：当切口朝向为 90°时，分离效率达到最大值；当切口朝向为 270°时，分离效率最小。其试验装置和部分实验结果如图 2-10 和图 2-11 所示。

图 2-10 陈继辉等实验系统和中心筒实物图

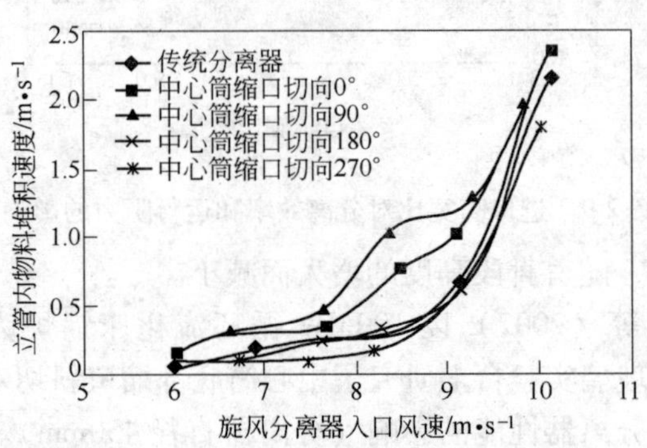

图 2-11 分离效率与切口朝向之间的关系

图 2-11 中可以发现，在同一入口风速下，不同切口朝向的分离器的分离效率是不同的：切口朝向 90°时分离效率最高，在朝向为 270°时分离效率最低。

2.3 冷渣器

2.3.1 冷渣器研究方法

冷渣器（包括有受热面的冷渣器）本身是一个过程特殊的换热装置。与表面式换热器不同的是，冷渣器绝大多数换热表面都与高浓度的固体颗粒接触换热。因而形成的换热效果比非接触性换热要强烈。目前大型循环流化床锅炉上配用的冷渣器主要是流化床冷渣器和滚筒式冷渣器，这两种换热器在工作方式和结构上差别甚大，但从换热的角度看工作过程是相近的。下面以流化床冷渣器为例，介绍冷渣器的设计和运行。

在135MW和300MW等级的循环流化床锅炉上配备的流化床冷渣器（FBHE）共有3～4个仓室，循环颗粒垂直进入FBHE与其中的循环颗粒和流化气体混合。第2～3仓室的受热面管子与FBHE内循环颗粒流垂直。

循环颗粒在FBHE中的热量变化等于所有仓室中蒸汽吸热量、空气吸热量和后燃放热量的代数和：

$$Q_{\mathrm{p}}C_{\mathrm{p,p}}(T_{\mathrm{p}}^{\mathrm{in}}-T_{\mathrm{p}}^{\mathrm{out}})=\sum_{i=1}^{3}[Q_{\mathrm{v}i}(H_{\mathrm{v}i}^{\mathrm{out}}-H_{\mathrm{v}i}^{\mathrm{in}})+Q_{\mathrm{a}i}C_{\mathrm{pa}}(T_{\mathrm{a}}^{\mathrm{out}}-T_{\mathrm{a}}^{\mathrm{in}})-\phi_i] \tag{2-16}$$

其中，下角p代表颗粒，v代表蒸汽，a代表空气，i代表进口。

FBHE热平衡计算时需要结合自身工作过程才能得到合理结果。如循环颗粒的出口温度与FBHE最后仓室的床高有关，最后仓室的气体温度与颗粒流温度是否相等，如何获取各仓室的后燃份额等内容都直接影响到FBHE的热平衡计算。

式（2-16）是针对所有仓室写出的表达式。事实上，FBHE的几个仓室是串联布置的，所以，式（2-16）右侧是每个仓室吸热和放热的代数表达式。

每个仓室的颗粒流率Q_{p}是不变的，每个仓室的热平衡可以用来计算仓室之间的颗粒温度（第一个仓室入口温度由测量得到）：

$$Q_p C_{p,p}(T_p^{in} - T_p^{out}) = Q_{vi}(H_{vi}^{out} - H_{vi}^{in}) + Q_{ai}(T_{pi}^{out} - T_a) - \phi_i \tag{2-17}$$

每个仓室的总传热系数可由下式确定：

$$k_i = Q_{vi}(H_{vi}^{out} - H_{vi}^{in})/(F_i \cdot S_i \cdot LMTD_i) \tag{2-18}$$

式中

$$LMTD_i = (T_p^{out} - T_{vi}^{out} - T_{pi}^{in} + T_{vi}^{in})/\ln[(T_{pi}^{out} - T_{vi}^{out})/(T_{pi}^{in} - T_{vi}^{in})] \tag{2-19}$$

对每个仓室和不同运行条件分别计算对数平均温差的关联因子 F_i，发现 F_i 非常接近于1。

式（2-17）和式（2-18）可以根据实验数据计算总传热系数或计算颗粒或蒸汽在每个仓室边界处的参数。

根据传热学的基本原理，可以将总传热系数按照不同的传热机理分解。即：

$$k_m = [1/(H_{ec} + H_{er}) + (R/\lambda t)\cdot \ln(R/r) + R/(H_{ic} \cdot r)]^{-1} \tag{2-20}$$

式中 H_{ic}——用 Colburn 关系式计算的内侧传热系数；

H_{er}——通过灰体假设计算的辐射换热系数；

H_{ec}——计算的外侧传热系数。

将 Emile Huchet 125MW 循环流化床锅炉 FBHE 的实验结果与 Borodulya（1985）和 Wedermann and Werther（1993）的结果进行比较，发现三套数据都比理论值低很多，所有数据集中在理论值的30% ~60%之间。

$$0.3 \leqslant 实测值 / 理论值 \leqslant 0.6 \tag{2-21}$$

出现这种现象的原因是冷渣器中的热颗粒出现了短路，一部分颗粒以温度 T_{in} 进入换热器，仍以温度 T_{in} 离开换热器。这部分颗粒与经过换热的冷颗粒在出口合并为 T_{out}。如果可以假定换热颗粒与短路颗粒混合良好，则有：

$$Q_p^{exch} \cdot (T_p^{out} - T_p^{exch}) = Q_p^{byp} \cdot (T_p^{in} - T_p^{out}) \tag{2-22}$$

T_p^{exch}可用式(2-18)~式(2-20)求出。

由上式可知换热对比为：

$$\xi = (T_p^{in} - T_p^{out})/(T_p^{in} - T_p^{exch}) \tag{2-23}$$

针对4个仓室分别计算了满负荷和部分负荷的短路颗粒比，结果显示，仓室长度越长，短路越轻（见图2-12）。计算中根据EHE负荷对计算结果进行了校正，结果表明影响颗粒短路的因素只有流化风速和颗粒流率两项。

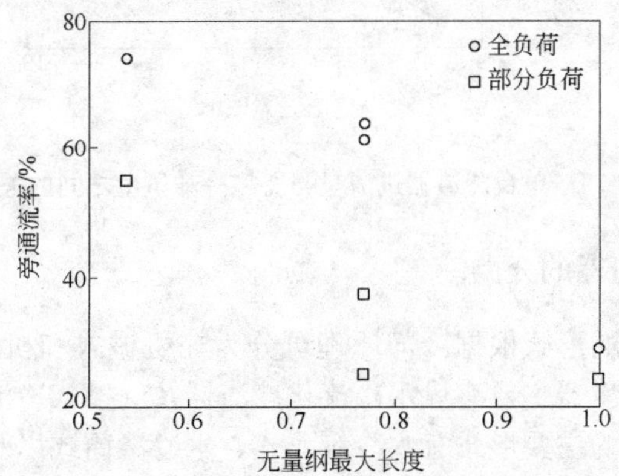

图2-12 热颗粒短路现象

由图2-12可以得到热交换速率的关联式：

$$\xi = \beta Q_p^{\delta} Q_a^{\gamma}, \delta < 0, \gamma > 0 \tag{2-24}$$

提高颗粒流动速率，将导致换热速率下降；提高流化气体流率会使混合效果下降却使换热效果加强。按照图2-12的数据，拟合值δ取决于仓室长度。

冷渣器冷却风量与渣量的关系：采用4个仓的风水联合冷渣器中有两个水冷仓，水冷管束进水量为40t/（h·台），进水温度45℃，进风温度为80℃，进口渣温约860℃，保证冷渣器出口渣温小于150℃。通过改善冷渣器的进渣量从而调整相应各仓的冷却风量，保证所需的冷却渣温。图2-13是单台冷渣器的冷渣能力与冷渣气体量的对应关系（谭斌等，2005）。

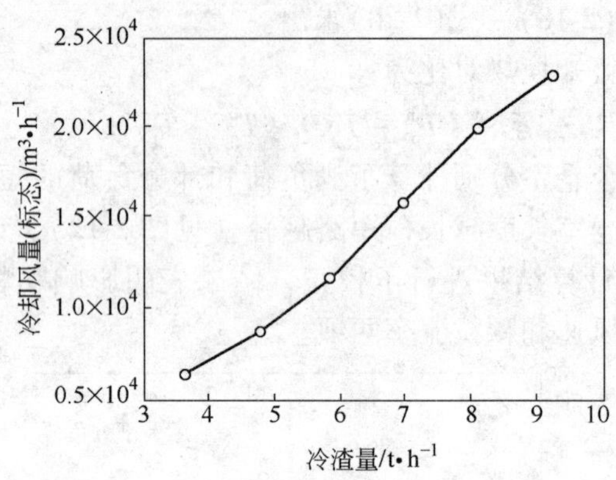

图 2-13 单台冷渣器进渣量与所需冷却风量之间的关系

2.3.2 冷渣器的分类

冷渣器的形式根据冷却原理可分为非机械式和机械式两种。非机械式冷渣器主要有风水冷流化冷渣器及气槽式冷渣机等。机械式冷渣器的主要形式有水冷绞龙式、水冷滚筒式以及高强钢带式等。目前，在大型循环流化床锅炉上应用较多的冷渣器是风水联合冷却流态化冷渣器和滚筒冷渣器。

2.3.2.1 风水联合冷却流态化冷渣器

这种冷渣器利用流化床的气固两相流动特性冷却高温炉渣，以风冷为主，水冷为辅。在结构上一般分为三个分室，第一个分室采用气力选择性冷却，在气力冷却灰渣的过程中还可以把较细的底渣（未燃尽的细颗粒、未反应的石灰石颗粒等）重新送回燃烧室，实现选择性排渣；第二、第三分室内布置埋管受热面与灰渣进行热交换，可以把渣冷却到尽可能低的温度，如 120℃以下，然后排至输渣系统。风水联合冷渣器结构如图 2-14 所示。

冷渣器使用单独的流化风机，每个分室设独立的布风装置，布风板为钢板式结构，上面布置大直径的钟罩式风帽。布风板采用微倾斜布置以利于大渣向排渣管运动。

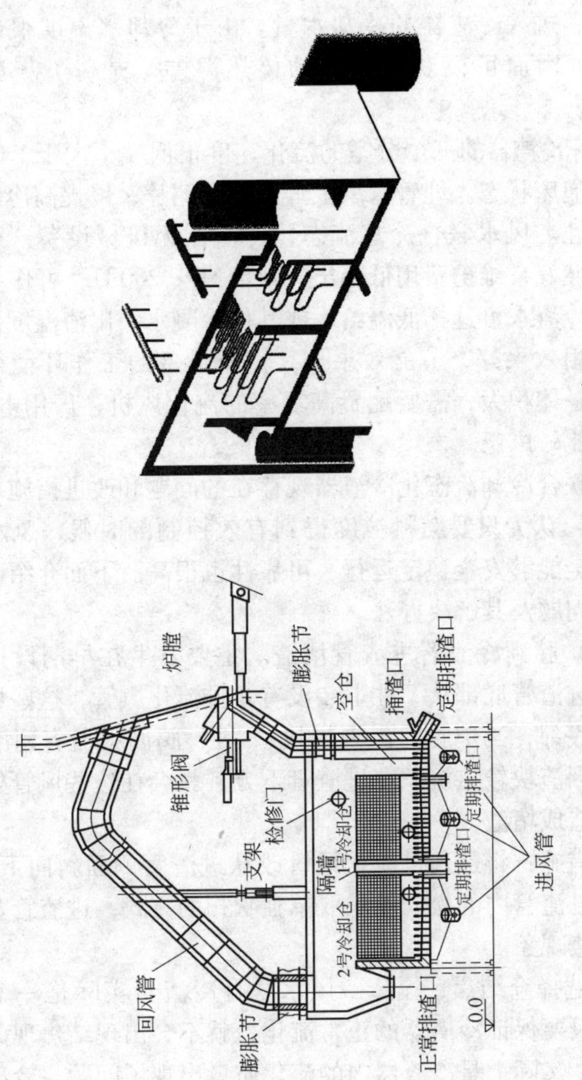

图 2-14 风水联合冷渣器结构示意图

冷渣器中布置的埋管受热面内走来自回热系统的除盐水，完成换热后送至回热系统中。根据锅炉排渣量的多少及冷却情况，可适当调整进入冷渣器的冷却水量。由于冷却水温度很低（约为30℃），因而可以获得较大的传热温差，提高了灰渣冷却效果。

流化床冷渣器的三个分室的流化速度很低（不大于1.0m/s），均处于鼓泡床状态。埋管管束上焊有防磨鳍片，以提高冷渣器工作的安全性。风水联合冷却流态化冷渣器无机械设备，结构简单，密封性好，维护费用低，出口风温高于200℃，可作为二次风入炉。冷渣水可选择低温给水或其他冷凝水，出渣温度低，热能回收利用效果好，节能效果佳，输渣设备的工作环境得到改善。缺点是体积大，需要配置高功率的流化风机，厂用电率高。目前应用比较广泛。

风水联合冷却流态化冷渣器现存在的问题和改进措施：谭斌等（2005）认为只要燃料粒度得到有效控制的时候，风水联合冷渣器完全能够安全稳定运行，可靠性也很高。下面介绍已经发生的一些问题及其解决办法。

（1）炉膛到冷渣器进渣管堵渣。主要发生在早期设计的冷渣器上。进渣管底部从下往上装设有几排流化风管，这些风管高出进渣管底部，当炉膛内出现焦块、“J”阀回料器有耐磨浇注料脱落，因渣块较重沉积在进渣管下方，就会在这些风管处被卡住，从而造成堵渣。

改进措施：将这几排流化风管改从进渣管侧面斜向下插入，同时，对进渣管内的松动风采取单独吹扫的方式，进渣管基本不会出现堵渣现象。

（2）选择仓结焦、塌床。风水联合冷渣器实际是一个小的流化床，只要保证冷渣器的正常流化，就不会出现结焦现象。冷渣器结焦，实际上是冷渣器内的流化质量出现了问题。冷渣器内的结焦最容易出现在选择室。当选择室出现大的渣块流化不良时，炉渣在冷渣器各室之间流动不畅，在选择室内形成堆积后导致塌床，而在塌床后未及时疏通继续进渣，最终导致冷渣器结焦。

冷渣器塌床和结焦的主要原因及改进：

1）入炉煤粒度偏大导致炉渣粒径过大。冷渣器的排渣粒度一般要求小于10mm，当渣粒大于30mm且数量较多时，就容易出现塌床、结焦，故入炉煤的粒度要求控制在13mm以下。

2）冷渣器进渣量无法精确控制。冷渣器运行中经常发生大量过渣的现象，很容易堵塞冷渣器。排渣量过大，会造成冷渣器出口排渣温度偏高，影响输渣系统的正常工作，严重时造成冷渣器被迫停运。其原因主要是冷渣器出口没有控制排渣量的手段，而进渣管排渣风对排渣量的控制作用有限。

改进措施：在冷渣器出口装设旋转排渣阀，通过对旋转排渣阀转速的调节从而有效控制冷渣器的进渣量。

3）冷渣器内燃烧结焦。当采用气力播煤装置的给煤方式，炉膛内布风板上采用定向风帽，这种风帽的输送能力非常强，如两侧给煤量很大，在炉膛内未经充分燃烧就被吹到排渣口附近，大量煤粒随渣料排入冷渣器。由于渣料温度接近炉膛燃烧温度，约900℃，选择室内又有大量空气，所以大量的未燃尽炭颗粒迅速燃烧，从而结渣成块，造成选择室堵塞。

改进措施：减少两侧给煤机的给煤量，并改善冷渣器的投运操作方法，同时适当加大冷渣器的流化风量，选择室结渣的现象得到了很大改善。

4）冷渣器内风帽磨损严重。冷渣器风帽的磨损严重的区域多分布在渣料流动比较集中的地方，如进渣管出口附近和各仓室绕流孔附近。运行中，为防止冷渣器结渣及便于渣的输送，流化风往往远大于设计值，使得渣料对风帽的冲击加剧，磨损加快。另外，如果冷渣器在运行过程中不能维持一定的料位，排渣方式将类似于气力输送，不仅渣得不到有效冷却，还将大大加剧冷渣器内风帽的磨损。为保持一定料位，可以在冷渣器出口增设旋转排渣阀，通过调整排渣阀的转速，从而维持冷渣器床面有一定的料位，减少风帽的磨损。

2.3.2.2 滚筒式冷渣器

滚筒式冷渣器可分为进渣室、冷渣通道和出渣室三部分，冷渣通道中设有冷却机构。滚筒冷渣器都是倾斜安装，高温炉渣进入滚筒后，沿其内壁螺旋槽道或者多棱管道前进，内外筒夹套内或者多棱管道之间的间隙内通过冷却水与热渣进行热交换，同时可接入风冷系统，将900℃热渣冷却到150℃或者更低。滚筒转速无级可调，筒体在很低的转速下，如2r/min，即可达到额定出力，大大减少了渣通道的磨损。滚筒式冷渣器的结构如图2-15所示。

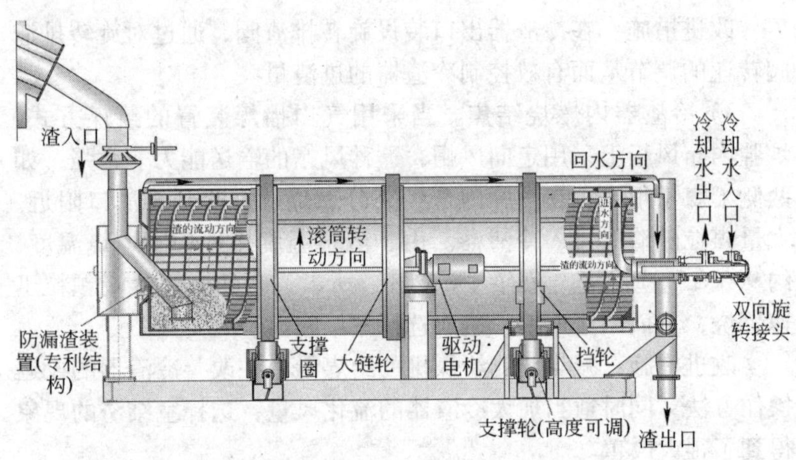

图2-15 滚筒式冷渣器的结构示意图

滚筒冷渣器的共同优点是磨损小，维护量小，使用寿命长，结构简单，运行可靠，对冷却水的水质要求不高，软化水或工业水即可。缺点是对灰渣没有选择性，进渣口容易漏渣，冷却水流量控制要求严格，有些形式的滚筒冷渣器换热量略低且外形尺寸略大。这种冷渣器目前应用范围很广。

2.3.2.3 其他冷渣器

其他冷渣器还有螺旋水冷式冷渣器和钢带风冷式冷渣机。

螺旋水冷式冷渣器的结构包括：大套筒外壳包含内部螺旋绞龙，螺旋绞龙通过传动装置带动旋转（10r/min 左右）。炉渣在绞龙的带动下沿螺旋槽道前进，具有一定压力的冷却水在绞龙外壳水套内和轴心、叶片的水套内流动，逆向流动换热，热渣可从900℃冷却到200℃左右。

900℃高温炉渣与螺旋绞龙形成相对运动，磨损比较严重，且损坏后不可修复，只能更换绞龙。将炉渣降到150℃左右需要7m 以上螺旋绞龙，此时螺旋绞龙承受的扭矩相当大。这些因素导致螺旋水冷式冷渣器适用于渣量较少的情况，长期处理大量炉渣会出现严重故障。

钢带风冷式冷渣机的结构主要是由大量的条形耐热钢板组成，由两侧链条带动低速前进，热渣落在钢板上受到负压通风冷却至200℃，冷风吸热升温到300~400℃，可当作送风利用。该设备是运用于煤粉炉上的一种新型干式排渣设备，也可用于大型循环流化床锅炉。

2.3.2.4 风水联合冷渣器与滚筒式冷渣器优缺点的比较

刘德昌等（2007）和武建忠等（2007）总结了几种冷渣器的优缺点，主要观点如下。

A 风水冷流化床冷渣器优缺点

该冷渣器利用风与流化热渣之间直接传热和热渣与水冷受热面之间的间接传热，将灰渣从950°C 左右降到150°C左右。

风水冷流化床冷渣器的优点：

（1）传热效果好，无机械转动设备，事故率低；

（2）灰渣物理显热回收率高；

（3）通过选择床，将细灰送入燃烧室上部，作为循环床料；

（4）冷渣器与锅炉本体连为一体，占地面积小；

（5）对烧优质煤和特大型循环流化床锅炉（300~600MW）

比较适应。

风水冷流化床冷渣器的缺点：

（1）对灰渣粒度、分布和渣量有一定要求，粒度大小及分布和灰渣量不能与设计工况相差太大。否则带来许多严重的运行问题；

（2）要求专用风机，运行电耗较高；

（3）有水冷受热面磨损问题；

（4）对运行操作水平要求较高。

B 滚筒式冷渣机的优缺点

滚筒式冷渣机的优点：

（1）对灰渣粒度及分布和渣量适应性比较好；

（2）对烧劣质煤和灰渣粒度与设计工况偏差较大的中小型循环流化床锅炉（300MW 以下锅炉）比较适应；

（3）滚筒冷渣机滚动速度慢，电机功率小，省电；

（4）对运行操作水平要求不高，有傻瓜冷渣器之称，运行事故少；

（5）与流化床冷渣器相比，磨损较轻。

滚筒式冷渣机的缺点：

（1）灰渣显热回收效果没有风水冷流化床冷渣器好。被加热了的冷却水一般送入除氧器，汽轮机抽汽减少，电厂循环热效率降低；

（2）滚筒冷渣器与锅炉本体分置布置，一般布置在锅炉房零米平台，占地面积较大；

（3）密封效果没有风水冷流化床冷渣器好，有漏水、漏渣问题。

虽然冷渣器种类很多，但在大型循环流化床上得到应用的主要是风水联合流化床冷渣器和滚筒冷渣器。经过几年的运行改进，这两种冷渣器便可以变异出一些原理相同、结构相近的技术。

表 2-9 给出了几种冷渣器的技术经济特性。

表 2-9 几种冷渣方案的技术经济比较

冷渣方案	绞龙式	滚筒式	单流化床+机械式	流化床风水冷联合选择式
传热系数/W·(m^2·K)	<60	<60	渣量较小时:10~20	70~250
余热回收率/%	30~50	30~50	渣量较大时:50~60	40~68
颗粒分选功能	无	无	有	有
磨损情况	重	较轻	中等	重
电 耗	小	小	较大	大
出 力	小	大	中等	大

2.3.3 冷渣器选型

冷渣器安全、稳定、连续工作是 CFB 燃烧的关键问题之一，要想解决好这个问题不仅要考虑冷渣器自身，还要从冷渣器选型、锅炉给煤制备系统、入炉原煤质量控制以及电厂运行管理等方面综合考虑。

大型循环流化床锅炉基本上采用风水联合流化床冷渣器和滚筒冷渣器。谭斌等（2005）认为，当所有冷渣器同时投运时的用风量不超过总风量的 8% 时，采用风水冷却冷渣器；当所有冷渣器的用风量超过总风量的 8% 时，采用滚筒式冷渣器，并建议，新设计的循环流化床锅炉在设计风水联合冷渣器时使用下面的参数（见表 2-10）。

表 2-10 循环流化床锅炉容量与冷渣器流化风量

不同容量锅炉/t·h^{-1}	220	410	440	490
底渣量/t·h^{-1}	7.2	13.2	14.1	16.2
总风量/mm^3·h^{-1}	192.9×10^3	356.2×10^3	420.1×10^3	467.8×10^3
冷渣器所需冷却风量与总风量之比/%	5.9	7.1	6	5.4

对冷渣器调查、研究后认为：理想的冷渣器应该具有以下特

点（王大军，2007）：

（1）只冷却将要排除的大渣（可减小无效的冷却容量，减小冷渣器体积）；

（2）减小空气冷却的份额（由于空气的比热较小，换热效果差，造成冷渣器体积较大，同时，可减小对二次风的干扰）；

（3）增加水冷冷却的份额（由于水的比热较大，换热效果较好，可减小冷渣器体积）；

（4）减小使用汽机回热系统的凝结水（减小由于冷凝水温升对回热系统的不利影响）；

（5）由锅炉汽水系统提供高温段换热面冷却介质；

（6）对低灰粉煤种，将细颗粒回送炉膛（维持床压、提高热效率，提高炉内传热系数，改善流化质量）。

冷渣器选型应综合考虑下述基本原则和要求：

（1）冷渣器应具有高传热系数和连续冷却的功能，可以连续有效地把锅炉排出的高温炉底渣迅速冷却到安全温度以下。

（2）运行故障少，检修工作量少，能做到长期稳定、安全、可靠地运行。

（3）能有效地回收炉底渣的余热，提高锅炉的热效率。

（4）能改善流化质量，改善燃烧工况，提高锅炉燃烧效率。

（5）尽可能减少环境污染，提高灰渣的利用率。

（6）成本低、体积小、运行费用少。

（7）便于实现自动化、智能化和大型化。

（8）与碎煤机匹配。我国煤质变化范围广，有时在燃煤中会出现矸石和杂物，导致燃煤破碎、输送负担增加，入炉煤粒度难以保证。

（9）有较大的工作容量，适应锅炉燃料灰分含量的变化。

2.3.4　大型循环流化床锅炉的冷渣器

循环流化床锅炉大型化以后，尤其是在亚临界和超临界参数的循环流化床锅炉，所采用的冷渣器与中小型循环流化床锅炉的冷渣器不仅在结构和受热面布置上有差别，在关键部件、使用方式、进料排渣特征等方面都有很大区别。

已经投运的几台300MW循环流化床锅炉的冷渣器较多地采用了风水联合流化床冷渣器。图2-16是某300MW级CFB锅炉溢流式流化床冷渣器示意图。

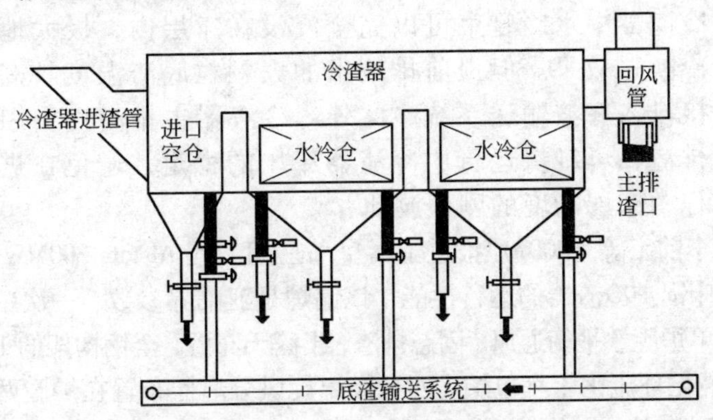

图2-16 某300MW级CFB锅炉溢流式流化床冷渣器

炉膛排渣口通过锥形阀与冷渣器连接。冷渣器呈矩形，通过分隔墙被分为三个仓室，护板及分隔墙均采用钢板结构，护板内表面与分隔墙外表面均敷设有耐火耐磨材料，隔墙同时还通过自然通风冷却，以提高耐磨耐火材料的可靠性。各个仓室下面布置有风室，灰渣颗粒通过布置于各个仓室底部布风板上的风帽实现流化冷却。进口仓采用纯冷风冷却，两个水冷仓室内布置蛇形管，冷却介质为凝结水。最后一个冷却仓后墙上设置有主出渣口和回风口。当炉膛床压超过设定值时，冷渣器进口锥形阀开启，炉渣从侧面进入冷渣器的第一个进口空仓，在该室的流化冷却风作用下，部分随渣进入的未燃尽的煤得以充分燃烧，并呈流化状态从风冷隔墙溢流到第一水冷冷却仓；第一水冷冷却仓内的炉渣从风冷隔墙溢流到第二水冷冷却仓。经过两级水冷管束及流化冷却风的作用后溢流到主渣口，并接入刮板输渣机，冷却后的渣温能控制在150℃以下。由于炉膛排出的大颗粒底渣很难溢流到下一个仓，冷渣器的各个仓都设置了大颗粒炉渣排放管。

为保持各仓有一定的床料高度，溢流式流化床冷渣器内床压比选择式流化床冷渣器内的床压高得多，这样做虽然提高了风机压头，但各仓室都设置了大颗粒底渣排放管，流化底渣的平均粒径较细，所需流化风速较低，加之床层高度较高，冷渣器中水冷管束可以完全浸没在床层内，极大地增强了水冷换热效果。但提前排放出的大颗粒底渣温度较高，不宜直接排入底渣输送系统。此外，冷渣器主排渣口采用了溢流式排渣，可维持运行中冷渣器床压的稳定，避免在进、排渣过程中床层高度的剧烈波动。

李前宇等（2007）报道了秦皇岛三期工程 Alstom 300MW 循环流化床锅炉冷渣器的运行性能，该锅炉是亚临界参数、一次中间再热、单炉膛、平衡通风，固态排渣，半露天布置，全钢构架的 1025t/h 自然循环流化床汽包炉。四台高温旋风分离器布置在炉膛两侧的钢架副跨内，在旋风分离器下各布置一台回料器。由旋风分离器分离下来的物料一部分经回料器直接返回炉膛，另一部分在锥形阀的控制下则经过布置在炉膛两侧的外置床式换热器后再返回炉膛。外置床式换热器内布置有受热面，靠后墙外置床式换热器（2 号和 3 号外置床）内设置有中温过热器（ITS1 和 ITS2），可以通过控制其间的固体粒子流量来控制炉膛温度；靠前墙外置床式换热器（1 号和 4 号外置床）内设置有低温过热器（LTS）和高温再热器（HTR），可以通过控制其间的固体粒子流量来控制再热蒸汽温度。

图 2-17*a* 是秦皇岛电厂 5 号炉冷态启动过程中，1 号和 4 号外置床式换热器锥形阀开度随负荷变化的关系。可见，锅炉负荷在 100MW 以下时，锥形阀开度为零。随着机组负荷增加，锥形阀开度加大。锅炉机组负荷载 200MW 时，锥形阀开度为 15%，锅炉机组负荷提高到 300MW 额定负荷时，锥形阀开到 20%。相应的蒸汽温度变化如图 2-17*c* 所示。靠后墙布置的外置式换热器（2 号和 3 号）与靠前墙布置的外置式换热器（1 号和 4 号）的锥形阀开度不同（见图 2-17*b*）。

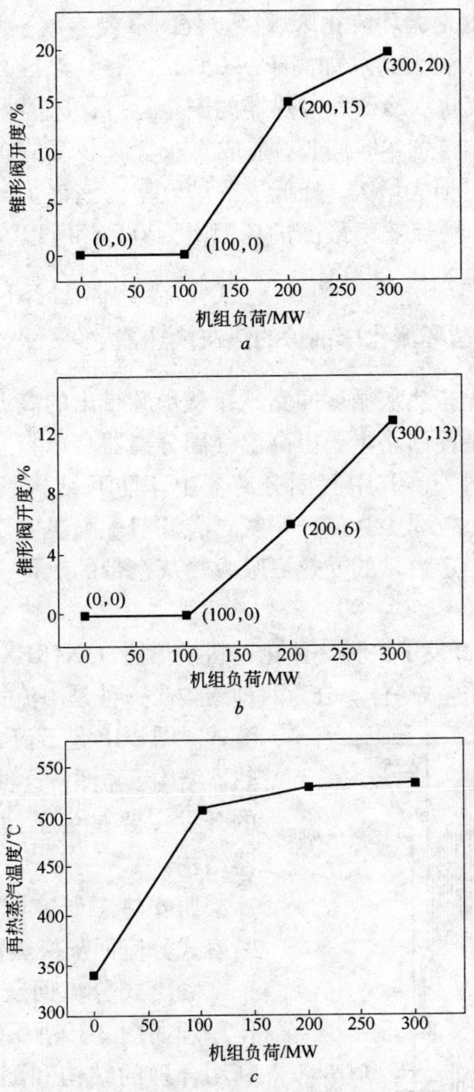

图 2-17 秦皇岛三期工程 Alstom 300MW CFB 锅炉冷渣器实际调试性能

a—1 号和 4 号外置床式换热器；*b*—2 号和 3 号外置床式换热器；*c*—机组再热蒸汽温度与机组负荷的关系

炉膛温度是循环流化床燃烧过程的重要参数，要选择合适的操作范围。床温太高（如高于950℃）时，高温区有局部结焦的危险，进而威胁水冷壁和过热器的安全运行；床温太低（如低于830℃），煤颗粒燃尽时间长，造成飞灰含碳和底渣含碳升高，锅炉固体未燃尽损失增大，降低了锅炉效率。该锅炉配有石灰石干态脱硫系统，脱硫效率最高的床温是870℃。所以，炉膛温度最佳调整范围是870～890℃。

2.3.5　大型循环流化床锅炉的热灰换热器

循环流化床热灰循环回路承接从炉膛带出的高温烟气携带的热灰。热灰循环回路主要由高温气固分离器、返料立管、热灰换热器和返料斜管。其中气固分离器由于防磨结构具有较大的热阻，传热能力较弱。为使循环灰具有调节炉膛温度作用，在循环回路上设置一定数量的受热面吸收热灰携带的热量，同时能使锅炉结构更加紧凑。

FW公司开发了一种一体化返料换热器（INTREX），仅靠后墙布置，与炉膛连成一体。分为两种结构，一种是溢流式，一种是下流式。图2-18是下流式INTREX换热器结构示意图，这种结构换热器的开发主要是为了迎合方形分离器结构。

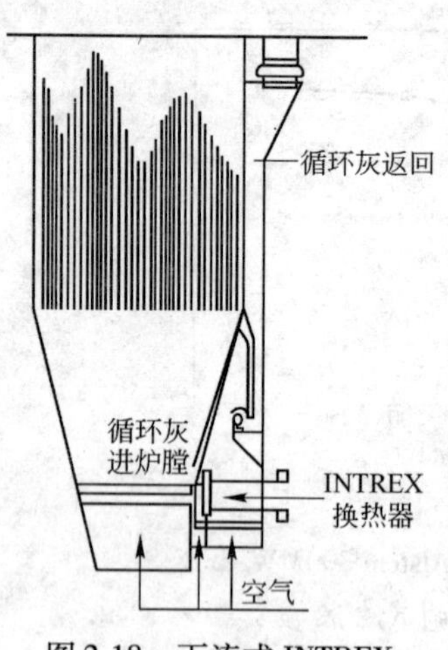

图2-18　下流式INTREX结构示意图

西安热工研究院开发了一种紧凑式分流回灰换热器。

紧凑式分流回灰换热器的工作原理如图2-19所示。灰分配室利用合理的结构和配风将来自分离器的循环灰分流成两部分，一部分流向高温回灰管作为高温循环灰（890℃）返回炉膛，另一部分则流向布置有受热面的换热床，在其内循环灰和热交换器及流化空气进行热交换，然后流化风携带灰颗粒从换热床的顶部绕流过隔墙进入低温换热床，最后流入低温回料室，被冷却至630℃的灰颗粒通过低温回灰管返回炉膛。分流式回灰换热器内流化速度约为0.5m/s。

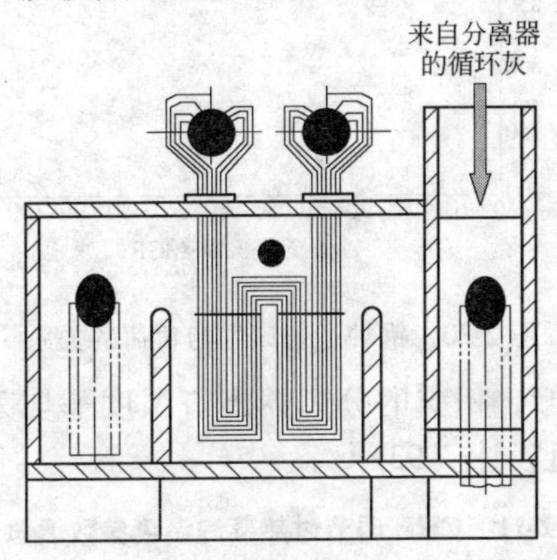

图 2-19 西安热工研究院开发的紧凑式冷渣器

孙献斌（2007a，2007b）介绍了紧凑式分流回灰换热器（CHE）在江西分宜发电厂 210MW CFB 锅炉上应用情况。该机组锅炉由西安热工研究院（TPRI）和哈尔滨锅炉厂开发研制，装有四台紧凑式分流回灰换热器，其内分别布置部分过热器和再热器。

图 2-20 为 210MW CFB 锅炉变负荷过程中的床温变化特性，在 50MW（24% B-MCR）低负荷运行时，由于紧凑式分流回灰换热器的调节作用，床温仍维持在 850°C 以上运行，保证了在低负荷时的燃烧效率和变负荷时最佳的脱硫温度。

机组负荷 200MW 条件下，CHE 对主汽温度的调节性能试验结果见表 2-11。试验前，当所有过热器喷水减温阀门关闭时，主汽温度仍然偏低（525℃）。加大 3 号和 4 号 CHE 的均流室风量（Q_3、Q_4），目的是增加循环灰进入布置低温过热器的两个换热床的灰量。调整后，主汽温度明显升高，从 525℃ 上升到 539℃，

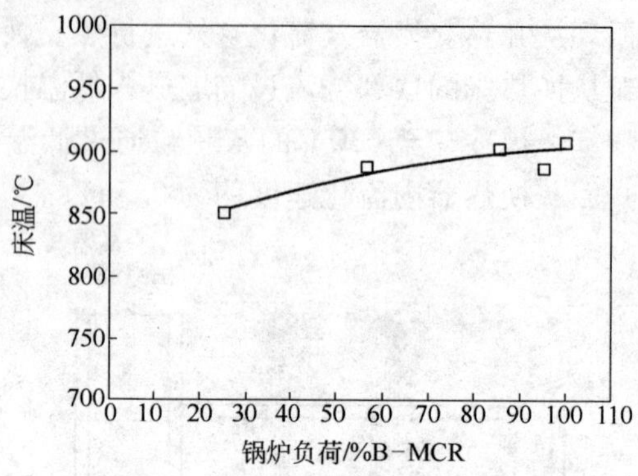

图 2-20 锅炉运行床温与负荷的关系

调节幅度为 14℃，相应的分离器出口温度平均为 936℃，降低 20℃左右，接近设计值 931℃。

表 2-11 CHE 调节过热蒸汽温度参数汇总表

项　　目	调整前	调整后
机组负荷/MW	200	200
3 号 CHE $-Q_3$(标态)/$m^3 \cdot h^{-1}$	607	805
3 号 CHE $-Q_4$(标态)/$m^3 \cdot h^{-1}$	312	296
4 号 CHE $-Q_3$(标态)/$m^3 \cdot h^{-1}$	455	573
4 号 CHE $-Q_4$(标态)/$m^3 \cdot h^{-1}$	580	728
1 号分离器出口温度/℃	959	931
2 号分离器出口温度/℃	952	930
3 号分离器出口温度/℃	967	947
4 号分离器出口温度/℃	959	937
1 号换热床吸热量/MW	22	22
2 号换热床吸热量/MW	21	19
3 号换热床吸热量/MW	29	43
4 号换热床吸热量/MW	13	20
主蒸汽温度/℃	525	539
再热蒸汽温度/℃	536	537

从提高机组运行的经济性考虑，锅炉运行过程应尽量降低再

热器的减温水量。试验按预定的分流调节原理，增加 2 号 CHE 的高温回料室流化风量 Q_1、降低 2 号 CHE 的均流室风量 Q_3 和 Q_4，使直接返回炉膛的高温灰增加，相应减少进入换热床的灰量，减少换热床内受热面的吸热量。调整前，再热器的减温水量为 11.6t/h，Q_1 的流量为 1907m³/h（标态）；调整后，Q_1 的流量增加到 2065m³/h（标态），再热器减温水阀门开度减小，减温水量降低到 9.0t/h。由于高温再热器的吸热量降低，炉膛温度相应提高了约 13℃。表 2-12 为调节再热蒸汽减温水量前后的相关参数变化情况。

表 2-12 CHE 调节再热蒸汽温度参数汇总表

项　　目	调整前	调整后
2 号 CHE $-Q_1$(标态)/$m^3 \cdot h^{-1}$	1907	2067
高温再热器入口汽温(冷)/℃	405	422
高温再热器出口汽温(冷)/℃	467	472
高温再热器出口汽温(热)/℃	533	535
1 号高温再热器减温水阀门开度/%	19	15
1 号高温再热器减温水量/$t \cdot h^{-1}$	4.2	3.8
2 号高温再热器减温水阀门开度/%	42	35
2 号高温再热器减温水量/$t \cdot h^{-1}$	7.4	5.2
炉膛温度/℃	883	896

从以上调节过程可以明显看出，通过调节外置床的床温，可以方便地控制过热器、再热器的汽温及减温水量，也可以调节控制锅炉的运行床温。通过灵活组合运行，可以实现锅炉在合适的床温和额定汽温汽压参数运行，最大限度减小减温水量，使机组获得最佳的循环效率。

2.4 汽水系统和烟风系统

2.4.1 汽水系统

锅炉的汽水系统是指蒸发受热面、蒸汽过热受热面和蒸汽再热受热面。锅炉给水系统一般不包括在锅炉的汽水系统内。蒸发受热面是一些吸收烟气的热量将锅炉给水加热到饱和温度的受热面。蒸发受热面通常以水冷壁为主要代表，当锅炉容量达到一定程度后，也会考虑用屏式蒸发受热面。蒸汽过热器（设置在炉膛中、外置式换热器中或锅炉其他部位）是吸收烟气或循环颗粒热量将饱和蒸汽加热成过热蒸汽的受热面。相应地，再热器是将做过部分功的蒸汽提升温度的受热面。过热器较多地布置在炉膛、锅炉尾部烟道、外置式换热器以及旋风分离器中。锅炉不同受热面设置多少与锅炉参数有直接关系，随着锅炉工作压力升高，蒸发受热面的吸热量减少，受热面数量随之减少。表 2-13 和表 2-14 是中科院工程热物理所大型循环流化床锅炉上不同受热面的相对比例。表 2-15 和表 2-16 是东方锅炉厂不同容量锅炉的受热面比例。

表 2-13　工程热物理所大型循环流化床锅炉受热面布置比例（一）　（%）

锅　炉	加热吸热	蒸发吸热	过热吸热	再热吸热
中压 3. 82MW 锅炉	17. 9	62. 4	19. 7	
高压 9. 81MW 锅炉	20. 4	49. 5	30. 1	
超高压 200MW 锅炉	21. 2	33. 8	29. 8	15. 2
亚临界 300MW 锅炉	23. 5	23. 7	36. 4	16. 4
超临界 600MW 锅炉	20. 0	0. 0	62. 3	17. 8

表 2-14　工程热物理所大型循环流化床锅炉受热面布置比例（二）　（%）

锅　炉	尾部过热器	炉内过热器	高温再热器	低温再热器	省煤器	水冷壁
200MW	12. 9	20. 0	7. 40	9. 10	9. 10	41. 4
300MW	10. 3	26. 8	8. 00	9. 30	6. 20	39. 4
600MW	11. 7	50. 5	9. 60	8. 20	10. 7	9. 30

表 2-15 东方锅炉厂循环流化床锅炉受热面布置比例（一）（%）

锅 炉	给水加热	蒸发吸热	过热吸热	再热吸热
300MW	19.07	26.70	38.30	15.90
135MW	18.33	34.80	32.12	14.75

表 2-16 东方锅炉厂循环流化床锅炉受热面布置比例（二）（%）

锅炉	水冷壁	屏式过热器	屏式再热器	分离器	主回路	低温再热器	高温过热器	低温过热器	省煤器
300MW	34.7	19.5	7.11	7.42	66.7	9.34	4.56	7.96	10.1
135MW	42.1	14.6	5.73	5.66	66.31	9.12	4.39	7.56	10.57

图 2-21 是东方锅炉厂 50 ~ 100MW 循环流化床锅炉汽水系统图。给水经由省煤器直接进入汽包，汽包中的锅水经下降管到达炉膛底部联箱，在炉膛中的水冷壁吸收炉膛热量变成汽水混合物在汽包中进行汽水分离。分出来的蒸汽首先进入旋风分离器入口烟道受热面和旋风分离器受热面进行第一次过热。此后，顺序经过低温过热器、屏式过热器和高温过热器，最后被送到汽轮机做功。蒸汽在进入屏式过热器前后经过两次喷水减温调节蒸汽温度。

图 2-22 是东方锅炉厂 200MW 循环流化床锅炉汽水系统图。给水经省煤器进入汽包，汽包中的锅水经下降管到锅炉炉膛的底部联箱分配到蒸发受热面。饱和蒸汽的第一级过热与 50 ~ 100MW 循环流化床锅炉汽水系统相同。经过一级过热后的过热蒸汽经过包墙管过热器进入低温过热器后进入屏式过热器、高温过热器，然后进入高压汽轮机做功。蒸汽从高压汽轮机出来后回锅炉尾部烟道的低温再热器、炉膛中的屏式再热器，然后进入汽轮机的中压缸和低压缸做功。

图 2-23 是法国 Provence 250MW 循环流化床锅炉汽水系统（根据 P. Jaud 等，1995 年复制）。其蒸汽流程是汽包出来的饱和蒸汽首先进入外置式换热器中的低温过热器、中温过热器 1 和中温过热器 2，再进入高温过热器，然后到汽轮机高压缸做功。高压缸做功后的蒸汽首先进入低温再热器，然后到外置式换热器中

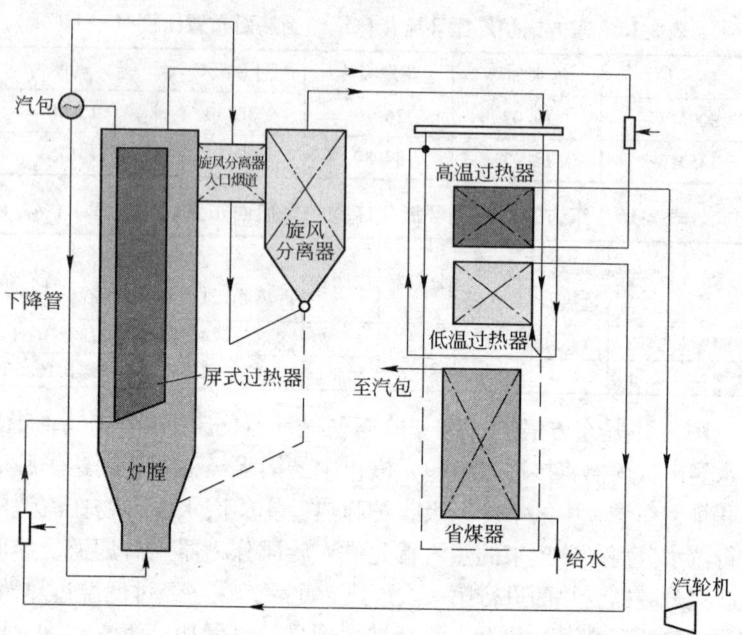

图 2-21 东方锅炉厂 50~100MW CFB 锅炉汽水系统图

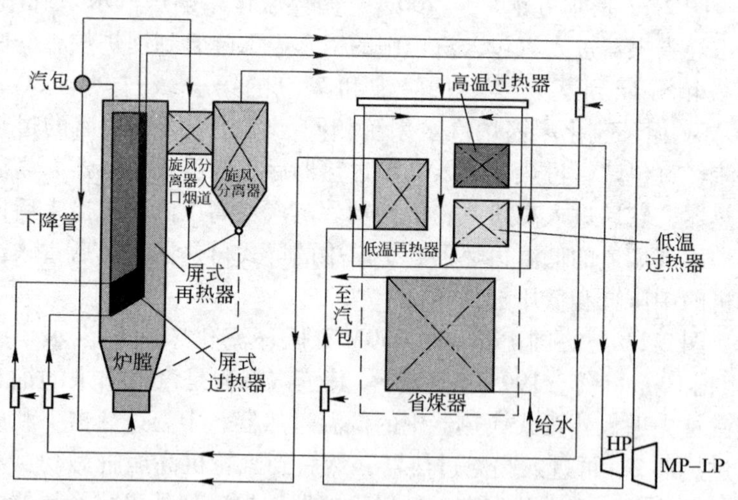

图 2-22 东方锅炉厂 200MW CFB 锅炉汽水系统图

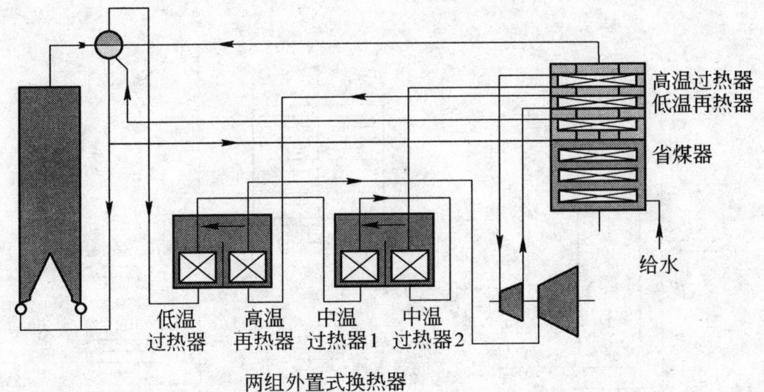

图 2-23 法国 Provence 250MW CFB 锅炉汽水系统

的高温再热器，再到汽轮机的中低压气缸做功。

图 2-24 是 Alstom 公司 300MW CFB 锅炉汽水系统，与图 2-23 的汽水系统大同小异。图 2-25 是 FW 公司 300MW CFB 锅炉汽水系统图。

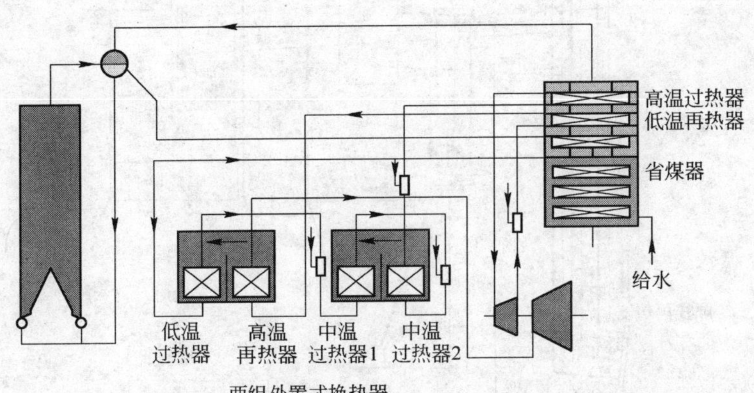

图 2-24 Alstom 公司 300MW CFB 锅炉汽水系统图

图 2-26 是东方锅炉厂 300MW 循环流化床锅炉汽水系统图。与该厂 100MW 和 200MW 循环流化床锅炉是一脉相承的。

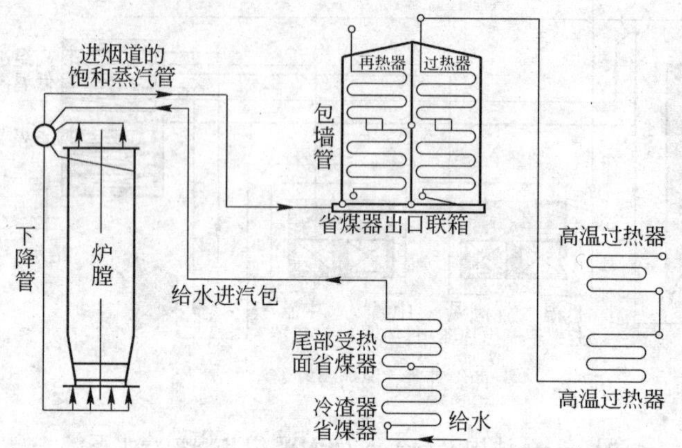

图 2-25 FW 公司 300MW CFB 锅炉汽水系统图

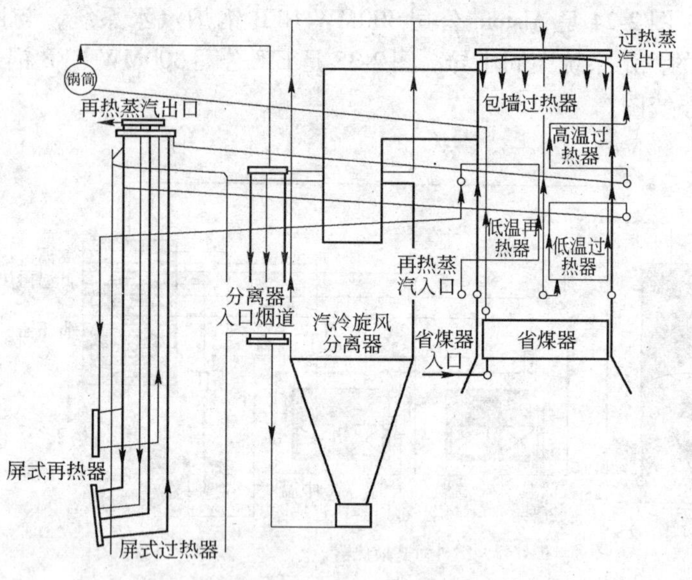

图 2-26 东方锅炉厂 300MW CFB 锅炉汽水系统图

600MW 超临界循环流化床锅炉是目前容量最大，最能显示循环流化床锅炉技术水平的循环流化床锅炉等级。虽然目前还没有实际锅炉投入运行，但600MW超临界循环流化床锅炉已经出现了多个完整设计的技术方案，在很短的将来就会出现实际产品。图2-27～图2-29是我国主要设计单位提出的600MW循环流化床锅炉的汽水系统图。

图2-27是东方锅炉厂600MW超临界循环流化床锅炉的汽水系统图。从汽水分离器出来的蒸汽首先进入旋风分离器进口烟道和旋风分离器，然后顺次流过旋风分离器出口烟道、水平烟道包墙、低温过热器、中温过热器Ⅰ、中温过热器Ⅱ、高温过热器，然后进入汽轮机高压缸做功。部分做功后的蒸汽回到低温再热器、高温再热器到汽轮机中低压缸做功。

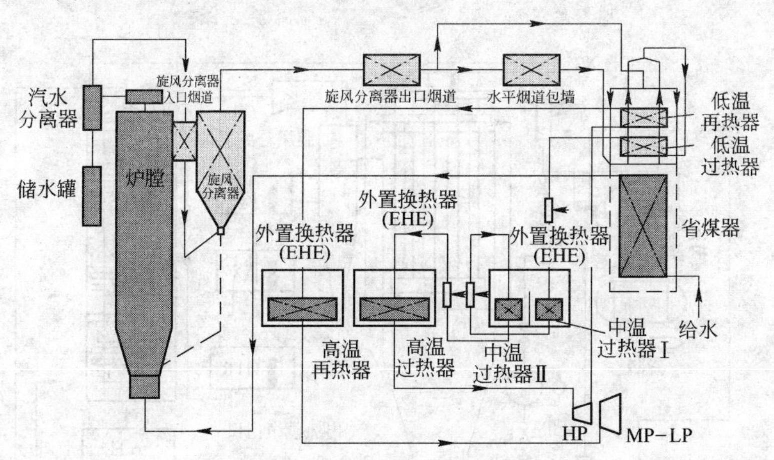

图2-27 东方锅炉厂的设计

图2-28是浙江大学提出的600MW超临界循环流化床锅炉的汽水系统图，生产的蒸汽首先进入旋风分离器，然后顺次流经外置式换热器的低温过热器、中温过热器、高温过热器进入汽轮机高压缸做功，然后进入低温再热器、高温再热器到汽轮机中低压缸做功。

图2-29是中科院工程热物理所600MW超临界锅炉的汽水系统图，其主要过程如下。

（1）汽水流程。

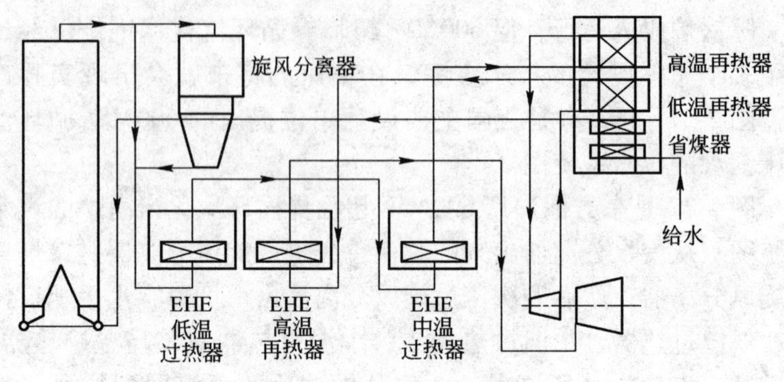

图 2-28　浙江大学的设计

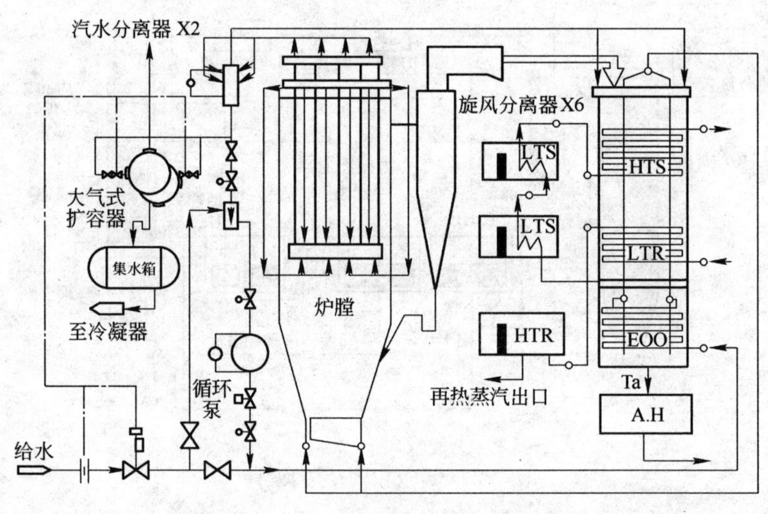

图 2-29　中科院工程热物理所的设计

1）锅炉水流程。来自高压加热器的给水通过给水管道引至位于尾部竖井烟道下部的省煤器入口集箱，给水经省煤器受热面吸热后，由省煤器出口集箱引出，经下水连接管进入水冷壁入口集箱，经水冷壁管后进入水冷壁出口集箱汇集，再下行至扩展受热面入口集箱，在扩展受热面内受热后，再由扩展受热面出口集箱通过连接管引入汽水分离器进行汽水分离，从分离器分离出来的水进入储水罐后排往冷凝器。

2）锅炉蒸汽流程。从汽水分离器引出的蒸汽依次通过包墙入口烟道及包墙、吊挂管后，然后通过蒸汽连接管引入布置在外置式换热器中的低温过热器（LTS）和中温过热器（ITS），最后由连接管引入布置在尾部竖井烟道的高温过热器（HTS），合格的过热蒸汽由高温过热器出口集箱引出至汽轮机高压缸。

从汽轮机高压缸抽取的再热蒸汽通过连接管进入布置在尾部烟道内的低温再热器（LTR）入口集箱，然后由连接管引入布置在外置换热器中的高温再热器（HTR），经高温再热器加热后合格的再热蒸汽由高温再热器出口集箱引回汽轮机中压缸。

（2）蒸发系统。锅炉蒸发系统包括省煤器、水冷壁、扩展蒸发受热面、集箱、引出管等部件。整个水冷壁沿炉膛高度方向分成上、中、下三段，水冷壁采用外径为 $\phi 32$ 的光管及内螺纹管，管间用扁钢焊接形成完全气密封炉膛。

省煤器布置于锅炉的尾部烟井低温再热器下面，采用光管蛇形管，顺列逆流布置。为使尾部烟井的烟气分布均匀，在省煤器进口处四周包覆墙管上均装有烟气阻流挡板，以防止形成烟气走廊，造成局部磨损。

（3）过热器系统。锅炉过热器系统由尾部烟道包覆、低温过热器、中温过热器及高温过热器等部件组成，除包覆及高温过热器外，其余受热面均布置于外置换热器内，顺列布置。过热器系统按蒸汽流向可分为四级：包墙过热器、低温过热器、中温过热器及高温过热器，其中主受热面为低温过热器、中温过热器、高温过热器。低温过热器和中温过热器布置在外置床内，主要吸收循环灰的对流热量。高温过热器布置在尾部烟道，受热面呈逆流布置，靠对流传热吸收热量。过热器系统的汽温调节采用燃料/给水比和两级四点喷水减温方式。

过热器受热面管壁厚及选材留有足够裕度，确保受热面在各种负荷运行时均安全可靠。过热器受热面选材上采用先进的壁温计算方法，对各个受热面在各个负荷工况下均进行金属壁温计算，按最恶劣工况下的壁温选择受热面材料，在计算中充分考虑了各级受热面的热力、水力及携带偏差的综合影响。过热器受热面的布置及各管屏的固定方式、支吊均采用成熟结构。

（4）再热器系统。锅炉再热器系统由低温再热器和高温再热器两级组成，各级受热面之间利用集中的大管道连接。由汽机高压缸来的蒸汽首先进入低温再热器，然后经连接管道进入布置在外置换热器内的高温再热器。在低温再热器进口管道上布置有事故喷水装置，以保护再热器。

再热器受热面管壁厚及选材留有足够裕度，确保受热面在各种负荷运行时均安全可靠。在壁温计算过程中，与过热器系统一样，同样采用先进的壁温计算方法，对各个受热面在各个负荷工况下均进行金属温度计算，按最恶劣工况下的壁温选择受热面材料，在计算中充分考虑了各级受热面的热力、水力及携带偏差的综合影响。

（5）调温方式。过热蒸汽调温方式主要采用煤水比和喷水减温器，过热系统设置有两级减温，第一级布置在低温过热器至中温过热器的连接管道上，第二级布置在中温过热器至高温过热器的连接管道上。每级减温均设有两只减温器，分别布置在左右两根连接管道上，左右两侧的喷水调节阀单独控制，此布置方式有利于两侧汽温的调整。喷水来自锅炉给水，过热器喷水减温器采用多孔笛形管结构。

再热蒸汽调温主要通过改变外置床进灰量来实现再热蒸汽温度的调节，由于高温再热器布置在外置床高温区域，对外置床温具有较大的敏感性。此外，在再热器进口设有两只事故喷水减温器，喷水来自给水泵抽头。

图 2-30 是 800MW 超临界循环流化床锅炉汽水系统图（尹刚等，2007）。

图 2-31 是东方锅炉厂超高压循环流化床锅炉全面性热力系统图。与上面这些原则性热力系统图相比，图 2-31 全面介绍了各个承压元件之间的联系方式（卢啸风，2006）。

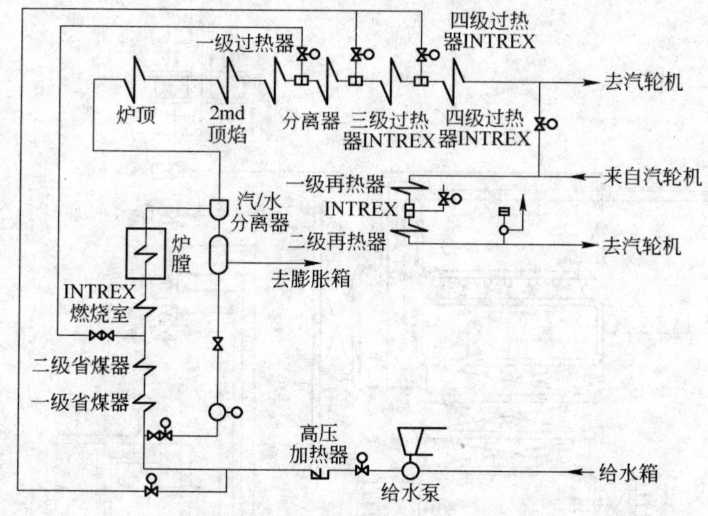

图 2-30 800MW 超临界 CFB 锅炉的汽水循环图

2.4.2 烟风系统

烟风系统是循环流化床锅炉运行的必要和保障系统。由于循环流化床不仅配备的风机种类和数量多，而且必须使用高压头风机，所以配备循环流化床锅炉的发电厂用电比其他类型燃煤发电厂要高。因此，烟风系统设计是循环流化床锅炉技术节能的重要环节。

循环流化床锅炉的烟风系统主要包括一次风（也称流化风）、二次风、回料阀高压风、冷渣器流化风、床下点火风、播煤风、给煤皮带密封风、石灰石输送风、点火油枪用风（床上）、膨胀节密封风等。其中一次风和二次风单独设置风机，回料阀设置单独的高压风机。冷渣器可以单独设置风机，也可以使用一次风机的空气；床下点火设置单独的点火风机；播煤用风的压头低于一次风机但高于二次风机，为节能计可以设计播煤风机；给煤皮带密封用风可使用一次风；石灰石输送风由于输送阻力较大以及石灰石仓位置、防止运行堵塞等原因，最好单独设置风机；其他冷却和密封风可就近从一二次风道取风，不必另设风机。

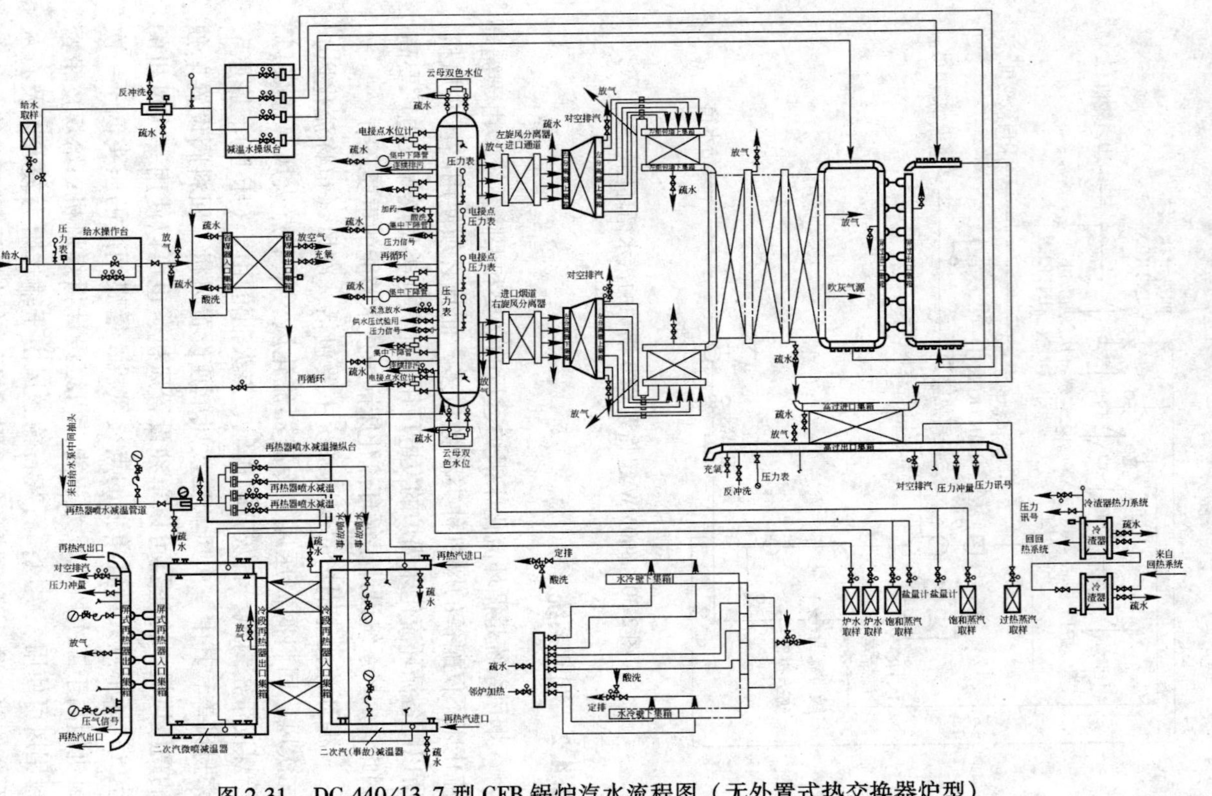

图 2-31 DG 440/13.7 型 CFB 锅炉汽水流程图（无外置式热交换器炉型）

上述可见，循环流化床锅炉至少要设置一次风机、二次风机、回料高压风机。冷渣器风机、播煤风机、点火风机和石灰石风机则视锅炉容量和设计方案不同考虑。

大型循环流化床锅炉送风系统大致有三大类方案。

第一类方案，单独设置一次风机、二次风机、高压风机、播煤风机、点火风机和石灰石风机。一次风机负责一次风、膨胀节密封、启动用风、冷却风和冷渣器用风。二次风机负责二次风和给煤皮带密封。其优点是低负荷运行时可全关二次风机以节省厂用电。缺点是一次风系统比较复杂，存在抢风现象，一、二次风需要各自单独的空气预热器。

第二类方案，单独设置一次风机、二次风机、回料风机和石灰石风机。一次风机负责一次风、下二次风、膨胀节密封；二次风机负责上二次风、播煤风、给煤皮带密封、启动和冷却用风。优点是风机数量少，系统简单，一、二次风调节范围大；缺点是低负荷关掉二次风后还得开二次风机提供播煤风和冷却风。

第三类方案，主要用于带有外置式换热器的循环流化床锅炉。这类布置方式各厂商都有自己的特点，如 FW 公司 300MW 锅炉上，采用了两台一次风机、两台二次风机、两台 J 阀高压风机、四台石灰石输送风机（一台备用）、两台 INTREX 流化风机。两台一次风机的冷风混合后分两路进入回转式空气预热器和冷渣器。热风分为三路：一路经点火装置作为一次风；一路进入 INTREX 作为返料风；一路送到冷渣器作为冷却风。二次风机进入空气预热器前分为两路，一路进入空气预热器，一路作为给煤皮带的密封风；加热后的二次风一部分送到炉膛作二次风，一部分作为播煤风。Alstom 公司则采用了两台一次风机、两台二次风机、五台 J 阀高压风机、四台外置式换热器流化风机、两台石灰石输送风机、一台石灰石粉仓流化风机、一台石灰石排粉风机；ABB - CE 公司 300MW 循环流化床锅炉采用一台一次风机、一台二次风机、两台 J 阀高压风机、三台外置式换热器流化风机（一台备用）、两台冷渣器风机、两台石灰石输送风机。

循环流化床锅炉引风系统与常规锅炉没有什么明显差别，都是由引风机、除尘器、烟道和烟囱等组成。最主要的差别是循环流化床锅炉很少用脱硫装置，因为流化床锅炉可以在炉内进行比较有效的脱硫。表 2-17 给出了某 410t/h 锅炉的风机配置。表 2-18是上海大屯能源股份有限公司发电厂 440t/h 锅炉主要风机配置。

表 2-17 某 410t/h 锅炉的风机配置

风机名称	一次风机	二次风机	高压风机	播煤风机	点火风机	石灰石风机
台 数	2×50%	1×100%	2×100%	2×100%	1×100%	2×50%
风压/Pa	24410	13260	60745	14662	6692	44000
风量(标态)/$m^3 \cdot s^{-1}$	47.4	33.76	1.82	4.90	22	0.798

表 2-18 上海大屯能源股份有限公司发电厂 440t/h CFB 锅炉主要风机配置

风机名称	流 量 /$m^3 \cdot h^{-1}$(标态)	压升 /Pa	入口压力 /kPa	电机功率 /kW	单机台数
一次风机	139707	24912	0	1800	2
播煤风机	43976	23316	16	315	1
点火风机	50280	6456	16	185	1
冷渣风机	33696	28537		185	2
吸风机	279973	5634	-5407	1800	2
二次风机	87606	10863	-87	540	2
J 阀风机	2382	58800	0	55	4

图 2-32 ~ 图 2-34 给出了东方锅炉厂循环流化床锅炉烟风系统布置。

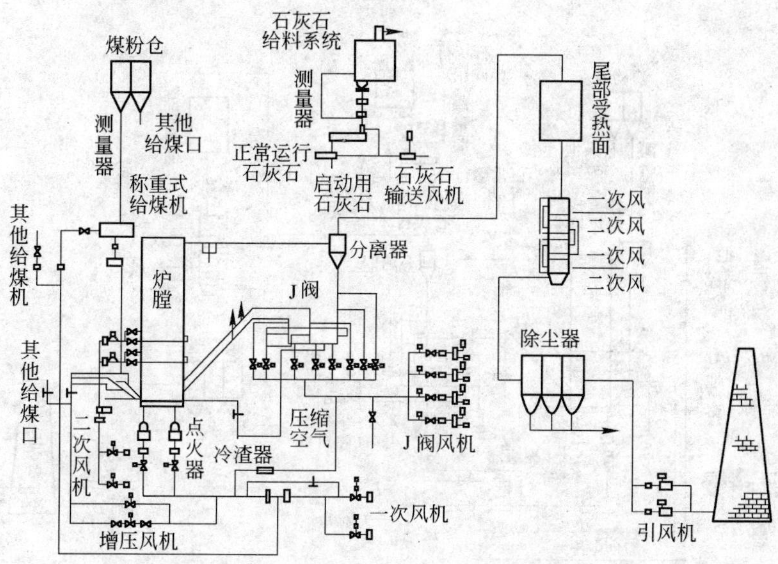

图 2-32 50～100MW CFB 锅炉烟风系统

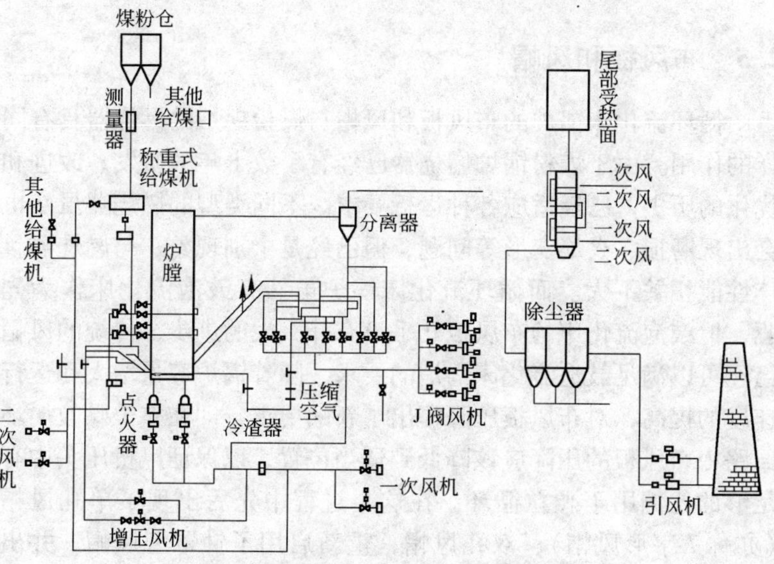

图 2-33 200MW CFB 锅炉烟风系统

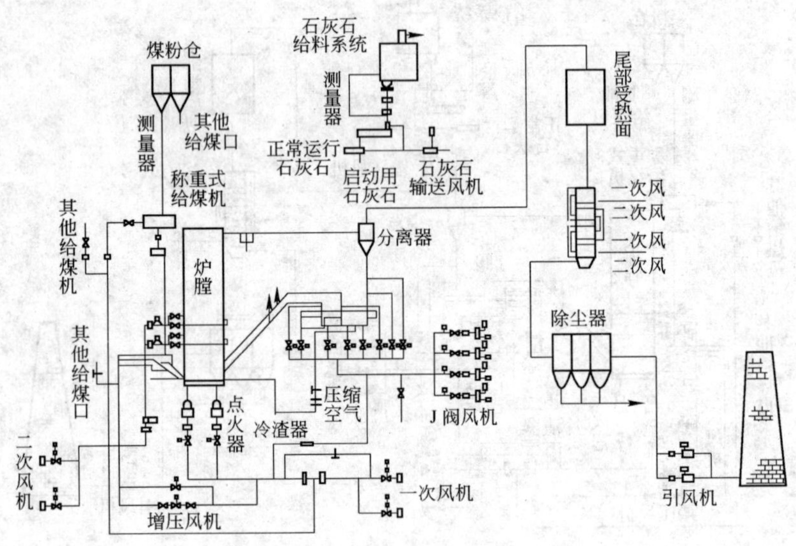

图 2-34 300MW CFB 锅炉烟风系统

2.5 布风板和风帽

循环流化床锅炉的布风板和风帽与煤粉锅炉的燃烧器具有同样的作用。由于煤粉锅炉燃烧器已经有了数十年的研发、改进和优化的历史，已经适应各种运行要求。不同类型的燃烧器虽然也会出现磨损、火焰变形等问题，但已经是个别现象，与燃烧器整体性能相关不大。而循环流化床锅炉虽然有鼓泡流化床作为先驱，但鼓泡流化床的布风板几乎没有什么大的进步，传统的风帽已经可以满足鼓泡流化床锅炉的要求。随着锅炉容量增大和运行速度的提高，对布风板压降提出了新的要求，即在整个颗粒循环回路中布风板的压降应该降低到适当位置，以保证风机压头中有足够的比例用于颗粒循环。在这个过程中先后出现了单孔风帽（亦称 7 字形风帽）、双孔风帽，重新启用了钟罩型风帽，并出现了多种变形。

2.5.1 经典的圆柱形风帽

鼓泡流化床锅炉几乎无一例外地采用圆柱形风帽。早期的布风板设计是比较严格的，计算方法中甚至有帽沿速度，主要考虑的是消除大颗粒在流化床底部的沉积。鼓泡流化床风帽的主要结构如图 2-35 和图 2-36 所示。图 2-35 是带有帽沿的圆柱形风帽，空气射流小孔的位置分为开在帽头上和圆柱上两种，这种风帽现在已经很少使用了。图 2-36 的圆柱形风帽去掉了所谓的帽头，其他结构没有大的变化，考虑到对流化床底部大颗粒的作用，射流小孔曾采用下倾 15°或 8°的做法，实际使用效果并不明显，且加工困难，后来几乎一律使用垂直的射流小孔。图 2-37 是圆柱形风帽在布风板上的使用方式示意图。图中的花板就是布风板，因其上开有安装风帽的圆孔而称之为花板。

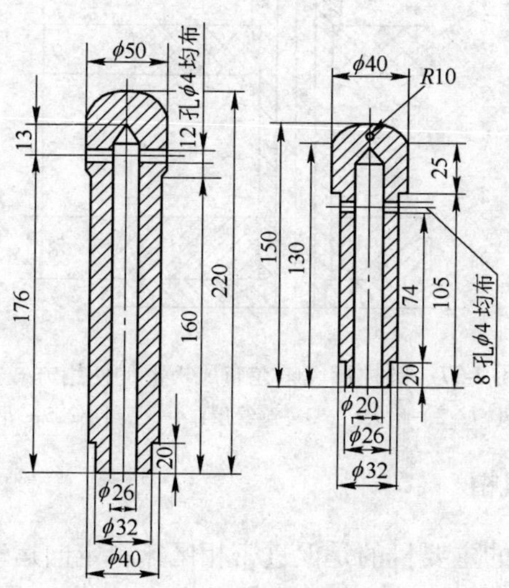

图 2-35 带有帽沿的圆柱形风帽

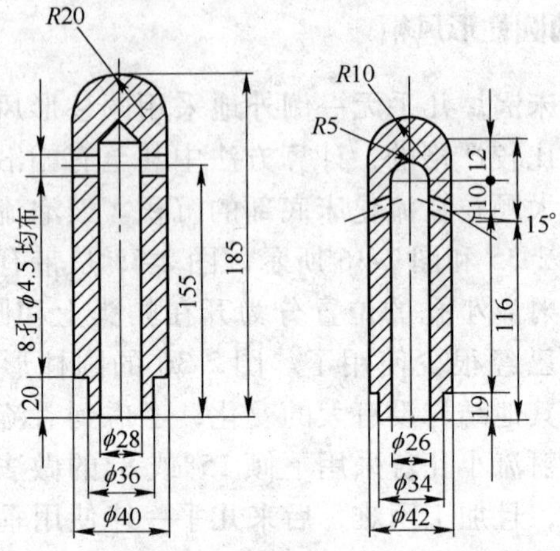

图 2-36 圆柱形风帽

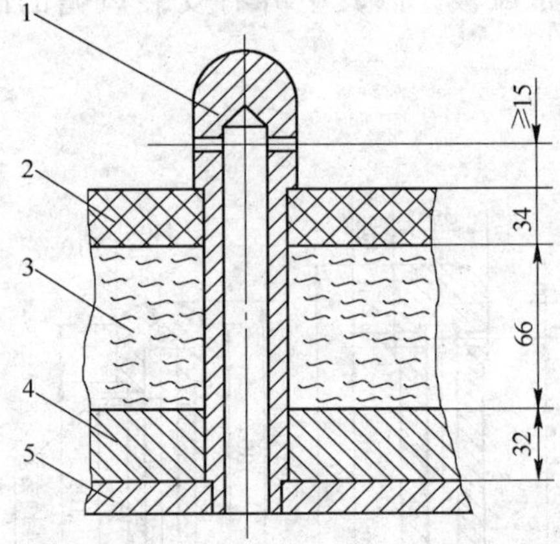

图 2-37 圆柱形风帽在布风板上的使用方式

1—风帽；2—耐火层；3—绝缘层；4—密封层；5—花板

2.5.2 定向风帽

定向风帽的主要目的是促进密相区床料定向运动，其主要结构有单孔风帽和双孔风帽两种。单孔风帽又称为 7 字形风帽或 Γ 形风帽，是应用最广的定向风帽，其最大好处是阻力低。

图2-38给出了这种风帽的结构图、主要尺寸和安装示意图。由于流化空气是定向流动，风帽的磨损和防磨成为必须考虑的重要问题。虽然出现了一些保护性技术，但其本质上仍属于被动防磨，而没有解决磨损的根本原因。

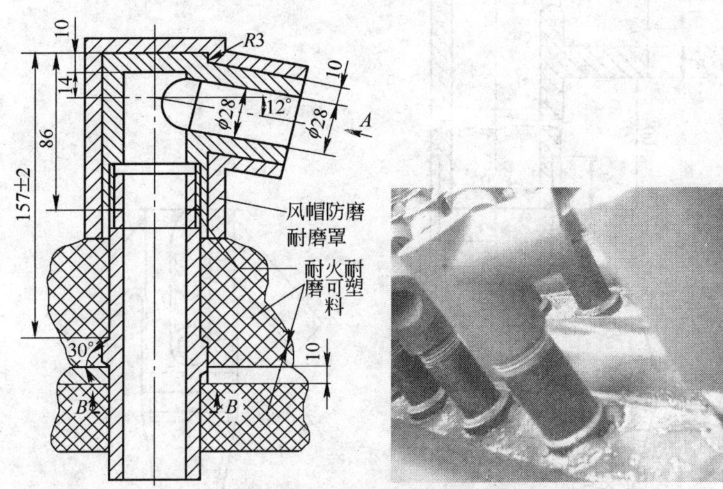

图2-38　定向风帽结构和实物照片

图2-39是一种用于单孔定向风帽防磨的保护装置。其安装位置和方法如图2-38所示。两件图2-39所示的防磨罩护住风帽后电焊在一起，形成对风帽的完全保护。图2-40是双孔风帽结构，图2-41是所谓T字形风帽。这些定向风帽并没有很好地折中布风板压降和密相区颗粒运动、布风板或风帽寿命等因素。相反，形成的问题却比较棘手。图2-42是定向风帽在水冷布风板上安装结构示意图。图2-43是磨损前后的定向风帽，风帽磨损造成的直接结果是流化气体短路，与鼓泡流化床锅炉上结焦烧坏帽头造成

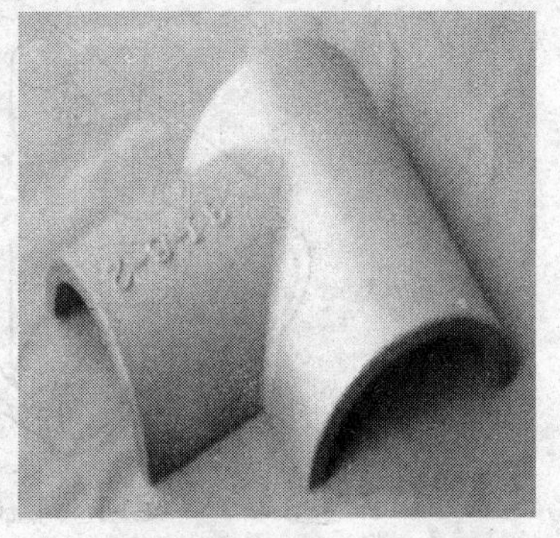

图2-39　定向风帽的防磨保护罩

流化风直接射流的结果是类似的，都能引发大面积结焦。

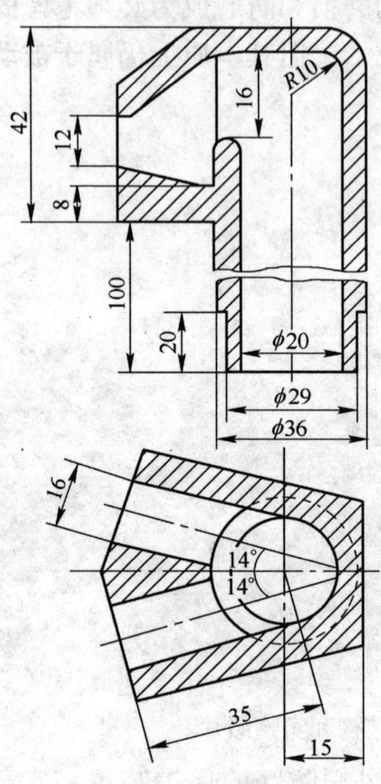

图 2-40　双孔风帽

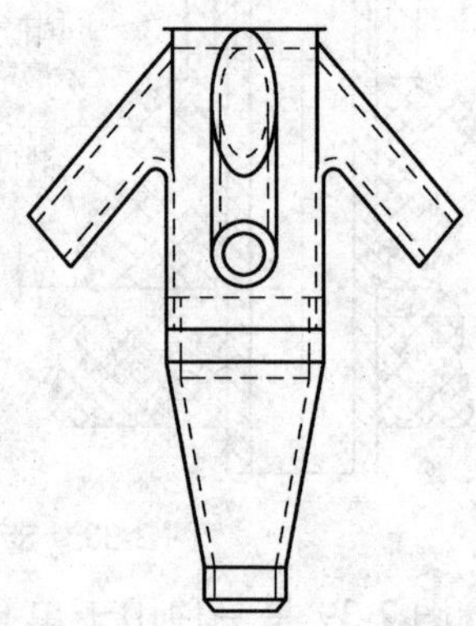

图 2-41　T 字形风帽

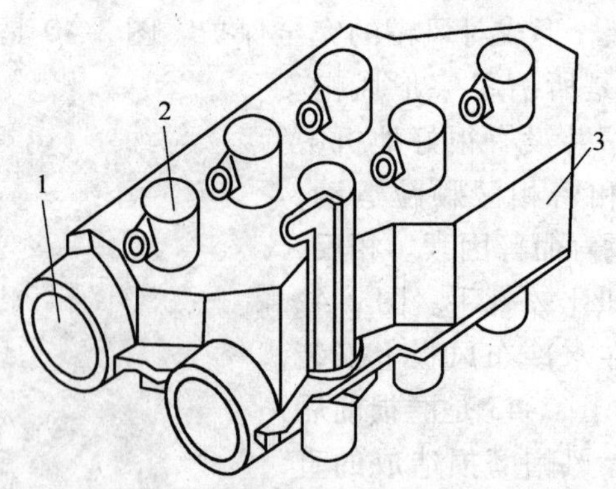

图 2-42　定向风帽在水冷布风板上安装方式

1—水冷管；2—定向风帽；3—浇筑料

图 2-43 磨损前后的定向风帽

定向风帽的一个缺点是布风板扩大后，各个风帽的流速不均。各风帽出口流速不均。经测试，Γ 形定向风帽间最大与最小流速之差在 20m/s 左右，T 形风帽与定向风帽间的流速差在 30m/s 以上（赵建英，胡俊峰，张国辉，2007）。

国外还曾使用过一种叫做“猪尾巴”的风帽，其结构如图 2-44 所示。Z 字形的风管作为流化空气通道，Z 形管有一个水平管段，主要考虑避免可燃物进入风箱造成爆炸。由于可燃物进入风箱造成风箱爆炸已经出现过多次。

2.5.3 钟罩型风帽

钟罩式风帽是近年来为适应大型循环流化床锅炉而采用的新

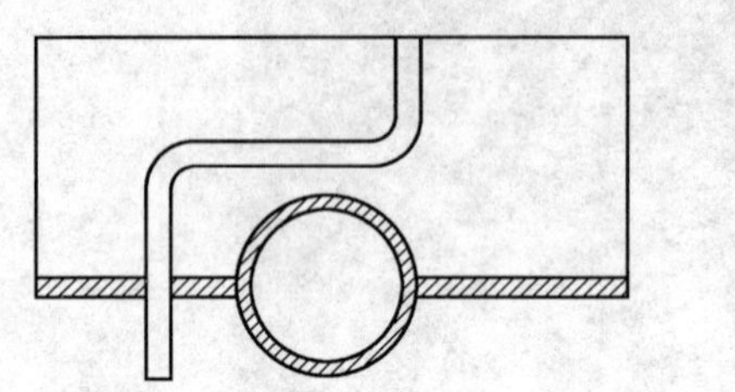

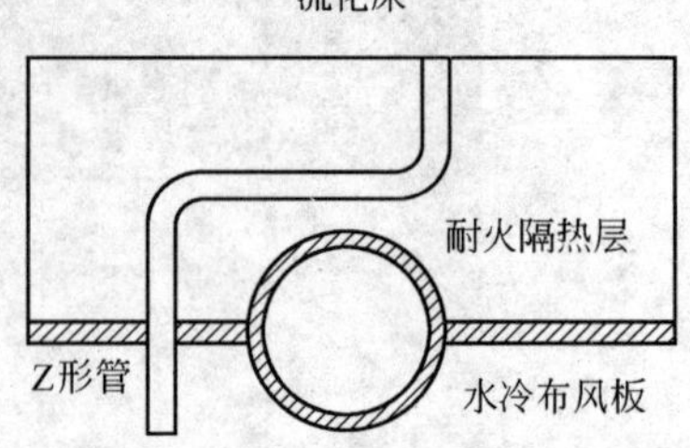

图 2-44 “猪尾巴”的风帽

风帽，虽然这种风帽已经有几十年历史，但在循环流化床上获得了广泛的欢迎。这种风帽可以采用较大的开孔率而不增加运行阻力，没有集中的空气射流，对相邻风帽的威胁很小。这种风帽具有流化均匀，不堵塞，安装维护方便等优点。大直径钟罩式风帽并不是十全十美的，实际运行中出现局部堵塞、结焦、磨损、脱落等问题，也会严重影响锅炉的安全运行（李俊刚，2007）。

大型循环流化床锅炉中使用的钟罩型风帽的尺寸比较大，如哈尔滨锅炉厂 440t/h 级风帽罩体直径为 159mm，其上开有 8 个孔径为 22.5mm 风孔；罩体与进风管采用螺纹连接，以便罩体损坏后易于更换。大钟罩式风帽的阻力明显高于普通小孔风帽，这使得布风板即使在低负荷下也能保证布风均匀，但同时也增大了风机耗电。

图 2-45 是钟罩型风帽的主要类型。这些钟罩型风帽的主要区别在于内管是否开孔、风帽气体进出口形式、钟罩外形等。

图 2-46 是中科院热物理所 600MW 超临界循环流化床锅炉拟用的风帽，图 2-47 是安装中和安装后的钟罩式风帽。

2.5.4 布风板

布风板是承载风帽、耐火物和床料重量的机构。一个好布风板应具有下述性能：

（1）能实现均匀布风，避免在布风板之上出现死区现象；

（2）具有适当的流化风阻力，既要满足流化态需要，又不

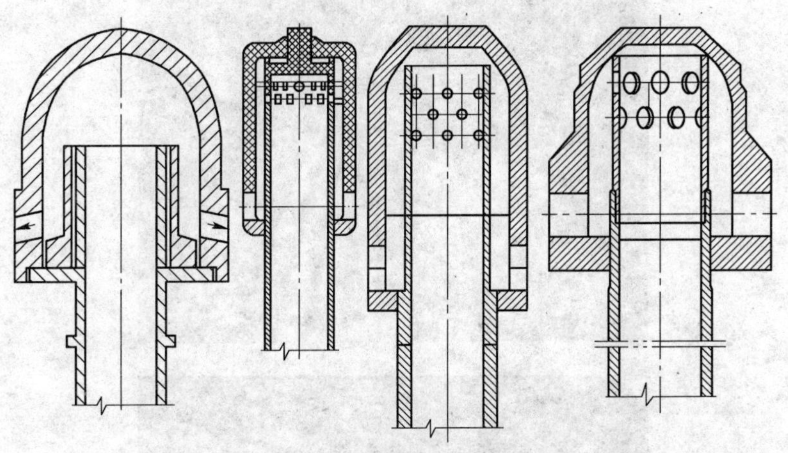

图 2-45 不同类型的钟罩式风帽

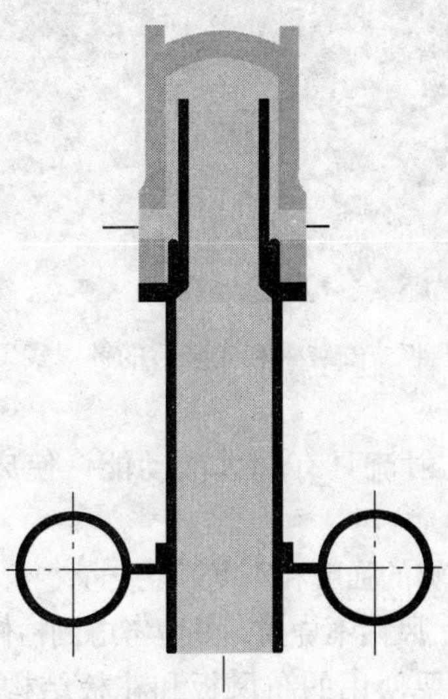

图 2-46 中科院热物理所 600MW SCCFBB 拟用的风帽

图 2-47 安装中和安装后的钟罩式风帽

能损失过大；

(3) 风帽小孔射流具有较大的动能，使床料与空气产生强烈的扰动和混合；

(4) 要具有足够的强度和刚度，能支承本身和床料的重量，压火时布风板不变形，风帽不烧损，并应考虑到检修清理的方便。

小型流化床主要使用的布风板和花板结构如图 2-48 和图 2-49 所示。

这种布风板结构只能用于不超过 100t/h 锅炉，一旦锅炉容量增大，提高布风板承重能力的办法除了加厚花板厚度和机械加

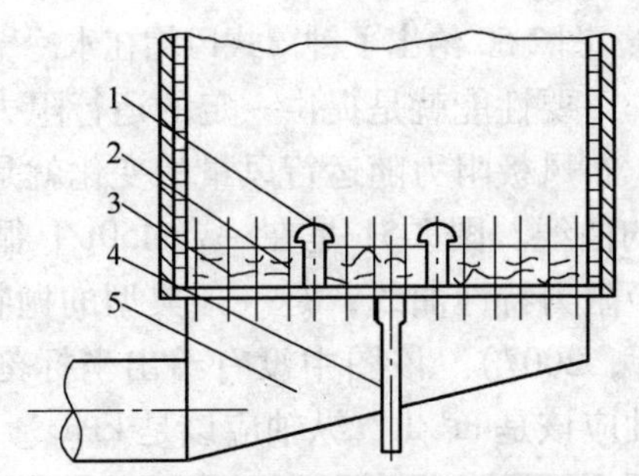

图 2-48 风帽式布风装置结构简图

1—风帽；2—浇筑料；3—花板；4—排渣管；5—风室

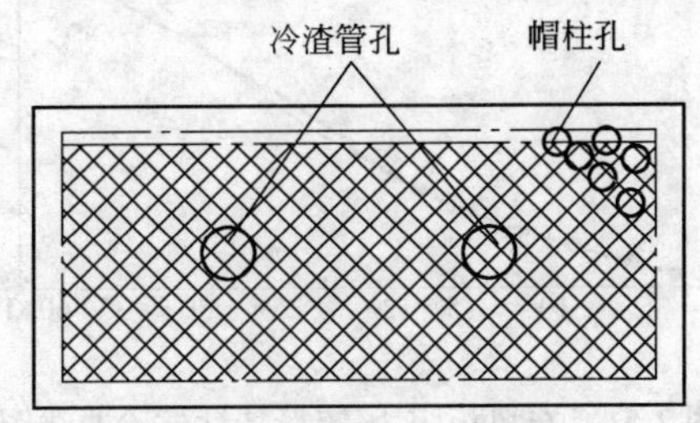

图 2-49 花板结构简图

强结构外没有更好的办法。同时存在较大的热应力，操作方式也十分不方便。因此，锅炉容量增大后都是采用水冷布风板。

与花板布风板不同，水冷布风板通常将布风板与风箱制成一体结构。此时的布风板实际是水冷壁的延伸，风帽是在水冷壁管之间

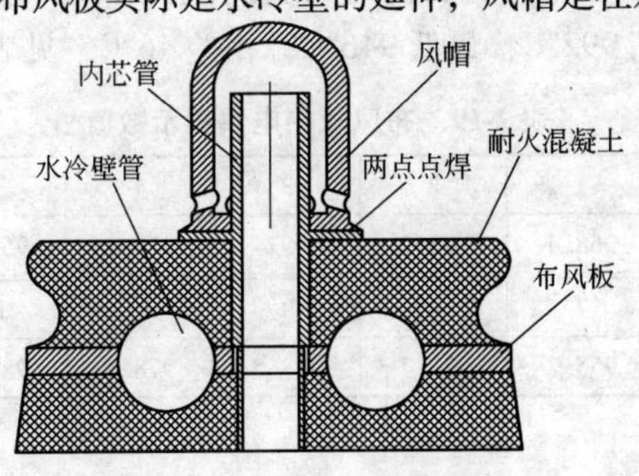

图 2-50 风帽安装结构图

的膜片上生根的。图 2-50 给出了钟罩式风帽在水冷壁上安装方式。

布风板一个重要性能就是提供一定的运行阻力以保证床料流化均匀。因此，布风板阻力随运行风量的变化就是一个对锅炉运行有重要意义的曲线。图 2-51 是在一台 450t/h 循环流化床锅炉上测得的布风板阻力特性曲线，是一条典型的抛物线（赵建英，胡俊峰，张国辉，2007）。该图中没有给出坐标刻度说明，从数值上判断，横轴应该是 m^3/h，纵轴应该是 kPa。

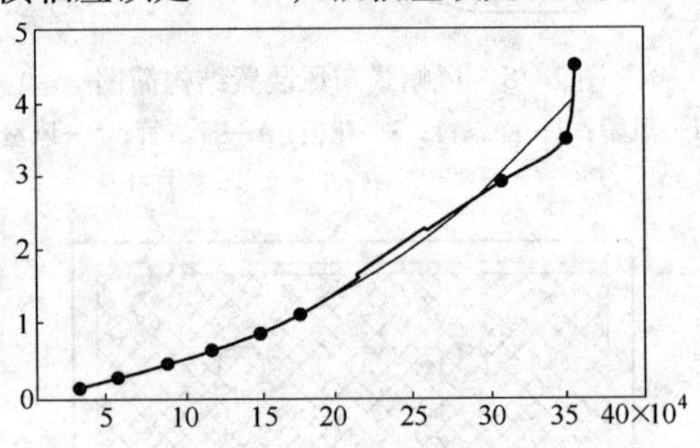

图 2-51 布风板阻力-流量特性试验曲线图

只要布风均匀，床料在密相区运动就能均匀，且床内的温度分布也会均匀。邵玉甫等（2007）在一台 SG-440/13.7-M565 循环流化床锅炉上，通过改进风帽调整布风板阻力，将钟罩式风帽直管开孔直径由原先的 13mm 变为 11.7mm。冷态试验实测布风板阻力为 3kPa，热态满负荷时的实测值为 4.5kPa。实测的布风板上温度最高 992°C，最低 946°C，相差 46°C，见表 2-19。

表 2-19 布风板热电偶显示数值

热电偶编号	1	2	3	4	5	6
温度/℃	968.4	955	992	979.2	961.6	957.8
热电偶编号	7	8	9	10	11	12
温度/℃	955.2	972.7	983.5	978.8	958.6	945.9

3 超临界循环流化床锅炉

循环流化床锅炉可以实现炉内石灰石脱硫而不消耗水资源，对水资源缺乏的国家和地区具有重要意义。超临界循环流化床锅炉（工作压力超过水的临界点22.1287MPa）作为下一代循环流化床锅炉技术，供电效率可以达到41%～45%左右，是洁净燃煤发电技术发展方向之一，也是解决我国以煤为主火力发电满足严格的环保要求的有效途径。

目前世界上最大容量循环流化床锅炉已经达到并将超过300MW亚临界等级，循环流化床锅炉技术参数实现超临界是技术发展的必然趋势。循环流化床锅炉实现超临界后，由于在解决燃煤污染方面具有其他锅炉不具备的优势而在电力行业体现出竞争力。大容量超临界锅炉是提高电力工业煤利用率、降低能耗最现实的途径，大容量超临界循环流化床锅炉将使电力工业在热效率与燃煤污染排放控制两个方面同时实现更高的先进水平。

超临界蒸汽循环和循环流化床燃烧技术相结合具有突出的优点。发展更大容量和超临界参数的循环流化床锅炉技术就必然成为循环流化床燃烧技术下一步发展的主要方向。

3.1 循环流化床锅炉比煤粉炉更适合于超临界参数的原因

基于下述理由，循环流化床锅炉比煤粉炉更适合于超临界参数。

（1）循环流化床燃烧室内热负荷低，可以采用相对简单的垂直管方案构成燃烧室受热面。

（2）超临界直流循环中，工质的质量流量较低而温度却很高，水冷壁部件的冷却能力是一个问题。而循环流化床锅炉炉内热流密度较低，对水冷壁的冷却能力要求也较低。

（3）低质量流率带来的低阻力降，可使其在低负荷亚临界区具有自然循环性质。

（4）循环流化床锅炉炉膛内，炉膛底部的固体浓度和传热系数最大，随着炉膛高度的增加而逐渐减小。循环流化床锅炉热流曲线的最大值出现在炉膛底部附近，而煤粉锅炉炉膛内热流曲线的峰值位于工质温度较高的炉膛上部区域，循环流化床锅炉炉内热流分布曲线更有利于水冷壁金属温度的控制，如图 3-1 所示。

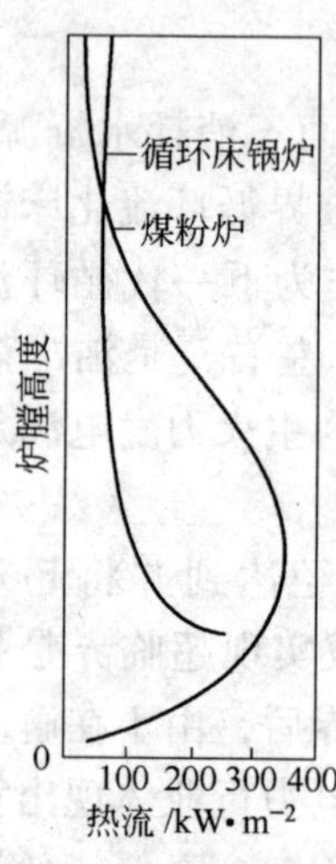

图 3-1　循环流化床与煤粉炉水冷壁热流密度比较

（5）循环流化床锅炉的燃烧温度低于一般煤灰的灰熔点，加上炉膛内较高的固体颗粒浓度，所以水冷壁上基本没有积灰结渣，保证了水冷壁的吸热能力。与煤粉炉相比，循环流化床锅炉炉膛内的温度沿炉膛高度方向更加均匀，因而水冷壁沿高度方向的吸热也更加均匀。

（6）循环流化床锅炉可以实现长时间压火，不需要重新点火就可以直接投入运行。

循环流化床锅炉具有结构简单、运行稳定的优点，相对煤粉炉其经济性非常高。

3.2　超临界循环流化床锅炉（SCCFBB）设计

水的临界压力为 22.115MPa，临界温度为 347.12℃。在临界点时无汽化潜热，水的比热容无限大。在超临界压力下，存在比热容峰值区，通常称为最大比热容区。蒸汽的焓值随温度的升高增高速度特别大，物性变化剧烈。超临界锅炉水冷壁系统既包含亚临界的汽化区，又包含超临界压力准临界区，也就是发生相变的主要区域，工质的物性变化剧烈，有可能发生传热恶化、水动力不稳、热偏差过大等问题，因此，受热面（特别是水冷壁系统）的设计成为超临界锅炉设计的关键。由于随着压力的升高，汽水密度差的减小，在超临界压力时，只有直流锅炉能可靠地工作。

超临界锅炉的设计是以锅炉的运行方式为基础的。在超临界蒸汽参数条件下，锅炉有两种不同的运行方式：定压运行和滑压运行。在低负荷运行时，滑压方式较之定压方式有许多优点：首先，在滑压方式下，蒸汽温度在负荷改变时能够保持恒定，这使得变负荷时汽轮机内的热应力较小，而且负荷降低时蒸汽压力水平也相应减小，因而能够延长汽轮机的使用寿命。其次，在低负荷时，蒸汽压力降低，比容增大，使得蒸汽在过热器和再热器中的分配有所改善。另外，滑压运行能够减少外部管道阀门，简化启动过程。而且，滑压运行可以减少电厂能耗，改善电厂的热效率。

3.2.1 大容量循环流化床锅炉的实现

锅炉尺寸增大后的第一个问题是炉膛体积增加的速度大于四周水冷壁换热面增加的速度，使得换热面积相对不足。由于传热系数和热流密度下高上低等原因，用提高炉膛高度的方法解决受热面不足不是优选办法。更好的办法是在炉外循环回路上布置传热系数很高的外置式换热器（EHE），外置式换热器中布置过热器和再热器，不仅可以补偿炉膛内部传热面积的不足，而且还能够用来控制炉膛温度。锅炉容量变大后的第二个问题是由于炉膛宽深增大，即使采用更大动量二次风也无法达到炉膛中心。二次风射流距离短，不仅影响燃烧，还直接影响污染物排放。解决的办法可以延续300MW机组成熟的“裤衩管”设计，即把炉膛底部分成两个独立的流化区（称为“支腿”），通过限制支腿深度解决炉膛大型化中的一些主要问题，可以确保送入循环流化床锅炉高浓度区的二次风能够很好地穿透到达炉膛中心。

3.2.1.1 SCCFBB 的总体布置

600MW 超临界 CFB 锅炉设计中应特别强调的问题有：（1）旋风分离器的放大和气流粒子均匀分配到 6 个旋风分离器的问题；（2）确定外部流化床热交换器的流动模式，预计管束的受力和振动等问题；（3）减少分离器和外部流化床热交换器的耐火材料的用量，改善 CFB 锅炉的启动和停炉时的热性能。

A ALSTOM 汽冷圆筒旋风分离器环绕炉膛布置

ALSTOM 公司 600MW SCCFBB 方案采用了 6 个分离器左右墙对称布置方式，通过精确设计相对位置和连接方式，确保进入每个分离器的烟气量和固体颗粒浓度基本一致，从而获得尽可能高的气固分离效率。气固分离器采用汽冷圆筒旋风分离器，以减少耐火材料的用量，改善锅炉的支撑结构和启停特性。

在锅炉总体布置上，炉膛的深度和宽度也受到诸多因素的限制，炉膛的深度必须考虑刚性梁的强度，炉膛的宽度必须考虑到二次风的穿透深度。为解决问题布风均匀性和二次风穿透能力的问题，ALSTOM 的 SCCFBB 机组采用裤衩腿型双水冷布风板，沿燃烧室墙和裤衩腿内墙布置多层二次风喷口，二次风能喷到炉膛中心，保证均匀的氧分布，降低 NO_x 和 SO_2 的生成量，提高碳的燃尽率。每个“裤腿”的燃烧室有自己的给料系统、供风系统和排渣系统。从 ALSTOM 裤衩腿型 300 MW CFB 锅炉运行经验看，对两个支腿的床压和流化风量控制要求较高。

B FW 方形旋风分离器紧凑式循环流化床锅炉

2001 年，波兰 Lagisza 电厂要建一台 460MW 超临界燃煤直流锅炉。经过对投资和运行费用的多方面比较，发现采用循环流化床燃烧方案，无需安装烟气脱硫装置和选择性催化脱硝装置，电厂的总投资低；采用循环流化床燃烧技术的电厂净效率和先进的烟气冷却系统可比煤粉炉方案高 0.3%，电厂的性能更好；燃料的灵活性为电厂今后的发展带来了有用的安全余地。最后选定了循环流化床燃烧方案。2002 年底，FW 公司得到了这一目前世界上最大的也是唯一的超临界循环流化床锅炉合同。

在Lagisza的460MW超临界循环流化床锅炉设计中，采用本生技术，水冷壁质量流率选择在400~700kg/(m^2·s)之间，从而使得蒸发受热面的阻力在分配点和各个系统及分离器入口之间的流动阻力在满负荷时仅为0.27MPa。

该设计采用方形分离器及其下面的整体式再循环热交换器(INTREX)紧凑设计。分离器采用膜式壁结构，敷设40~50mm的耐火层，从而提高了系统启停的灵活性，体积也相对减少。锅炉从35%负荷直至100%负荷26.5MPa的全压时按线性滑压方式运行，亚临界向超临界的转折点大约在75%负荷。设计中充分吸收了Turow的4~6号炉经验，采用两侧布置4个冷却式方形分离器，再热蒸汽调温主要通过调节进入INTREX灰流量的比例及尾部双烟道调节挡板的位置来实现。分离器和INTREX均由膜式壁构成，它与炉膛一体紧凑式布置。工质从四面墙的底部进入炉膛，然后向上流动至布置在炉膛顶部的出口联箱。炉膛底部水冷壁为光滑管，以降低流动阻力。中间和上部水冷壁采用内螺纹管，以防止在低负荷时处于亚临界条件下，蒸汽质量流量较低产生传热危机。

从汽水分离器出来的蒸汽，首先流经炉膛顶棚的第一段过热器，然后依次进入作为支持管的过热器和对流段过热器Ⅰ。过热器Ⅱ位于固体床料浓度低的上炉膛，其下端采取防磨保护措施。在过热器Ⅱ后，蒸汽进入构成过热器Ⅲ的8个平行的固体床料分离器。该分离器为膜式壁，上面覆盖有薄层高导热系数的防磨耐火材料。过热器Ⅳ为末级过热器，位于分离器下的INTREX中。INTREX的两侧墙作为炉膛一部分。主蒸汽温度由两级喷水减温控制。再热蒸汽温度通过蒸汽侧旁路进行调节。锅炉运行方式是跟随汽轮机进行滑压运行，因此，在低于75%负荷时，主蒸汽压力低于临界压力，但在高负荷时，锅炉在超临界压力下运行。

该460MW超临界参数电厂的设计供电效率在净出力为430MW时为43.3%。由于超临界循环流化床锅炉的优势，法国电力公司（EDF）委托FW公司进行600MW超临界直流锅炉的设计研究，主蒸汽参数为31MPa、593℃。在美国能源部的资助下，FW公司进行了参数分别为（1）400MW/31.1MPa/593℃/593℃；（2）600MW/31.1MPa/593℃/593℃；（3）600MW/37.5MPa/700℃/700℃的超超临界参数的循环流化床锅炉研究开发。由来自芬兰、德国、希腊和西班牙等国6家公司合作研究的800MW（30.9MPa/604/621℃）设计中采用了12个INTREX，其中8个布置第三级和末级过热器，4个布置末级再热器，并对再热蒸汽温度进行调节。设计排烟温度为90℃，凝汽器采用18℃的海水作为循环水，从而使得该机组的循环效率达45%。图3-2为大型化CFB旋风分离器布置演变图。

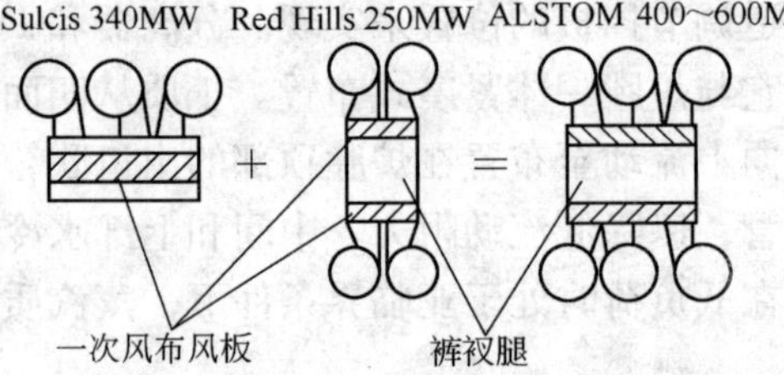

图3-2 大型化CFB旋风分离器布置演变图

3.2.1.2 SCCFBB受热面布置

水冷壁设计应考虑的两个主要问题是：

（1）在所有的运行工况下，需保证水冷壁管内有足够的汽水冷却流量，并减小水冷壁管之间的温度差。在直流锅炉中，两相流终点之后的干烧区，其热交换系数是最低的，因而导致冷却工况最差，管壁温度和肋片温度为最高。

直流锅炉的管内质量流随负荷的减小而呈线性减小。因此，在小负荷下直流锅炉管内的质量流可能因变小而变得不安全。在整个负荷范围内，需研究和决定冷却管的最小质量流量问题。为了保证质量流量，直流锅炉必须采用较小直径的管子。

（2）为了保证一定的质量流，直流CFB锅炉水冷壁通常采用垂直管布置。

A FW公司的受热面布置

FW公司引进了西门子公司开发的BENSON Vertical OTU (Once – through utility) 技术，结合传统的直流系统和CFB锅炉特殊的结构和传热方式、传热性能，形成FW技术。采用了内螺纹管作为水冷壁管，具有良好的热传导性能和流动特性。特别是在蒸发段，水滴随蒸汽旋转流动，在离心力的作用下被甩向管壁，并在管壁形成了一层水膜，强化了管壁和液体的换热。由于CFB锅炉低而均衡的热流分布，BENSON Vertical OTU技术的低质量流量特性才可以避免水冷壁管道内发生核态沸腾和蒸干现象。在满负荷下只需500~700 kg/(m^2·s)的质量流量就可以实现直流状态下的“自然循环”特性，即燃烧控制着流量，换热越强的管道其流量也越大，过热管中的蒸汽温度就会因为流量的增加而受到限制。

FW公司在炉膛中布置双面受热面、翼墙受热面和分离器燃烧室，将INTREXTM外置式换热器用作末级过热器或再热器。在460MW SCCFBB设计中，FW采用了8个外置式换热器，4个过热器，4个再热器，其结构如图3-3所示。

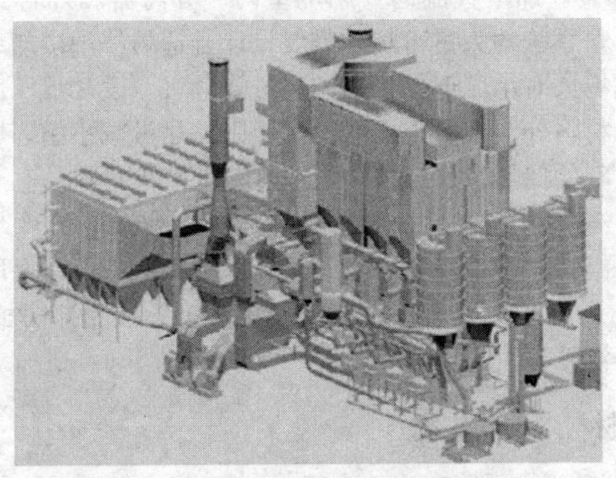

图3-3 FW公司460MW SCCFBB结构图

B　ALSTOM 的受热面布置

ALSTOM 认为直流锅炉中两相流终点后的干烧区换热系数最低，冷却工况最差，形成最高的管壁和肋片温度。在其超临界方案中采用了内螺纹管垂直水冷壁布置。

ALSTOM 认为在外置床中粒子尺寸小，流化速度低，埋管受热面的磨损和腐蚀小，埋管和床料之间的传热系数高。在外置热交换器中布置了二级过热器、再热器或蒸发受热面。通过一个高温排灰阀控制床料进入外置床的灰量，控制外置床的热负荷和温度等。

在 ALSTOM CFB 锅炉大型化和超临界的显著特点是高床压。高床压 CFB 锅炉运行时，炉膛内和外置床中床料量大大超过 FW 公司的同参数锅炉，对防磨和锅炉启停提出了更严格的要求，同时也提高了机组的运行维护费用。

3.2.1.3　超临界 600MW CFB 锅炉启动和停炉系统设计

（1）启动系统设计。为了保证在部分负荷和启动过程中蒸发管内有足够的质量流量，必须设计一个启动系统。要求启动系统与主循环系统整装，布置简单。一般采用一个备用循环泵以提供低负荷条件下和启动过程中足够的冷却冷水流量。

（2）停炉系统设计。直流锅炉蒸发系统内的水量只有汽包锅炉的 40%。加上直流锅炉燃烧室内、分离器和外置式换热器内耐火材料系统的大量蓄热，需要设计合适的停炉冷却系统，防止停炉或熄火时承压部件受到超温过烧危害。设计承压部件时除合理选择材料外，十分重要的设计原则是尽量减小循环燃烧系统中耐火材料的储热量，或采用汽或水冷却耐火材料。

（3）停炉或熄火时过热器受热面可用残余蒸汽冷却。如有条件，可配置一个熄火紧急给水泵，以提供冷却也是可取的。

（4）再热器受热面在紧急熄火停炉时，按常规方式采用高压旁路蒸汽冷却。

3.2.2　材料发展与研究

超临界参数锅炉，由于蒸汽温度和压力的提高能较大地提高电厂的发电效率，减少 CO_2 的排放量。然而蒸汽参数的提高会受锅炉金属材料所能承受的压力和温度的限制。锅炉中主要的受压部件是水冷壁、最后一级过热器和再热器，以及高压出口联箱和管道。

由于采用了新材料，20 世纪 90 年代锅炉蒸汽参数达到了 27MPa 和 600/620℃。

目前锅炉蒸汽参数达到 30MPa，600/650℃没有合适的材料能被使用。考虑到压力部件壁厚为 80～100mm，锅炉蒸汽参数为 30MPa，600℃，已是采用极限值。

目前正在研究蒸汽参数为 37.5MPa，700/720℃时的材料。若能达到此参数，则电厂发电效率能从现在的 43%～47%提高到 50%以上，煤耗和污染物的排放量能减小 15%，投资成本提高 10%。

中国正在设计制造数十台超临界煤粉炉。超临界煤粉炉的设计、制造和运行已经积累了实践经验，掌握了超临界参数锅炉的设计、选材、制造的方法。

我国大型循环流化床锅炉发展迅速，300MW 循环流化床锅炉已有 10 台左右投入运行，135MW 循环流化床锅炉已经投运 30 余台，总定货量超过 100 台，形成了超临界循环流化床锅炉产业化的强大基础。

中国在超临界循环流化床锅炉研究方面已经有了相当的基础储备和积累，国家十五攻关（1999～2002）项目中设置了“600MW 超临界循环流化床锅炉方案研究”课题，完成了 600MW 超临界循环流化床锅炉的方案设计及其中若干关键问题研究；高技术研究发展计划“863”项目中（2002～2004）设置了“超临界循环流化床锅炉研究”课题，十一五支撑计划中设置了“超临界循环流化床”项目，已经建立了完整的循环流化床锅炉设计理论和计算方法，对循环流化床锅炉过程的理解和认识目前已经处于世界领先，受到国际同行的高度重视，成为世界上关于循环流化床燃烧技术的著名研究中心之一。

清华大学、浙江大学等大学、哈锅、东锅、上锅等锅炉厂商，西安热工研究院、中科院工程热物理所等科研单位在600MW超临界循环流化床锅炉的研究、设计方面都做了大量的工作。

我国超临界循环流化床锅炉的研究始于1999年初，研究工作充分考虑了我国煤种情况的特殊性，涵盖了技术可行性、机组经济性、关键问题的研究等诸多领域；比较了多种容量等级、不同蒸汽参数的超临界循环流化床锅炉设计方案，根据已经掌握的超临界CFB锅炉特性，选择了相对管内工质流速较高的垂直光管方案。

因此，目前我国已经基本具备了研制超临界循环流化床锅炉的条件，除了部分材料要进口，部分工艺问题需要向国外公司咨询以外，可以独立自主地进行超临界循环流化床锅炉的开发。

3.3 中国几种超临界循环流化床锅炉简介

3.3.1 浙江大学600MW CFB锅炉设计方案

3.3.1.1 锅炉设计参数

主要设计参数见表3-1。设计煤种为淮南烟煤。元素分析和工业分析结果见表3-2。用石灰石作脱硫剂，在Ca/S（物质的量比）为2.5时的设计脱硫效率为90%。

表3-1 锅炉的主要设计参数

项　目	数　值	项　目	数　值
总功率/MW	600	再热蒸汽温度/℃	580
额定蒸发量/$t \cdot h^{-1}$	1900	再热蒸汽压力/MPa	44
主蒸汽温度/℃	580	给水温度/℃	290
主蒸汽压力/MPa	28	排烟温度/℃	140
再热蒸汽流量/$t \cdot h^{-1}$	1500	锅炉效率/%	90.54

表 3-2 煤种的元素分析和工业分析

工业分析/w%，ar			元素分析/w%，ar					低位发热量/MJ·kg^{-1}，ar
M	V	A	C	H	O	N	S	Q_{dv}
8.85	38.48	21.37	57.42	3.81	7.16	0.93	0.46	22.21

3.3.1.2 锅炉总体布置方案

图 3-4 为浙江大学设计的 600MW 超临界直流循环流化床锅炉的方案图。燃料通过给煤口送入炉膛底部的两个分开的流化区——即前述的“裤衩管”的两条“支腿”，并在炉膛内燃烧。燃烧所放出的部分热量被布置在炉膛四周的水冷壁吸收。燃烧产生的烟气从炉膛出口进入布置在炉膛两侧上的 6 支汽冷旋风分离器。烟气中的绝大部分固体颗粒被分离器分离下来，其中大部分经 EHE 冷却后送回炉膛，另外一小部分则通过返料装置直接返回炉膛。从分离器出去的烟气进入尾部烟道，依次冲刷高温过热器、低温再热器、省煤器和空气预热器。

3.3.1.3 炉膛结构

锅炉炉膛为矩形截面，炉膛净高为 62m。炉膛上部稀相区截面尺寸为 21m × 18m，由 ϕ28m × 6.5mm 的膜式壁构成。炉膛上部两侧墙开有 6 个 5.9m × 2.3m 的炉膛出口烟窗，烟气从这些烟窗进入分离器。炉膛下部为“裤衩管”结构，“裤衩管”将炉膛底部分成两个相互独立的流化区，每个流化区成为“裤衩管”的一条支腿。支腿为锥形结构，高为 7m，两条支腿内侧均敷有耐火材料，且各自有独立的布风装置，底部布风板的长为 21m，宽 7m。每条支腿四周各有两排二次风口，每排 24 个，上排二次风口的中心距布风板的高度为 2m，下排距布风板的高度为 1m。二次风以 30°的倾斜角向下送入炉膛，送风管直径为 0.2m，二次风速为 45m/s。

3.3.1.4 固体分离与返料系统

循环流化床锅炉的旋风分离器需要处理大量的高温烟气。一

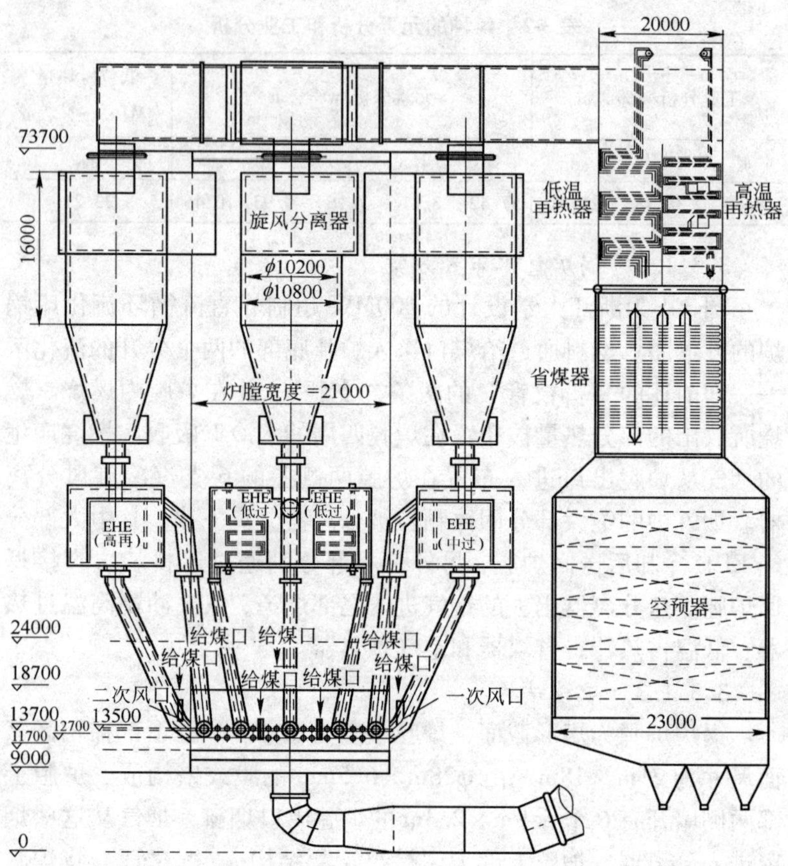

图 3-4　600MW SCCFBB 方案简图（浙江大学方案）

般来说，对于大直径的旋风分离器，其分离效率随直径的增加而降低。目前，旋风分离器的直径通常被限制在 11m 以下，因而在大型循环流化床锅炉的设计中，通常布置多个分离器。在浙江大学的设计方案中，在锅炉两侧共布置了 6 支汽冷旋风分离器。汽冷旋风分离器可以减小分离器的体积并且减少设备的重量，所布置的每支旋风分离器的内径为 10. 2m，外径为 10. 8m，分离器入口烟气速度为 25m/s。

每支旋风分离器都与一台外置式换热器（EHE）相连。炉膛的两侧各布置3台EHE：其中两台（布置再热器）用来控制再热汽温，另外4台（布置过热器）用来控制炉膛温度以及床温。鉴于目前国内外厂家通常采用的控制进入EHE物料量的机械阀存在着磨损严重、维护费用高等问题，浙江大学的设计方案采用了非机械阀控制型外置式换热器，即把外置式流化床换热器和Loop seal返料机构结合在一起，通过控制Loop seal返料机构和外置式换热器运行时送入的风量来控制进入外置式换热器的高温物料量。如图3-4所示，来自旋风分离器的高温物料经立管向下进入返料装置和外置式换热器共用的物料分流室后，一部分物料进入返料机构，另一部分则进入外置式换热器。物料首先通过分流室隔板的位置来实现粗分流，然后通过调节返料装置返料室的流化风、物料分流室的松动风和流化床换热器的流化风的风量来控制进入返料机构和外置式换热器的物料比例。通过控制进入外置式换热器的高温循环物料量，可以有效地控制布置在外置式换热器内的过热器或再热器的吸热量，也可以调节炉内运行温度。在6台EHE中，布置低温过热器的EHE被分为两部分，分别位于分离器立管的两侧，每一部分都有自己的返料管。EHE和返料机构出来的物料通过返料管均从侧墙的返料口进入炉膛。从布置有高温再热器和中温过热器的EHE出来的物料经返料管从侧墙的返料口进入炉膛，而从与之相连的返料机构出来的物料则经返料管从前后墙进入炉膛，其返料口对称地布置在两条支腿上。

3.3.1.5 给煤及给石灰石系统

给煤和给石灰石系统的设计是否合理直接影响到燃料的燃烧效率、脱硫效率及其他污染物排放等锅炉性能参数。对于600MW的大容量循环流化床锅炉来说，为了使燃料在燃烧室内能均匀分布和充分混合，必须有足够多的给煤点。除从回料管给煤外还在炉墙上增设了给煤点。炉膛四周总共布置了14个给煤点：炉膛两侧的6个分离器的返料管上各设有一个给煤点，炉膛的四面墙上还各布置有两个给煤点。炉墙给料点的出口与返料管的返料口位于同一高度，其中心距离布风板的垂直高度为1.8m。对于大容量的循环流化床锅炉，给石灰石系统一般采用气力输送的形式，即石灰石粉通过气力输送系统从炉墙上的给料点送入。

3.3.1.6　汽水系统

图3-5所示为本锅炉的汽水系统图。该锅炉布置了三级过热器、两级再热器、高温过热器和低温再热器位于尾部烟道内。低温过热器和中温过热器以及高温再热器均位于EHE内。

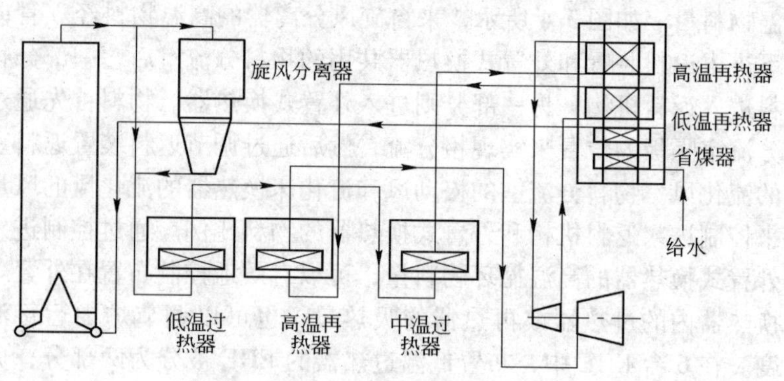

图3-5　600MW SCCFBB的汽水系统图

锅炉的汽水流程如下：给水首先进入省煤器。被加热成蒸汽后的一部分工质则作为冷却蒸汽先经过旋风分离器，然后与另一部分工质混合后进入位于EHE中的低温过热器。接着，所有工质经过中温过热器进入高温过热器，然后进入第一级汽轮机做功。从第一级汽轮机出来，工质依次通过低温再热器、高温再热器，然后进入第二级汽轮机做功。

3.3.1.7　热力计算

A　额定负荷热力计算

超临界锅炉与其他亚临界循环流化床锅炉在炉膛/水冷壁的热力计算上有所不同：工质在超临界锅炉的水冷壁内流动时，其温度是不断上升的，并非像在亚临界锅炉中那样保持不变。浙江大学在计算时依据循环流化床锅炉炉内特殊的传热特性建立了合适的计算方法。额定负荷热力计算结果如表3-3所示。变负荷热力计算结果见表3-4。

表3-3 额定负荷热力计算结果

项　目	出口烟气温度/℃	烟气流通截面积/m^2	烟气速度/$m \cdot s^{-1}$	进口工质温度/℃	出口工质温度/℃	受热面积/m^2	传热温差/℃	传热系数/$W \cdot (m^2 \cdot ℃)^{-1}$	传热量/$kJ \cdot kg^{-1}$
密相区	854.3	148.4×2	5.85						
稀相区	850.10	368.5	5.53	320.00	442.25	11551	468.22	150.33	10764.6
高温过热器	685.00	185.0	9.65	502.58	580.00	11000	222.95	59.1	2100.83
低温再热器	526.00	145.0	9.53	360.00	464.73	12000	192.11	56.53	1888.86
一级省煤器	406.00	130.0	9.23	286.23	320.00	10500	158.28	55.66	1340.82
二级省煤器	334.00	125.0	9.17	265.46	286.23	11000	92.03	54.87	805.08
空预器(热段)	212.66	65.0	16.67	100.00	250.00	37500	64.18	26.80	1424.1
空预器(冷段)	140.39	60.0	15.07	25.00	100.00	17800	92.34	24.18	776.02
外置式换热器(中过)	633.00	260.0	2.31	463.08	502.58	1015	366.25	326.8	1760.88
外置式换热器(低过)	612.00	130.0	2.10	442.25	463.08	1000	396.00	336.8	1935.21
外置式换热器(高再)	592.27	130.0	2.32	464.73	580.00	1280	326.72	329.8	1999.12

表3-4 不同负荷下锅炉的蒸汽参数

锅炉负荷率额定负荷/%	锅炉蒸发量/$t \cdot h^{-1}$	过热蒸汽温度/℃	过热蒸汽压力/MPa	再热蒸汽流量/$t \cdot h^{-1}$	再热蒸汽温度/℃	再热蒸汽压力/MPa	给水温度/℃
100	1900.0	580	28.0	1500.0	580	4.4	290.0

续表 3-4

锅炉负荷率额定负荷/%	锅炉蒸发量/$t \cdot h^{-1}$	过热蒸汽温度/℃	过热蒸汽压力/MPa	再热蒸汽流量/$t \cdot h^{-1}$	再热蒸汽温度/℃	再热蒸汽压力/MPa	给水温度/℃
90	1696.1	580	27.7	1350.4	580	4.0	283.0
70	1082.7	580	27.3	1065.3	580	3.1	268.1
60	952.8	580	22.9	880.1	580	2.7	260.1
50	906.4	580	18.1	778.4	580	2.3	249.1
35	665.0	580	13.9	560.0	580	1.6	230.2

计算所得的锅炉耗煤量为 66.36kg/s，锅炉效率为 90.54%。将锅炉效率代入下式计算发电厂效率：

$$\eta_P = \eta_B \cdot \eta_T \cdot \eta_G \cdot (1 - \delta) \tag{3-1}$$

式中　η_P——发电厂效率；

η_B——锅炉效率；

η_T——汽轮机热效率；

η_G——发电机效率；

δ——电厂自用电率。

经计算得出发电厂效率 $\eta_P = 44.23\%$。与亚临界机组相比（发电厂效率一般为 37% ~39%），有效地提高了发电厂效率。

B　变负荷热力计算

为讨论循环流化床锅炉在变工况下的运行规律，浙江大学还分别对热功率为 90%、70%、60%、50% 和 35% 额定负荷的工况进行了计算。在 60% ~100% 额定负荷内，锅炉按超临界纯直流工况运行，在 35% ~50% 额定负荷内，锅炉则按亚临界纯直流工况运行。

图 3-6 所示为锅炉密相床温度和炉膛出口温度随锅炉负荷的变化。由图可见，随着锅炉负荷的降低，床温和炉膛出口温度都有所下降。但是，床温下降的幅度不大，下降速度较缓慢。这是

因为当负荷降低时，循环倍率随之减小，而密相区燃烧份额却因循环倍率的减小而升高，这在某种程度上缓解了床温的降低。因此，在较低负荷时仍能维持比较满意的燃烧温度。

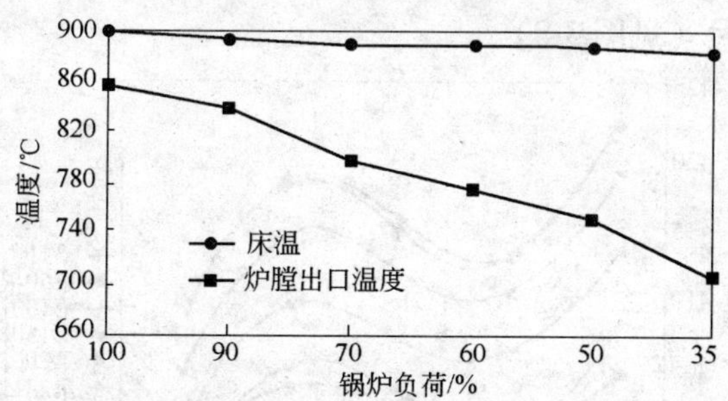

图 3-6　床温和炉膛出口温度随锅炉负荷的变化

图 3-7 给出了炉膛上部稀相区的传热系数随锅炉负荷降低的变化趋势。从图中可以看出：稀相区的传热系数随负荷的下降而减小。这主要由以下两个方面的原因所造成：（1）随着负荷的降低，投煤量相应减少，炉膛烟气速度也随之降低，这导致炉膛上部稀相区的颗粒浓度明显降低。因此，稀相区内的对流换热系数也随之减小。（2）负荷的降低使得炉膛温度下降，致使辐射换热减弱。

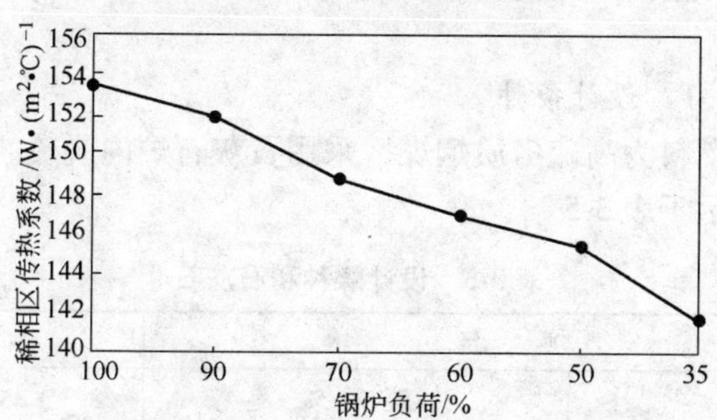

图 3-7　稀相区传热系数随锅炉负荷的变化

3.3.2　清华大学 600MW 超临界 CFB 锅炉设计方案

刘青等（2003）和吕俊复等（2007）分别介绍了清华大学

对600MW超临界循环流化床锅炉的研究和设计方案。研究显示，不同负荷下水冷壁内工质出口温度不同，随着负荷下降，工质出口温度出现最大值和最小值；炉膛内不同位置的工值出口温度相差很大（见图3-8）。

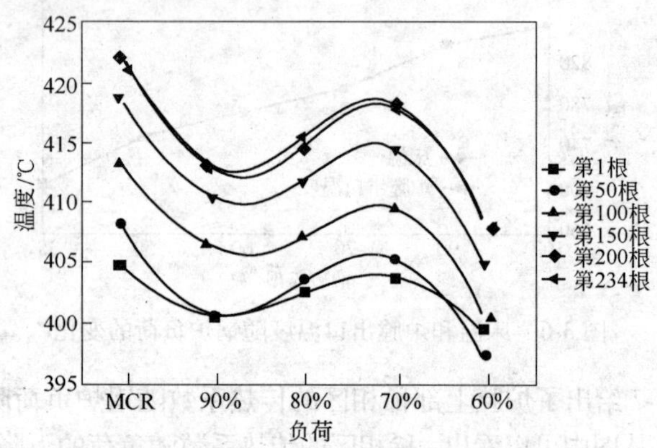

图3-8　不同负荷下水冷壁内工质出口温度

水冷壁出口工质最高温度偏差发生在MCR工况时，其值达到18 ℃，远低于材料的使用极限。最高金属壁温发生在MCR负荷下，水冷壁出口处为440 ℃左右，低于20G 材料500 ℃的使用极限。

3.3.2.1　设计条件

设计燃料为高硫劣质烟煤，采用石灰石炉内脱硫。煤质和石灰石分析示于表3-5。

表3-5　设计煤种和石灰石

项　目			数　值
煤	元素分析	碳 C_{ar}/%	45.50
		氢 H_{ar}/%	6.55
		氧 O_{ar}/%	10.37
		氮 N_{ar}/%	0.46
		硫 S_{ar}/%	2.38

续表 3-5

项目			数值
煤	工业分析	固定碳 FC/%	32.80
		灰分 A_{ar}/%	28.11
		水分 M_{ar}/%	6.63
		挥发分 V_{ar}/%	33.54
	低位发热量 $Q_{ar,net,p}$/MJ·kg^{-1}		22.86
石灰石	碳酸钙/%		94.20
	碳酸镁/%		2.80
	水分/%		0.00
	惰性成分/%		3.00
	反应性		优

600MW 超临界循环流化床锅炉的参数可以是超临界，也可以是超超临界（见表3-6）。在两种参数下，锅炉结构基本相同。下面以 27.3MPa、604℃/604℃参数为主进行介绍。

为使汽轮机在各种负荷下的热应力较小，简化启动过程，减少电厂能耗，改善电厂效率，600MW 超临界循环流化床锅炉采用滑压运行方式，锅炉在 75% 以上负荷下为超临界压力运行，其中 82% ~100% B-MCR 为定压运行；50% ~75% 为滑压运行，50% 以下为定压运行。

表 3-6 600MW 循环流化床锅炉不同负荷下锅炉的蒸汽参数

锅炉负荷率/%	蒸汽参数为24.2MPa、571℃/571℃						蒸汽参数为27.3MPa、604℃/604℃					
	100% B-MCR	100	90	78	60	40	100% B-MCR	100	90	78	60	40
		T-MCR/%						T-MCR/%				
锅炉蒸发量/t·h^{-1}	1812	1586.6	1414.9	1146.4	909.7	601.3	1800	1582.3	1408.6	1140.8	903.8	599.2
过热蒸汽温度/℃	571	571	571	571	571	571	604	604	604	604	604	604

续表 3-6

锅炉负荷率/%	蒸汽参数为 24.2MPa、571℃/571℃						蒸汽参数为 27.3MPa、604℃/604℃					
	100% B-MCR	100	90	78	60	40	100% B-MCR	100	90	78	60	40
		T-MCR/%						T-MCR/%				
过热蒸汽压力/MPa	25.3	24.49	24.18	22.32	18.32	13.41	27.27	26.49	25.88	24.32	19.32	14.41
再热蒸汽流量/$t \cdot h^{-1}$	1363.2	1320.9	1167.6	974.6	783.1	394.8	1357.5	1315.3	1162.6	969.1	769.6	389.3
再热蒸汽进口温度/℃	348	345	342	337	335	348	344	341	339	333	331	344
再热蒸汽进口压力/MPa	4.9	4.75	4.23	3.13	2.82	2.39	4.7	4.55	4.04	3.32	2.64	2.21
再热蒸汽出口温度/℃	571	571	571	571	571	571	604	604	604	604	604	604
给水温度/℃	292	285	279	264	258	227	292	285	279	264	258	227

3.3.2.2　整体布置

炉膛下部采用双裤衩腿结构，6 个绝热旋风分离器位于炉膛左右，尾部双烟道。裤衩管支腿高为 7150mm，两个支腿独立布风。水冷布风板距离炉膛顶棚 63040mm，稀相区截面为 17430mm × 25394mm。二次风从裤衩管支腿分 3 层以 30° 的下倾斜角以 96.5m/s 的速度引入，风口距布风板的高度分别为 5120mm、3600mm 和 1720mm。采用侧排渣。设置 8 支床下启动燃烧器和 16 支床上启动燃烧器。总容量约为 24% B-MCR，燃用 0 号轻柴油。床上启动燃烧器和石灰石进口均借用二次风口内。

炉膛共布置了14个给煤点，其中炉膛两侧的6个分离器的直接返料管上各设有1个，前后墙上各布置4个。炉墙给煤点距离布风板的垂直高度为1350mm。经过计算，这样的布置可以保证燃料在炉膛中的良好扩散混合。燃料进入炉膛后，被床料加热，发生碎裂、热解、燃烧并形成局部的还原性气氛；加入的石灰石发生分解后脱硫。燃烧产生的烟气携带床料、焦炭颗粒、部分发生反应的脱硫剂夹带出密相区，经过二次风补燃。在向上流动的过程中，烟气携带的颗粒浓度较高，发生团聚，团聚后的颗粒团具有较高的终端速度，终端速度小于流化速度的颗粒团，上升速度远小于流化速度；终端速度大于流化速度的颗粒团，下降流动，下降过程中的颗粒团被上升气流冲散，颗粒再次向上流动再形成颗粒团，这一过程大大延长了颗粒在燃烧室的停留时间，为燃烧、脱硫反应的进行提供了条件，同时强化了床向受热面的传热。烟气携带一定浓度的物料离开炉膛进入炉膛两侧6个分离器，其中的固体物料绝大部分被捕集下来，分别部分地进入各个分离器下部的换热床，与换热床中的受热面换热后回送回炉膛，其余的循环物料直接回送炉膛。调整进入高温段再热器换热床中的循环灰量可以调节再热器的汽温。经过分离器净化过的烟气进入尾部对流烟道。尾部竖井的上部采用双烟道，前烟道布置低温段再热器、高温省煤器，后烟道布置I级过热器，合并烟道自上而下布置有低温段省煤器、空气预热器。为减小漏风，空气预热器采用卧管式整体布置示于图3-9。

3.3.2.3 结构

用一次垂直上升管膜式水冷壁，即使全部采用光滑管，也是安全的，因此炉膛各面墙全部采用管径为ϕ32mm，壁厚为8mm，节距为44mm的膜式水冷壁，管子材料为SA-213T11，炉膛上部水冷壁采用内螺纹，下部低温区采用光滑管。

目前的经验表明循环流化床锅炉用旋风分离器的直径在11000mm以下是可靠的，因此采用6个内径为ϕ9800mm的绝热旋风分离器。其入口为带有加速段的8°下倾烟道，中心筒采用

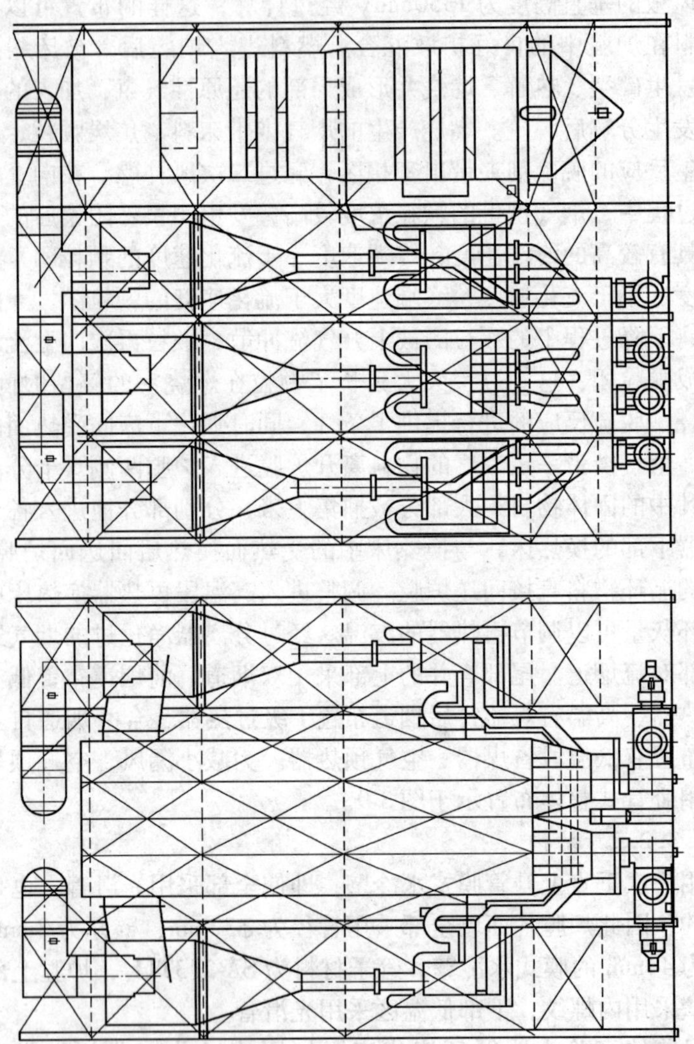

图 3-9 600MW SCCFBB 方案简图（清华大学方案）

偏置锥形。旋风筒直段高为12127mm，锥体部分内径由筒体内径ϕ9800mm过渡到料腿内径ϕ1910mm。每个分离器下装有一套带有冷却式机械分配阀的返料装置。过热器系统由三级过热器组成，每两级之间管道上设置喷水减温器。Ⅰ级过热器为对流受热面，逆流顺列水平布置，3个管组，管子直径ϕ38mm×8mm，蛇形管的横向排数为178排，每排管子由5根管子绕成，纵向总排数80排。低温段采用SA-213T12，高温段采用SA-213T91。Ⅱ级过热器位于炉膛两侧的后排换热床，水平布置，每个换热床中埋管横向69排，每排管子由4根管子绕成，纵向排数为20排，管子直径ϕ42mm×9mm，采用SA-213T91/SA-213TP347H。Ⅲ级过热器位于炉膛两侧的前排换热床中，水平布置，每个换热床中埋管横向69排，每排管子由5根管子绕成，纵向排数为20排，管子直径ϕ42mm×10mm，采用SA-213T91/SA-213TP347H。

再热器系统由低温对流段再热器和高温段换热床再热器组成，在低温段再热器入口设有事故喷水减温器。低温段再热器逆流顺列水平布置，两个管组，采用12Cr1MoV的ϕ47mm×4.5mm管子，横向排数为178排，每排管子由10根管子绕成，纵向总排数80排。高温段布置在炉膛两侧中排换热床中，水平布置，每个换热床中埋管横向排数为63排，每排管子由10根管子绕成，纵向排数为20排，管子直径ϕ57mm×6mm。根据管子壁温，采用SA2132TP304H。

低温省煤器为逆流错列水平布置，两侧进出，由ϕ42mm×8mm的15CrMo管子组成。高温省煤器采用12Cr1MoV的ϕ57mm×9mm管子。空气预热器采用顺列布置的立式管式。启动采用带内循环泵的系统。

3.3.3 中国科学院工程热物理研究所600MW超临界CFB锅炉设计方案

3.3.3.1 设计条件

设计煤种为褐煤，石灰石进行炉内脱硫。满负荷下，Ca/S物质的量比为2.0时的设计脱硫效率为94.5%，锅炉计算效率为93.4%，保证效率为93.1%，煤质与石灰石分析结果见表3-7。

表3-7 设计煤种和石灰石特性分析结果

项目			符号	单位	数值	项目		符号	单位	数值
煤	元素分析	碳	C_{ar}	%	36.72	石灰石	氧化硅	SiO_2	%	1.00
		氢	H_{ar}	%	1.87		氧化铝	Al_2O_3	%	0.14
		氧	O_{ar}	%	12.59		氧化铁	Fe_2O_3	%	0.18
		氮	N_{ar}	%	1.01		氧化钙	CaO	%	55.11
		硫	S_{ar}	%	1.66		氧化镁	MgO	%	0.56
	工业分析	水分	M_{ar}	%	34.70		三氧化硫	SO_3	%	<1.00
		灰分	A_{ar}	%	11.45		全水分	M_t	%	0.23
		挥发分	V_{daf}	%	52.70		烧失量		%	41.32
	低位发热量		$Q_{ar,net}$	kcal/kg	2970					

3.3.3.2 性能参数

不同负荷下，600MW超临界循环流化床锅炉的蒸汽参数与热力计算结果见表3-8。

表3-8 600MW超临界循环流化床锅炉蒸汽参数及热力计算结果

序号	项目名称	设计煤种（B-MCR）			
		100%	75%	50%	30%
1	额定过热蒸汽量/$t \cdot h^{-1}$	1913.0	1435.0	957.0	540.0
2	额定过热蒸汽压力/MPa（标态）	25.40	24.85	18.90	11.59
3	额定过热蒸汽温度/℃	571	571	571	550
4	额定再热蒸汽量/$t \cdot h^{-1}$	1586	1210	825	505
5	额定再热蒸汽出口压力/MPa（标态）	4.16	3.16	2.13	1.24
6	额定再热蒸汽进口压力/MPa（标态）	4.35	3.32	2.24	1.31
7	额定再热蒸汽出口温度/℃	569	569	569	530
8	额定再热蒸汽进口温度/℃	310	286	283	289
9	给水温度/℃	282	264	242	215
10	一/二次热风温度/℃	280	261	239	211

续表 3-8

序号	项目名称	设计煤种（B-MCR）			
		100%	75%	50%	30%
11	空预器进口一次风量（标态）/$m^3 \cdot h^{-1}$	821267	740203	737795	439936
12	空预器进口二次风量（标态）/$m^3 \cdot h^{-1}$	842346	607769	215962	91787
13	空预器出口烟气量（标态）/$m^3 \cdot h^{-1}$	2121867	1742215	1277109	785592
14	排烟温度/℃	126	120	114	111
15	锅炉 I 级减温器喷水量/$kg \cdot h^{-1}$	71795	22277	2052	0
16	锅炉 II 级减温器喷水量/$kg \cdot h^{-1}$	36599	10226	795	0
17	脱硫后的 SO_2 排放（标态）/$mg \cdot m^{-3}$	392			
18	脱硫效率/%	94.5			
19	Ca/S	2.0			
20	锅炉热效率/%	93.4	92.4	90.6	88.9
21	保证锅炉热效率/%	93.1			

3.3.3.3 锅炉总体布置

本锅炉为超临界压力、中间一次再热循环流化床锅炉，单炉膛单床，露天布置，全钢架悬吊结构，锅炉的整体布置如图3-10所示。

锅炉采用全膜式壁结构，锅炉下部采用一个流化床，一次风室为水冷结构，炉膛上部布置 32 片扩展蒸发受热面，炉膛宽为 14640mm，深为 30656mm，高为 56200mm。锅炉炉顶采用全密封结构，炉膛由 $\phi32 \times 7.5$ 膜式水冷壁组成，炉膛下集箱标高为 4000mm。采用内嵌逆流柱型风帽和水冷布风板等压风室，12 个给煤点沿炉膛宽度方向均匀分布在两侧墙。主循环回路上，6 个并联的大型高效旋风分离器下分别对应 6 台返料器、6 台外置式换热器及 4 台滚筒式冷渣器，排渣温度控制在 150℃以下，炉后布置一台四分仓容克式空气预热器。

以上设备均通过钢结构支撑。后烟井深度为 19100mm，宽度为 13800mm，后烟井内依次布置有高温过热器、低温再热器

图 3-10 600MW SCCFBB 方案简图
（中国科学院工程热物理研究所方案）

和二级省煤器，二级省煤器之下布置有由护板包围的 4 组一级省煤器。

燃料通过输送皮带送至布置在炉膛四面的 12 支给煤口。锅炉设置有 12 支床上点火油枪和 4 支床下点火油枪，床下点火燃烧器为主启动燃烧器，床上点火燃烧器起助燃作用。床下油枪所需助燃空气为一次风，床上油枪所需助燃空气为二次风。锅炉采用 6 个筒体直径为 9200mm 的蜗壳式高温绝热旋风分离器，分别布置在炉膛两侧。采用非机械式的 U 形自平衡返料器，料位具有自平衡能力，同时又防止烟气反窜，返料风由专门的高压流化风机提供，保证物料稳定输送。锅炉配有蒸汽吹灰系统，吹灰器分别安装在尾部对流烟道中、低温区域。

锅炉根据不同设备设置了不同的膨胀中心，运行时整台锅炉以膨胀中心为原点进行有序的热膨胀。炉膛及后烟井四周设有绕带式刚性梁，以承受正、负两个方向的压力。在高度方向设有导向装置，以控制锅炉受热面的膨胀方向和传递锅炉水平载荷。

3.3.3.4 主循环回路

主循环回路上，布风板风帽采用内嵌逆流柱型风帽，6个旋风分离器分为两组，分别布置在炉膛两侧墙，上部与炉膛的顶部出口烟道相连，下部与返料器相连。每个分离器下对应一个外置换热器，其中两台布置中温过热器，两台布置低温过热器，两台布置高温再热器，6台外置换热器的整体布置。针对600MW超临界循环流化床锅炉主循环回路系统带外置换热器的特殊性，在主循环回路设计上进行了特殊的考虑，主要体现在以下四个方面：

(1) 给料与回料均匀性考虑。煤粒通过返料器或直接加入炉膛，采用四面墙均匀给煤方式，在主循环回路上6个并联的大型高效旋风分离器下对应6台外置换热器，12个给煤点均匀布置在炉膛前后墙及两侧墙，这些技术措施可充分保证物料在热循环回路中流动与传热的均匀性。

(2) 系统循环可靠性考虑。由于返料灰直接参与炉内换热，影响炉内与尾部的换热比例，因此也就决定了返料灰在任何工况下的重要性。该方案中采用蜗壳式旋风分离器可有效捕捉烟气中的细小颗粒，提高分离效率，使循环物料量得到可靠保证。另一方面，分离效率的提高可以降低飞灰含碳量，提高锅炉热效率。

(3) 调温灵活性考虑。若要保证外置床在调节汽温与床温方面的灵敏度及运行的安全可靠性，必须保证对外置换热器与回料阀循环物料分配调节上的灵活可靠。因此在外置换热器入口均设有一个机械式的锥形阀，通过调节锥形阀的开度来控制进入外置换热器的循环灰量，从而达到调节热量分配的目的。同时，对炉膛内的差压、回料阀的流化风和外置床的流化风等运行参数进行合理控制。

(4) 启动安全性考虑。外置换热器是一个小的鼓泡床，为了防止启动过程中高温烟气反窜进入外置换热器而烧毁受热面，在启动之前，应在外置换热器内添加部分床料。同时，通过这种方式也可以避免高温循环物料因突然进入外置床中而引起受热面因突然急剧升温而导致超温爆管现象。

3.3.4　西安热工研究院 600MW 超临界 CFB 锅炉设计方案

西安热工研究院的设计方案如图 3-11 所示，其性能指标见表 3-9。

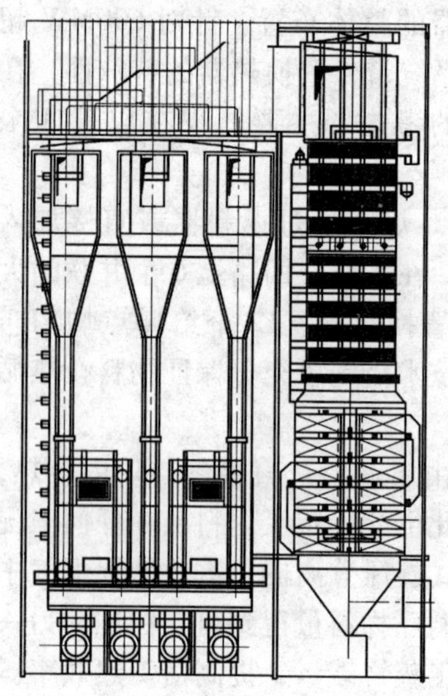

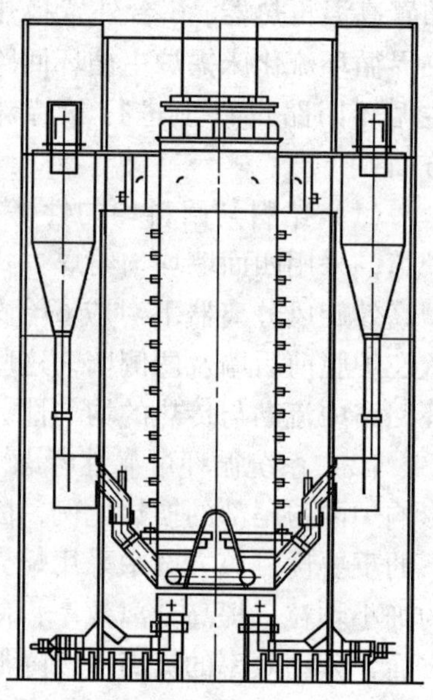

图 3-11　600MW SCCFBB 方案简图
（西安热工研究院方案）

表 3-9　西安热工研究院技术方案的技术指标

名　称	符　号	单　位	数　据
机组额定功率	N	MW	600
最大连续蒸发量	$B\text{-}MCR$	t/h	1950
过热蒸汽出口温度	t_{gr}	℃	540
过热蒸汽出口压力	P_{gr}	MPa	25.4

续表 3-9

名　称	符　号	单　位	数　据
再热蒸汽流量	D_{zr}	t/h	1600
再热蒸汽进口温度	t_{zri}	℃	300
再热蒸汽出口温度	t_{zro}	℃	569
再热蒸汽进口压力	P_{zri}	MPa	4.6
再热蒸汽出口压力	P_{zro}	MPa	4.4
给水压力	P_{gs}	℃	31
给水温度	t_{gs}	℃	291
过热器喷水率	ϕ	%	5
排烟温度	θ_{py}	℃	135
锅炉效率	ϕ	%	91.05
SO_2	C_{SO_2}	mg/m^3	390
NO_x	C_{NO_x}	mg/m^3	250

4 循环流化床锅炉的化石燃料燃烧

中国是世界上循环流化床锅炉最多的国家，也是使用燃料种类最多的国家。中国发展流化床燃烧技术，很大程度上是因为流化床燃烧技术具有燃料适应性广泛这一技术优点。

从技术上讲，循环流化床几乎可以适用于所有具有一定热值的固体燃料，但这些燃料是否可以使用要从技术经济的角度全面考虑。从中国流化床锅炉发展的经历看，流化床锅炉以及后来的循环流化床锅炉已经成功地燃用了烟煤、贫煤、无烟煤、褐煤、石煤、油页岩、煤矸石、洗煤泥、石油焦以及城市淤泥、垃圾或其他工业废弃物。图 4-1 给出了循环流化床锅炉的燃料使用范围及其挑战性大小（Joris Koornneef，et al，2007）。

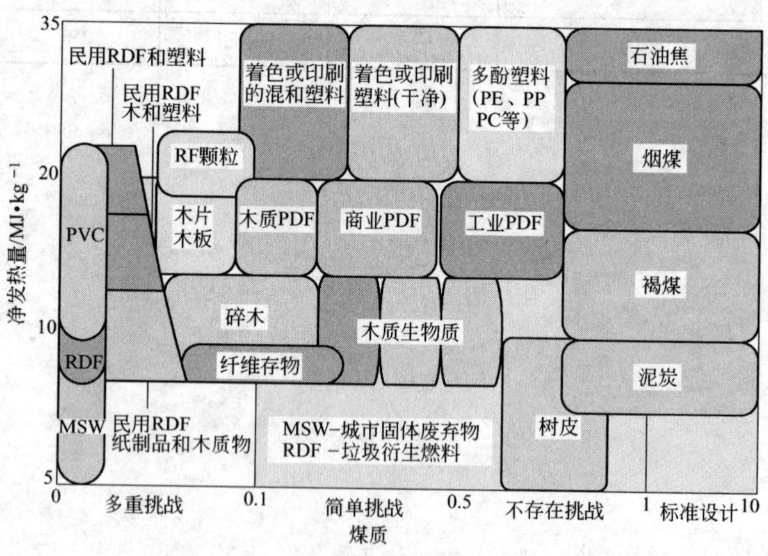

图 4-1　循环流化床的燃料适应性及其技术挑战性大小

陈春元等（2007）总结了不同锅炉厂生产的中等容量循环流化床锅炉燃用不同燃料的主要技术参数规范，提到了8种主要的固体燃料（见表4-1）。

表4-1 100~150MW级CFB锅炉性能参数选择范围

燃料及其挥发分		入炉粒度级配			一次风率/%	密相区风速/m·s^{-1}	稀相区烟速/m·s^{-1}	停留时间/s	炉膛出口温度/℃
		d_{max}/mm	d_{50}/mm	d<0.2mm份额/%					
石油焦		8~10	1~1.2	15	50~55	~4	4.6~4.8	6~7	860~900
无烟煤	<5%	4~5	0.5~0.7	<10~20	50~55	~4	4.8~5.0	6~7	920~950
无烟煤	>5%	5~6	0.6~0.7	<10~20	50~55	~4	4.8~5.0	6~7	900~920
贫煤	<15%	6~7	0.7~1.0	<10~20	50~55	4~4.5	5.0~5.2	6~7	880~900
贫煤	>15%	7~8	1.0~1.2	<10~20	50~55	4~4.5	5.0~5.2	6~7	880~900
烟煤	<30%	6~8	0.8~1.0	<10~20	~50	4~4.5	5.0~5.5	6.0~6.5	870~880
烟煤	>30%	8~10	1.0~1.5	<10~20	~50	4~4.5	5.0~5.5	6.0~6.5	870~880
褐煤		8~12	1.2~1.8	8~10	~45	4~4.5	5.0~5.5	6.0~6.5	850~870
油页岩		8~10	0.8~1.4	<10~20	50~55	4~4.5	5.0~5.5	6.0~6.5	880~890
矸石		5~7	0.8~1.2	<15~20	~50	4~4.5	4.8~5.2	6.0~6.5	880~890
煤泥		3~5	0.5~0.8		~50	3.5~4.0	5.0	6.0~6.5	870~890

4.1 燃料对循环流化床运行的影响

循环流化床锅炉燃烧的是固体颗粒燃料，所有机械破碎的化石类颗粒燃料都会形成一定的颗粒尺寸范围。从流态化角度看，颗粒的最大尺寸应满足特定装置的流态化要求，即最大颗粒尺寸要有严格的限定。从燃烧的角度看，最细的颗粒一次通过炉膛就被烧掉，且保证在有限的循环次数内将燃料颗粒的可燃成分烧掉。从循环流化床锅炉看，颗粒分布特征还应与气固分离器和返料系统相适应，保证含碳量高的颗粒尽可能多地被分离下来。因此，循环流化床锅炉对燃料的筛分特性有比较严格的要求。煤颗粒燃尽时间、停留时间、循环倍率、颗粒沉降速度之间有着明显的对应关系。

4.1.1 燃煤颗粒度对锅炉运行的影响

煤颗粒尺寸分布不仅对燃烧有较大影响，对燃烧份额分布、颗粒循环量、冷渣器运行及锅炉运行都有较大影响，是一个需要严格控制的量。

煤颗粒尺寸分布是一个与操作风速有关的量，操作风速受到煤种、锅炉炉型和出力、磨损等条件的限制，不是可以随意变动的，而煤颗粒尺寸却可以通过破碎过程调整。一般而言，挥发分和煤颗粒着火燃尽特性对煤颗粒尺寸范围选择有较大影响，挥发分高或着火燃尽特性好的煤种可以选用较大的颗粒范围。采用风水冷却联合冷渣器的循环流化床锅炉最大入炉煤的颗粒尺寸应不大于10mm，采用滚筒式冷渣器的循环流化床锅炉的入炉煤颗粒尺寸可适当放宽，如白马电厂300MW循环流化床锅炉颗粒尺寸出现了50mm颗粒。大量实践表明，循环流化床锅炉的煤颗粒范围应符合下述要求：

褐煤：$d_p<1$mm者占10%~40%；

烟煤：$d_p<1$mm者大于40%。

循环流化床锅炉中应该有一个合理的颗粒组合比例，来满足循环流化床锅炉炉膛内不同区间的要求。这三个区间是：底部区(二次风口以下)、炉顶区和循环回路区。

不同粒径的煤有着各自不同的临界流化速度和飞出速度。为使粗颗粒不致沉积，保证流化良好，一般选用的运行速度为平均粒径d_p煤粒的临界流化速度的1.5~2倍。如果床层平均温度为900°C，不同颗粒相对应的临界流化速度、运行速度和飞出速度与粒径的关系如图4-2所示（申莉等，2002）。

由图4-2可见：当颗粒直径$d_p=2.6$mm时，它的运行速度已超过粒径为0.8mm的颗粒飞出速度。因此，燃料中0.8mm以下的煤粒进入流化床后容易很快被烟气带出床层，从而使飞灰含碳量高，锅炉煤耗大，经济效益差。但细颗粒是煤流化床燃烧过程

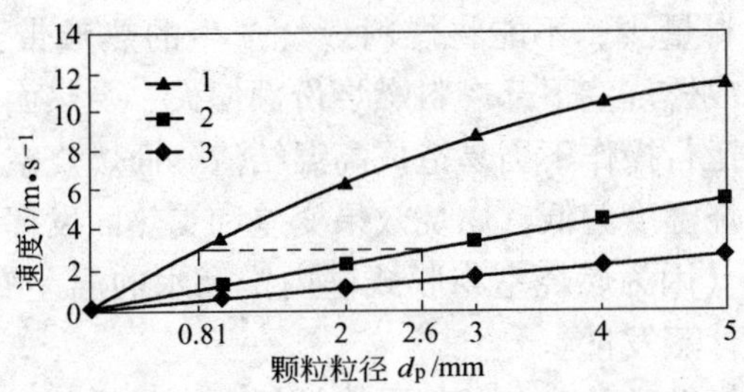

图 4-2　临界流化速度、运行速度和飞出速度与颗粒粒径的关系

1—飞出速度；2—运行速度；3—临界流化速度

无法避免的，而且是流化床锅炉传热的重要载体，对正常运行有着非常重大的意义。

刘德昌等（1999）进行了 3 台 75t/h 循环流化床锅炉燃煤粒径分布及平均粒径计算值的比较，研究了锅炉发生蒸发量达不到设计值、对流受热面磨损严重、燃烧室下部温度偏高、上部温度偏低、过热器蒸汽超温等问题的原因，提出要解决上述问题应对循环流化床锅炉的造型和燃煤系统破碎及筛分设备的改造等措施。

图 4-3 表示石家庄、宜化、晋城三家电厂燃料粒径分布曲线。从图中看出晋城燃料粒径分布不符合循环床的要求，小于 1mm 的粒径的煤粒太少，粗颗粒太多，平均粒径较粗，导致燃烧

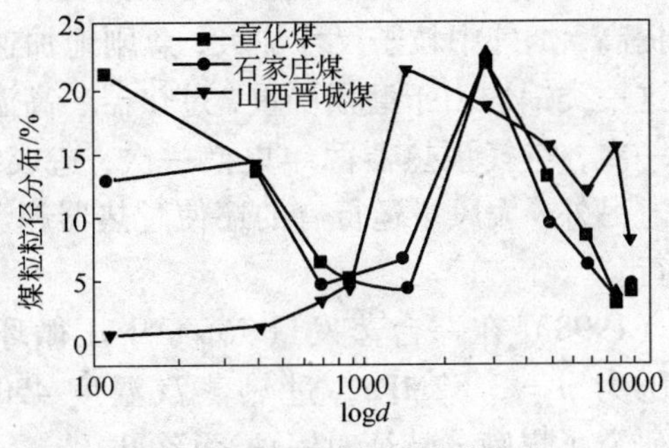

图 4-3　燃煤颗粒尺寸分布

室内循环物料量少，不能将燃料燃烧产生的热量带至燃烧室上部。结果造成燃烧室下部燃料燃烧份额偏大、受热面偏少、燃烧温度偏高、运行操作不当易造成高温结渣。而燃烧室上部燃烧份额偏少、燃烧温度偏低、燃烧效果变差和受热面发挥不了应有的吸热的作用（因为燃烧室与膜式壁内饱和水的温差变小），使锅炉达不到设计蒸发量。

基于燃煤粒径的分布及其平均粒径大小对循环床锅炉设计的影响，锅炉设计时对燃煤的性质和它的破碎特性及破碎后的颗粒粒径分布必须准确掌握。根据设计运行经验，对燃煤的粒径分布应符合如下的规律：

$$V + X = 60\% \sim 75\% \tag{4-1}$$

式中 V——煤的干燥无灰基挥发分所占质量分数，%；

X——燃煤粒径小于 1mm 颗粒所占质量分数，%。

对挥发分高的烟煤，小于 1mm 的煤粒的质量分数可低一些，挥发分低的无烟煤则要高一些，另外对热爆裂性好的煤，小于 1mm 的煤粒的质量分数可低一些。

由于燃煤粒径分布达不到循环床锅炉的要求，粒子循环量较小，造成锅炉达不到设计蒸发量和燃烧室下部温度较高。为了克服该问题，作为运行手段之一，常采用大风量运行，使较粗的粒子能带到燃烧室上部燃烧，降低燃烧室下部温度和提高蒸发量。大风量运行的结果使通过对流受热面（过热器、高温省煤器）的烟气流速提高，烟气中粒子尺寸加大，急剧地加速了对流受热面的磨损。这一类锅炉由于磨损严重，过热器、高温省煤器有的一年要更换一次，空气预热器两年更换一次，造成维修费用大，发电成本高。另外，大风量运行有的还使过热器超温严重，威胁锅炉安全运行。

黄琳等（1998）在一台蒸发量 75t/h 中压循环流化床锅炉（过热蒸汽压力 $p = 3.82$MPa，过热蒸汽温度 450℃，热效率 85%）上，研究了煤筛分特征对锅炉运行的影响。

通过锅炉热平衡计算，得到了循环倍率 m 与浓相床温度的关系（见图4-4）和浓相床燃烧份额 δ 与浓相床温度的关系（见图4-5）。图中可见，当 $\delta=0.5$ 和 $m=5$ 时，浓相床温度为972℃（设计值），即在这种情况下锅炉可以正常运行。

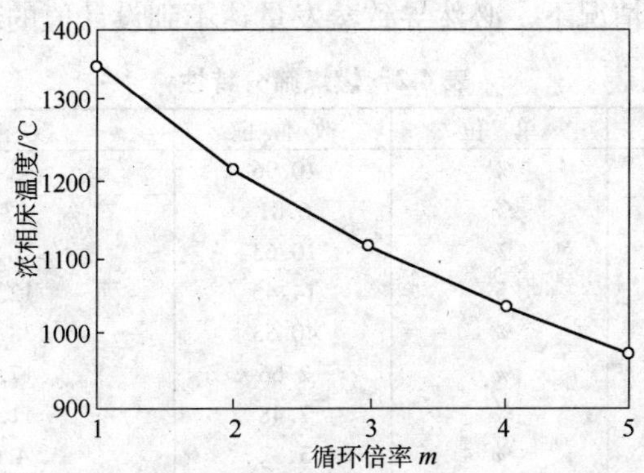

图4-4 浓相床温度和循环倍率的关系（燃烧份额 $\delta=0.5$）

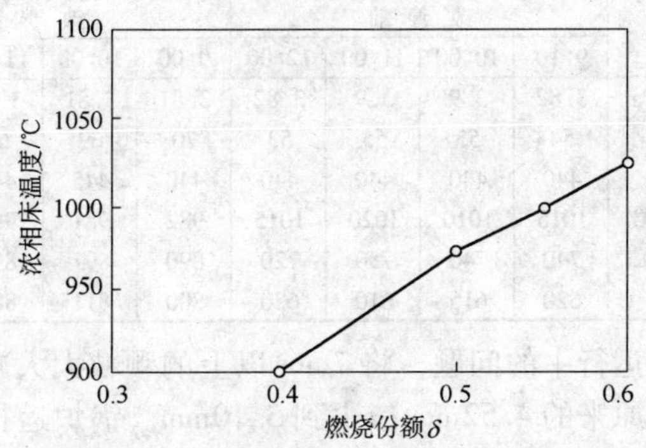

图4-5 浓相床温度和燃烧份额 δ 的关系（循环倍率 $m=5$）

但该锅炉实际运行中，燃料平均粒度过大，导致浓相区超温，稀相区低温，蒸发量达不到设计值。表4-2和表4-3中可见，锅炉最高出力只有55t/h，炉膛出口温度只有620℃，而浓相区温度则高达1020℃。分析其筛分特性，大于2mm的煤颗粒占到83.38%，小于2mm的只占16.62%。而只有2mm以下的细煤粒才能被夹带到稀相区燃烧。这时浓相区的燃烧份额为0.6，循环倍率为4，显然这时燃烧份额和循环倍率都未达到设计值。这种情况下，必然导致蒸发量达不到设计值的现象。

表4-2 燃煤筛分特性

筛分/mm	单 位	改善前	改善后
>10	%	10.96	4.73
10~8	%	6.81	2.43
8~6	%	10.63	3.54
6~4	5	14.45	12.27
4~2	%	40.53	38.42
2~1	%	2.66	17.15
1~0.63	%	7.48	11.21
0.63~0.43	%	3.32	4.62
<0.43	%	3.16	5.63
平均粒径	mm	4.52	3.10

表4-3 运行记录

名 称	改善前				改善后			
	9:10	10:00	11:00	12:00	9:00	10:00	11:00	12:00
蒸汽压力/MPa	3.82	3.9	3.9	3.82	3.81	3.81	3.82	3.8
蒸汽流量/$t \cdot h^{-1}$	54	55	55	53	70	69	68	70
蒸汽温度/℃	440	440	440	440	440	445	440	442
浓相区温度/℃	1015	1010	1020	1015	982	981	980	980
稀相区温度/℃	740	740	750	720	890	891	890	894
炉膛出口温度/℃	620	615	610	620	800	811	805	812

为解决运行中的问题，将7mm以上的颗粒大大减少，使平均颗粒度由原来的4.52mm减少到3.10mm。锅炉运行状况有了很大变化，出力由原来的55t/h提高到70t/h，出口温度也由原来的700℃提高到810℃，浓相床温维持在990℃左右。由图4-4和图4-5知，此时浓相区的燃烧份额为0.55，循环倍率为4.7。

4.1.2 燃煤颗粒度对飞灰含碳量的影响

孙宝洪等（2001）研究循环流化床锅炉的实际运行经验发

现，只要分离器有足够的分离效率，循环灰的粒径分布差别不大，并能够满足基本的 CFB 锅炉物料平稳和热量平稳，而飞灰可燃物的含量却有很大的差别。CFB 锅炉的实际运行中 10 ~ 20μm 飞灰颗粒中可燃物含量最大，这个粒度范围颗粒细焦炭颗粒的形成机理、形成位置、运动轨迹、燃烧特性等对提高 CFB 锅炉燃烧效率更有现实的意义。

吕俊复等（2004）和李少华等（2007）发现，典型的循环流化床飞灰含碳量与粒径的关系如图 4-6 所示，含碳量较高的飞灰粒径主要集中在 50μm 左右。根据焦炭粒子燃烧模型，颗粒的燃尽时间在粒径为 40 ~ 50μm 出现峰值，即在此粒径范围内的焦炭粒子燃尽所需的时间最长；在循环流化床内，颗粒的停留时间在颗粒粒径 100μm 附近达到峰值，即 100μm 颗粒的停留时间最长；而在 50μm 附近其停留时间相对较短。这样，粒径 50μm 左右的颗粒所需的燃尽时间最长，而其停留时间却较短，很难实现较大程度的燃尽，因此在此粒度范围内的飞灰含碳量很高。并认为这一趋势与颗粒燃烧过程中传质、传热和灰壳的形成有关。表 4-4 列举了实际运行的 220t/h 循环流化床锅炉的飞灰含碳量测试结果和相应运行工况，相应的锅炉燃用燃料性质见表 4-5。改变二次风特性可以有效地降低飞灰含碳量，图 4-7 给出了改变二次风刚性降低飞灰含

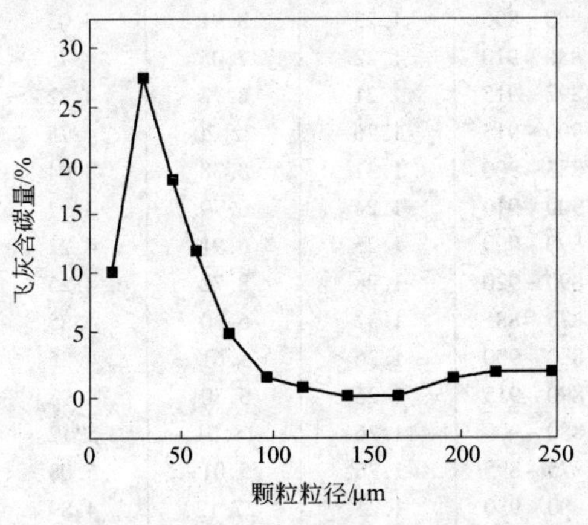

图 4-6 循环流化床飞灰粒径和含碳量的普遍关系

碳量的实际效果，二次风刚性提高后，飞灰含碳量下降。

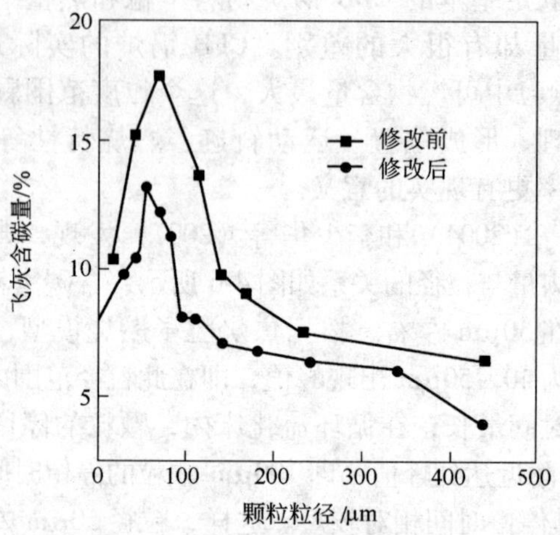

图 4-7 二次风刚性对飞灰含碳量的影响

表 4-4 220t/h 循环流化床锅炉飞灰含碳量及其运行条件

锅 炉	床温/℃	炉膛出口过量空气系数	飞灰含碳量/%	流化速度/m·s^{-1}	炉膛高度/m
A	880~905	1.21	17.17	5.19	29.4
B	880~905	1.23	13.74	5.23	29.4
C	860~890	1.23	8.91	5.05	29.7
D	880~910	1.22	7.05	4.75	28.8
E	892~915	1.21	8.72	4.22	29.5
F	900~915	1.26	22.20	4.75	29.5
G	885~900	1.31	8.38	3.94	30.2
H	900~910	1.24	6.79	3.94	28.5
I	890~900	1.25	6.91	4.21	28.5
J	890~920	1.28	8.72	4.25	29.5
K	875~885	1.32	6.30	4.85	29.5
L	880~900	1.26	5.61	4.85	28.6
M	890~915	1.26	5.30	4.93	29.4
N	880~900	1.26	18.01	5.12	29.4
O	875~895	1.26	5.01	5.08	29.4
P	900~930	1.25	27.12	4.89	29.2
Q	860~890	1.26	16.31	5.07	30.2

表 4-5 锅炉燃用煤种的工业分析和元素分析

锅炉	C_{ar}/%	H_{ar}/%	O_{ar}/%	N_{ar}/%	S_{ar}/%	A_{ar}/%	M_{ar}	V_{daf}	$Q_{ar,net,p}$/MJ·kg^{-1}
A	61.50	3.06	7.39	0.67	0.66	14.30	12.42	21.49	22.76
B	54.75	2.73	6.58	0.60	0.82	16.32	18.20	20.55	20.52
C	52.91	3.33	7.20	0.81	0.84	9.00	25.91	22.51	19.83
D	53.25	2.82	5.74	1.04	0.65	30.59	5.92	28.88	20.80
E	49.45	2.82	6.30	1.00	0.55	32.38	7.50	30.52	19.87
F	55.11	2.90	5.61	1.11	0.61	26.27	8.42	11.25	21.00
G	52.75	2.74	6.07	0.99	0.73	28.02	8.70	27.79	20.10
H	43.68	3.64	5.80	2.24	0.51	32.91	11.24	35.54	18.00
I	44.29	2.82	6.30	1.00	0.55	37.85	7.19	46.65	17.10
J	49.45	2.82	6.30	1.00	0.55	32.38	7.50	30.52	18.84
K	47.82	2.91	4.54	0.95	0.56	35.25	7.97	29.93	18.82
L	44.15	3.85	7.45	1.01	1.13	34.59	7.82	40.58	18.00
M	31.28	3.49	8.18	0.44	0.10	48.03	8.48	45.58	13.13
N	58.49	2.97	4.46	0.66	0.58	25.23	7.61	13.00	21.56
O	38.48	3.57	7.79	0.55	0.21	43.82	5.58	49.59	15.90
P	61.71	1.33	1.81	0.44	0.72	28.82	5.17	5.98	21.39
Q	60.37	2.90	7.32	0.66	0.75	11.34	16.66	19.28	22.70

从密相区扬析出来的细焦炭颗粒是飞灰未燃碳的主要来源，因此分离器性能是减少飞灰含碳量的关键。由于炉膛温度较低，循环流化床锅炉焦炭的燃烧速率比煤粉炉低，焦炭燃尽时间长，所以分离器的分级分离效率十分重要。不幸的是，可得到的实际运行循环流化床锅炉的分离器分级分离效率数据非常少（吕俊复等，2004）。尽管飞灰和循环灰的质量尺寸分布与煤成灰特性及灰颗粒磨耗有关，但仍可在一定程度上表征分离器性能。图 4-8 给出了上述各种条件下锅炉的飞灰的粒径分布。这与 Thorpe 公布的数据基本一致。总之，循环流化床锅炉中大型分离器的切

割粒径（50%）似乎很少低于100μm。从图中可以基本上排除分离器效率的差异是导致飞灰含碳量差异的主要因素。图4-9给出了飞灰含碳量随煤质的变化，图中的横轴煤质指标是煤中无灰干燥基挥发分占收到基发热量的份额，即单位发热量中含有的挥发分。

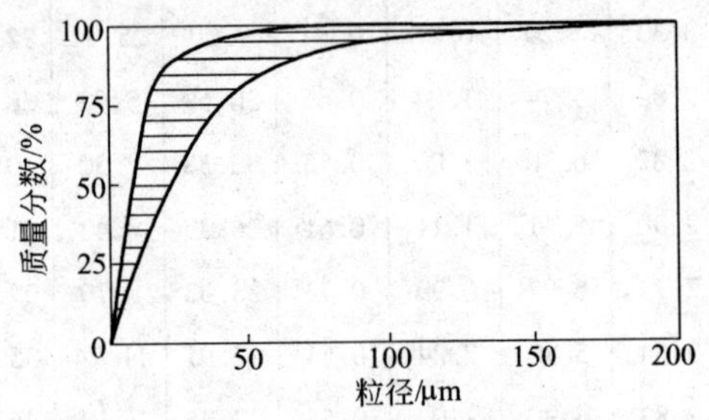

图4-8 飞灰粒径分布范围

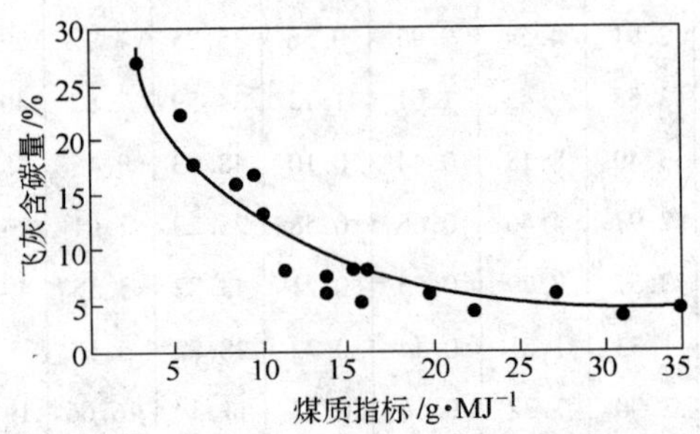

图4-9 飞灰含碳量随煤质指标的变化

图4-10是飞灰颗粒度、飞灰含碳量与飞灰颗粒度分布与给煤颗粒度分布的对应关系。图中曲线上标出的大写字母B和D即是表4-4和表4-5中锅炉B和D。两台锅炉燃料相近（灰分、水分、挥发分和发热量稍有差别）、运行参数相近、入炉煤筛分特性基本一致，测出了飞灰特性在规律上是一致的，但飞灰分布有较大差别，飞灰含碳量差别也很大。

福建无烟煤是一种挥发分低、着火点高、易爆裂的难燃煤种，并且煤粒中含有的细颗粒比例过大，小于1mm的颗粒占到

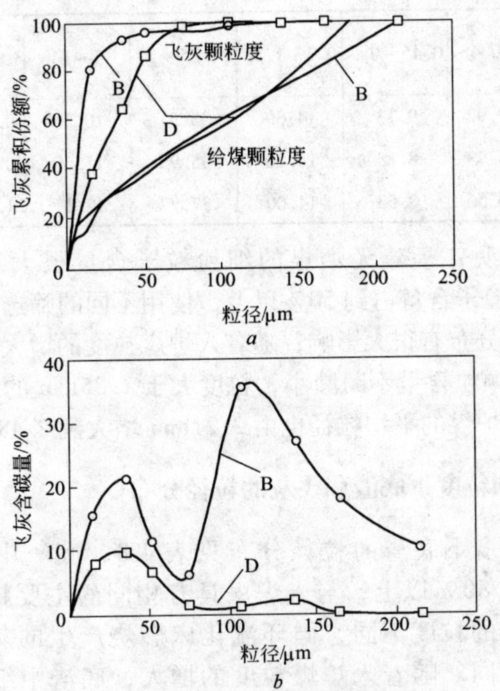

图 4-10 给煤颗粒度、飞灰颗粒度及飞灰含碳量分布比较

a—给煤粒度分布和飞灰粒度分布；

b—飞灰中含碳量分布

50%以上，燃尽非常困难。单娟娟等（2007）在某电厂一台75t/h的循环流化床锅炉上对三种不同粒度的福建无烟煤进行了燃烧试验，结果见表4-6、表4-7。

表 4-6 煤质的工业分析

分析基水分 M_{ad}/%	分析基灰分 A_{ad}/%	分析基挥发分 V_{ad}/%	分析基固定碳 FC_{ad}/%	全水分 M_t/%	发热量 $Q_{net,ad}$/kJ · kg^{-1}
0.87	36.84	3.04	59.24	8.5	18.837

表 4-7 入炉煤的粒径分布 (%)

粒度/mm	<0.45	0.45~0.7	0.7~1.25	1.25~5	5~10	>10	平均粒径/mm
细粒度	29.92	9.13	14.39	35.51	10.36	0.69	2.21
中等粒度	28.73	8.88	14.10	35.98	11.50	0.80	2.30
粗粒度	26.56	8.53	14.00	37.72	13.11	1.09	2.48

表中可见：福建无烟煤的细粉粒子含量很大，粒度小于1.25mm 的粒子含量占到50%以上，使用不同的筛选系统对于入炉煤的粒度分布有很大影响；随着入炉煤粒度的增大，粒度小于1.25mm 的颗粒含量不断减小，粒度大于1.25mm 的颗粒含量不断增大，入炉煤的平均粒径也由2.21mm 增大到2.48mm。

4.1.3 不同粒度下底渣和飞灰的粒径分布

不同粒度下底渣的粒径分布见表4-8，底渣中小于5mm 的颗粒占到80%以上，与入炉煤具有相同的主要粒径分布范围。入炉煤的粒度不同，循环流化床燃烧产生的灰渣颗粒分布特性也不同。随着入炉煤粒度的增大，底渣中细粒子（小于1.25mm）的含量明显减少，大于2.5mm 的各档颗粒都有所增加。

表 4-8 底渣的粒径分布 (%)

粒度/mm	<1.25	1.25~2.5	2.5~5	5~8	8~10	>10	平均粒径/mm
细粒度	49.5	20.15	21.88	5.93	2.34	0.2	2.13
中等粒度	39.31	18.34	26.12	9.78	5.86	0.59	2.77

图4-11 给出了不同粒度下飞灰的粒径分布曲线，可见不同粒度下飞灰的粒径分布几乎相同，绝大部分飞灰粒径都在90μm以下。

4.1.3.1 不同粒度下炉膛各点温度的变化

单娟娟等（2007）在一台75t/h 燃烧福建无烟煤的循环流化

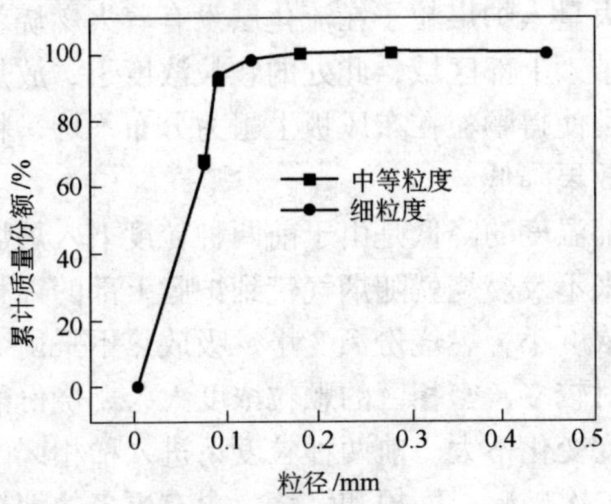

图 4-11 飞灰的粒径分布曲线

床锅炉上研究了颗粒度对锅炉燃烧的影响。试验中实测的炉膛各段温度如图 4-12 所示，入炉煤粒度对炉膛各段温度水平有一定的影响。细粒度和中等粒度下炉膛各段温度变化具有相同的趋势，对于粗粒度各段温度变化不大，其主要差异在流化层温度的降低和炉膛出口温度的升高。前两种粒度下由于入炉煤的粒度小，细颗粒含量多，燃烧速率快，进入炉膛马上着火燃烧释放热量，温度达到 900℃以上，而粗粒度下只有 820℃，这是由于入炉煤中含有的细粒子含量相对较少，福建无烟煤又是一种难燃易

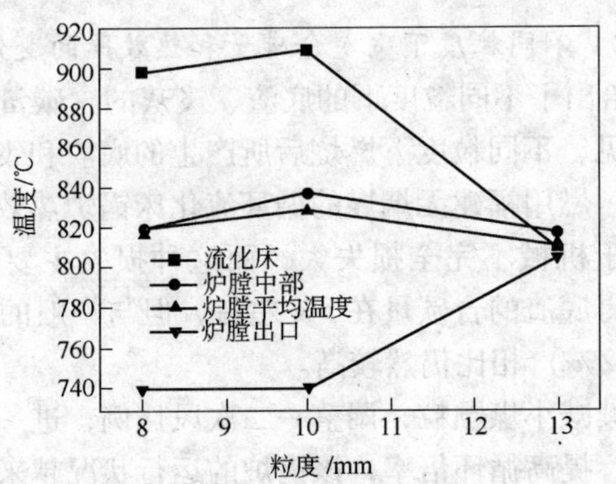

图 4-12 不同粒度下的炉膛各段温度分布曲线

爆的煤种，大量入炉煤粒子在流化层没有着火燃烧就直接在流化风的作用下带入上部区域，此处的颗粒浓度小，放热量减少，而大颗粒的爆裂使得颗粒在布风板上阻力分布不均，粒子没有充分流化，传热效果降低。

炉膛中部温度的降低是由于前两种粒度下入炉煤含有的细粒子在密相区来不及燃烧就随烟气带到炉膛上部的稀相区，使得密相区的颗粒浓度小，燃烧份额变小，吸放热不平衡。粗粒度下粗粒子含量相对较多，密相区的颗粒浓度大，燃烧份额也大，吸放热平衡，温度变化不大。前两种粒度下进入稀相区的粒子经历了一次破碎、二次破碎、磨损和燃烧，含有更多的细粒子，而旋风分离器的分离效率只有95%，许多没有被分离器分离下来的细粒子一次没有燃尽就随烟气跑出炉膛，粒子在稀相区的停留时间短，使得颗粒在该区域的放热量不足，炉膛出口温度降低。粗粒度下由于颗粒粒径相对较大，循环物料量相对增多，颗粒在稀相区的停留时间长，此处的颗粒浓度增大，炉膛出口温度升高。由图4-12可知，整个炉膛的平均温度只有820℃，不利于福建无烟煤的着火燃烧。因此优化福建无烟煤的燃烧一方面要提高旋风分离器的分离效率，使得更多的物料参与循环，另外还要提高炉膛的温度特别是稀相区的温度，增大稀相区细粒子含量，提高细粒子的燃尽度。

4.1.3.2 不同粒度下飞灰含碳量和热效率的变化

表4-9给出了不同粒度下的底渣、飞灰的含碳量及锅炉热效率。由表可见，不同粒度下燃烧后所产生的底渣和飞灰的含碳量有很大差别。燃用福建无烟煤的循环流化床锅炉热效率偏低的主要原因是由于机械不完全损失大，而这种损失主要存在于飞灰中。试验测得底渣的含碳量在5%左右，但与一般的底渣含碳量（大约1%~2%）相比仍然较高。

后来继续减小煤颗粒，调整一二次风比例，进一步减小浓相区燃烧份额，提高循环倍率，该锅炉的运行状况越来越好，基本达到设计参数。

表 4-9 不同粒度下锅炉的运行效果 (%)

粒 度	飞灰含碳量 C_f	底渣含碳量 C_d	机械不完全燃烧损失 q_4	热效率 η
细粒度	34.7	5.2	18.91	74.08
中等粒度	45.3	5.6	25.00	68.82
粗粒度	34.49	4.23	72.35	72.35

4.2 煤矸石的流化床燃烧

中国是世界上最大的煤炭生产和消费国，虽然原煤入选率还不高，但矸石产量和积存总量都很大，利用率也不高。根据国家发改委公布的《“十一五”资源综合利用指导意见》，到2010年煤矸石综合利用率将达到70%。我国煤矸石产量很大，约占当年原煤产量的10%~15%，目前，我国煤矸石山1500多座，累计堆积量达（30~35）$\times 10^8$t以上，占地约（1.2~1.3）$\times 10^4$hm^2，并且每年还在以（1.5~2）$\times 10^8$t的数量增加。

为了配套国家加快煤矸石等低热值资源综合利用，推动全国节能减排工作的需要，国家发改委确定在2007年至2010年，全国将新建煤矸石综合利用电厂50座，总装机容量2000万kW。根据现有的CFB技术和运行经验研究认为，已经有条件采用300MW等级亚临界的循环流化床锅炉燃用煤矸石。大容量煤矸石循环流化床锅炉在工程实践中是可行的，在经济、环保方面收益更大；利用煤矸石发电，采用亚临界参数的发电机组在能源节约上符合国家的能源政策。超高压再热发电机组的发电煤耗为330g/(kW·h)左右，亚临界再热发电机组的发电煤耗为303g/(kW·h)左右，相差27g/(kW·h)左右。

国内已经投运的代表性煤矸石电厂代表如下(王大军，2007)：

(1) 50MW等级高压机组，河南焦煤冯营电力公司2×220t/h循环流化床锅炉机组，燃用煤矸石发电，整体运行情况良好。

(2) 135MW等级超高压再热机组，辽宁南票劣质煤热电有限公司2×410t/h循环流化床锅炉机组，燃用煤矸石发电，运行情况良好。

(3) 150MW 等级超高压再热机组，攀枝花发电公司 2×460t/h 循环流化床锅炉机组，燃用煤矸石发电，运行情况良好。

(4) 300MW 等级亚临界再热机组（在建），淮北临涣煤泥矸石电厂一期工程 2×300MW 循环流化床锅炉机组正在施工，设计燃用中煤、煤矸石、煤泥发电，已参加过该项目的设计、审查、评标工作。

4.2.1 煤矸石的分类

按碳含量可将煤矸石分为四类：第一类 $w(\mathrm{C})<4\%$，第二类 $w(\mathrm{C})=4\%\sim6\%$，第三类 $w(\mathrm{C})=6\%\sim20\%$，第四类 $w(\mathrm{C})>20\%$。第四类煤矸石发热量较高，一般先用作燃料，燃烧后的灰渣再用作其他用途。还可以按硫含量将煤矸石分为四类：第一类 $w(\mathrm{S})<0.5\%$，第二类 $w(\mathrm{S})=0.5\%\sim3\%$，第三类 $w(\mathrm{S})=3\%\sim5\%$，第四类 $w(\mathrm{S})>5\%$，一般全硫含量达 5% 的煤矸石可回收利用。煤矸石中的铝硅比也是确定其综合利用的主要因素，铝硅比大于 0.5 的煤矸石，铝含量高，硅含量较低，其中的矿物成分以高岭石为主，可塑性较好，可用作制高级陶瓷及分子筛的原料；铝硅比大于 0.3 的煤矸石，矿物成分主要是石英、长石、菱铁矿等，可塑性较差。

4.2.2 煤矸石的性质

由于煤矸石来源不同，堆放时间不同，其性质变化很大。煤矸石的灰分可以达到 50%～90% 之间。所含的可燃成分不多，具有一定热值，热值很少超过 17MJ/kg。煤矸石资料统计显示，同一矿区煤矸石发热量大小与固定碳和挥发分含量成正比，其中固定碳多少起决定作用。

根据我国流化床锅炉发展经历，发热量超过 6.27MJ/kg 就可以作为流化床锅炉燃料。热值低些虽然也能作为流化床锅炉燃料，但会带来处理灰量大、锅炉磨损、风机压头等一系列问题。

我国煤矸石中硫含量通常不高(与原煤含硫量有关)，硫含量超过1%的不多。但有些煤矸石含硫很高，有记录的煤矸石含硫量高达18.98%（四川南桐煤矿 $w(S)=18.98\%$，贵州六枝 $w(S)=8\% \sim 16.08\%$），煤矸石中的硫大部分是黄铁矿硫。煤矸石中的三氧化二铝可用于生产各种铝化工产品，如氯化铝、聚合铝等。煤矸石中三氧化二铝含量在30%左右，内蒙古海勃湾煤矿煤矸石中三氧化二铝的最高记录高达47.07%，河北兴隆矿区、马圈子和山西小峪煤矿的煤矸石都在46%以上。

煤矸石中还含有一些有用元素，其中一些具有经济利用价值。如辽宁南票和四川嘉阳煤矸石中高岭土含量高，山东兖州的唐村矿煤矸石烧后CaO含量高达86.09%（陕西蒲白和澄合的CaO含量为68%和78%）可以当作石灰石矿，河北开滦矿区和四川华蓥山矿区的煤矸石中含有稀土金属镓（含量 $5\times10^{-3}\%$ 以上）。表4-10是煤矸石灰的主要化学成分。

表4-10 煤矸石灰的化学组成 （%）

成分	SiO_2	Al_2O_3	Fe_2O_3	CaO	MgO	SO_2	K_2O+Na_2O
含量	52~65	16~36	2.3~14.6	0.4~2.3	0.4~2.4	0.9~4.0	1.5~3.9

煤矸石利用是一个世界性问题，既要从经典的资源利用角度考虑，也要从可持续发展和循环经济的角度考虑。煤矸石综合利用的主要途径有燃烧利用、建材原料、提取化工原料、造气以及型砂型粉、提取伴生元素。表4-11给出可以大规模利用的成熟途径。

表4-11 煤矸石的合理利用途径

热值范围/$kJ\cdot kg^{-1}$	合理利用途径	说明
<2090	回填、修路、造地、制骨料	制骨料以砂岩未燃矸石为宜
2090~4180	烧内燃砖	CaO含量小于5%
4180~6270	烧石灰	渣可作混合料和骨料
6270~8360	烧混合料、制骨料、生产水泥	用于小型沸腾炉供热产汽
8360~10450	烧混合料、制骨料、生产水泥	用于小型沸腾炉供热产汽

4.2.3　煤矸石的流化床燃烧特性

煤矸石是否可以燃烧利用，主要取决于经济性。作为煤矸石燃烧最合适的燃烧装置，鼓泡流化床锅炉和循环流化床锅炉在技术上是完全成熟的。煤矸石燃烧的第一个技术经济问题是煤矸石的热值问题。图 4-13 是某矿区原煤、洗中煤和煤矸石热值与灰分含量曲线，相关性比较好。

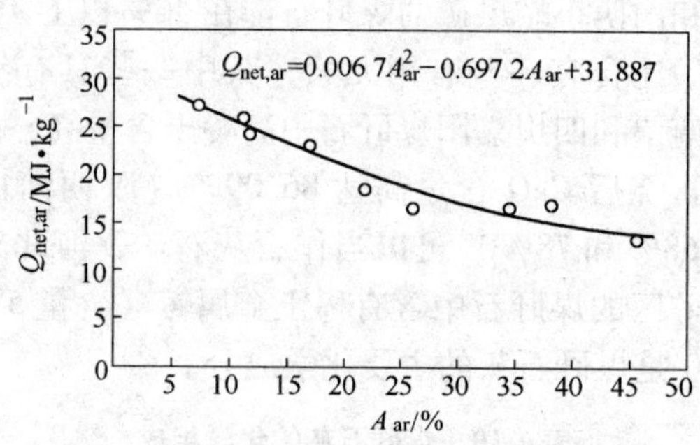

图 4-13　某地区煤 $Q_{net,ar}$ 与 A_{ar} 的关系曲线

（包括原煤、洗中煤和煤矸石）

流化床锅炉燃用原煤和矸石混合物，首先需要确定合理的掺烧比例。定义混烧煤矸石的掺矸率 b 为：

$$b = \frac{A_{rl} - A_{ym}}{A_{gs} - A_{ym}} \times 100\% \tag{4-2}$$

式中　A_{rl}——入炉燃料收到基灰分，%；

A_{ym}——原煤收到基灰分，%；

A_{gs}——矸石收到基灰分，%。

通过掺矸率的概念可以确定实际运行中掺烧煤矸石量。张敏等（2007）报道了一台 130t/h 循环流化床锅炉上混烧煤矸石的掺矸率变化及运行效果。事实上，掺烧煤矸石无法做到一成不变的比例。实际掺烧过程中需要考虑实际燃料特性（原煤和煤矸石）的统计数据和掺烧煤矸石工况试验，借鉴国内外 CFB 锅炉掺烧煤矸石经验，综合考虑当地燃料资源和价格、运行经济性、设备情况和运行技术水平等多方面因素，确定出最佳的入炉燃料收到基灰分和收到基热值 $Q_{net,ar}$。由原煤灰分 A_{ym} 和矸石灰分 A_{gs} 计算出掺矸率，同时还要留出一定的波动范围。表 4-12 是该 130t/h 循环流化床锅炉掺矸率的计算结果。根据技术经济考虑确定最佳掺矸率并保留 ±5% 的波动范围指导运行以及极限掺矸率。

表 4-12 实际掺矸石量及节约燃料费用计算结果①

项 目	最佳值	上限值	下限值	极限值
原煤平均灰分/%	9.46	9.46	9.46	9.46
原煤计算热值(根据灰分)/MJ · kg^{-1}	25.891	25.891	25.891	25.891
锅炉全燃原煤时给煤量/kg · h^{-1}	15785	15785	15785	15785
矸石平均灰分/%	46.03	46.03	46.03	46.03
矸石计算热值(根据灰分)/MJ · kg^{-1}	13.991	13.991	13.991	13.991
入炉燃料灰分(选择)/%	20.43	18.60	22.26	25.92
掺矸率/%	30	25	35	45
实际掺矸量/kg · h^{-1}	8763	7303	10224	13145
节省原煤量/kg · h^{-1}	4735	3946	5525	7103
每小时单炉节约燃料费/元 · h^{-1}	360	300	420	540
每年单炉节约燃料费(6000h/年)/万元 · 年$^{-1}$	216	180	252	324
对应入炉燃料热值②(计算)/MJ · kg^{-1}	20.44	21.24	19.69	18.32

① 本表以锅炉额定负荷计算；② 表中热值根据灰分按“热值 - 灰分”经验公式计算。

4.2.4 掺烧煤矸石应注意的问题

（1）为保证锅炉安全稳定运行，应保证入炉煤粒度、水分合格，调整掺矸石量。

（2）掺矸量变化将改变炉内燃烧和传热，运行中注意蒸汽参数变化。

(3) 掺烧煤矸石使燃料制备系统的破碎、筛分难度和出力增大，注意防止过多的大颗粒出现。

(4) 掺烧煤矸石会使底渣排放量增加。应注意保证正常排渣、冷渣和及时输渣，设计上要留有余地。同时，除尘器进口的飞灰浓度也会提高，除尘器工作负荷增大。

(5) 掺烧煤矸石会明显增大炉内受热面磨损速率。应加强对易磨损部位的监测和记录，以延长锅炉连续运行周期。

秦广明（2007）对一台260t/h循环流化床锅炉掺烧煤矸石进行了试验研究，同时比较了福建和山东的两台掺烧煤矸石的循环流化床锅炉。试验分三个工况，掺烧煤矸石比例分别为25%、35%和50%。随着掺烧煤矸石比例提高，入炉燃料的水分下降，灰分增加，挥发分先升后降。入炉热值从14.339MJ/kg经13.277MJ/kg降到12.78MJ/kg。表4-13给出三个工况的实际运行结果。与另外两台掺烧煤矸石的循环流化床锅炉比较得出结论：

(1) 两者的料层压力差有较大的差异，小容量循环流化床倾向于选择“高位”，即料层压力差较大（一些文章甚至提出料层压力差不低于7.9kPa），而大容量流化床倾向于选择“中位”，即料层压力差中等，因为料层压力差太大，料层太厚，会影响流化效果。

(2) 两者的床温均维持在900℃左右，显然，中温燃烧方式带来许多好处，无论是小容量循环流化床还是大容量循环流化床都采用。

(3) 对于省煤器前烟气中氧的体积分数，两者有较大的差异，小容量循环流化床倾向于选择“高氧量”，即烟气中氧的体积分数较大，一般为5%～7%，而大容量循环流化床倾向于选择“中氧量”，即烟气中氧的体积分数中等，一般为2%～4%。

掺烧煤矸石越多，入炉燃料中灰分含量就越多。对于入炉燃料的粒度控制就需要格外注意。一是因为煤矸石密度通常大于原煤，一旦粒度增大，会在流化床下部大量沉积，导致床压过大，有时会超出鼓风机的承受能力，导致冷渣排放时间缩短，操作人员劳动强度增大。二是因为煤矸石颗粒硬度大，虽然颗粒之间或颗粒与炉墙之间碰撞强烈且次数很多，但颗粒尺寸降低幅度不大。三是因为煤矸石颗粒形貌不规则，在流化床中处于床底的时间较多。流化床底部由于受到一次风的冷却，燃烧反应很弱，正常流化范围内化学反应使颗粒尺寸减少幅度有限。

此外，一旦掺烧煤矸石循环流化床锅炉采用风水联合冷却的流化床外置式换热器，由于煤矸石的特点，会带来外置式换热器的运行故障，需要特别保证入炉燃料的筛分尺寸在合理范围内且有适当的筛分分布。

表4-13是秦广明对三台掺烧煤矸石的循环流化床锅炉进行的比较结果。

表4-13　CFB混烧煤矸石的比较

参　数	福建某电厂	山东某电厂	粤北某电厂
$w_{ar}(M)/\%$	6.50		8.43
$w_{ar}(A)/\%$	50.40		48.33
$w_{ar}(V)/\%$	7.12		6.02
$Q_{net,ar}/(MJ \cdot kg^{-1})$		12.488	12.780
蒸发量/$(t \cdot h^{-1})$	35	76	251
蒸汽压力/MPa	3.79	3.7	9.10
蒸汽温度/℃	433	446	532
料层压力差/kPa		7.0	5.60
床温/℃		940	903
省煤器前烟气中氧的体积分数/%	6.8	7.1	2.5
排烟温度/℃	131	138	147

4.2.5　煤矸石循环流化床锅炉运行实绩

内蒙古准能矸电有限公司两台150MW CFB机组2006年4月正式进入商业化运营，生产运行经历了由不稳定到稳定的过渡过程。截至2007年5月，1号炉累计运行9886h，2号炉累计运行8837h，机组实现安全运行240天，2号机组实现单机连续运行105天的好成绩。

燃烧煤矸石的循环流化床锅炉（见图4-14）是东方锅炉

(集团) 股份有限公司制造的 DG480/13.73 - Ⅱ11 型锅炉。单汽包，自然循环，一次中间再热系统；炉膛由膜式水冷壁组成，炉内布置有一片水冷分隔墙，6 片屏式过热器，4 片屏式再热器；分离器采用汽冷式旋风分离器；给煤采用前墙多点均匀给煤（6 台给煤机）；点火方式采用床下点火启动（两台启动燃烧器）；排渣方式为侧墙排渣（4 台风冷式冷渣器）。

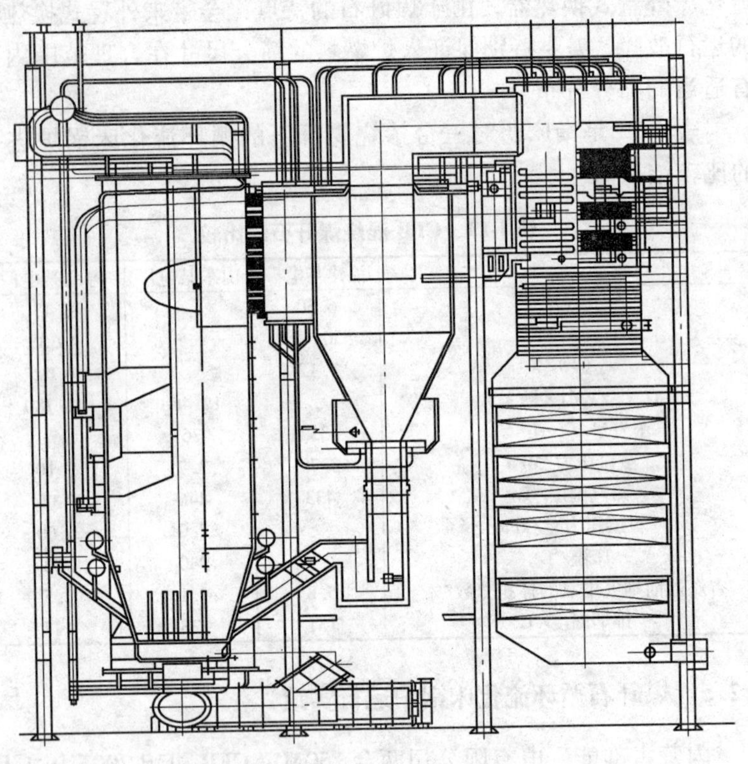

图 4-14　燃烧煤矸石的 CFB 锅炉

锅炉基本参数为：过热蒸汽流量 480t/h；过热蒸汽压力 13.73MPa；过热蒸汽温度 540℃；再热蒸汽流量 390.52t/h；再热蒸汽进/出口压力 2.86 /2.68 MPa；再热蒸汽进/出口温度 316/540℃；给水温度 248℃；高加全切除的给水温度 167℃；锅

炉效率88.7%。煤矸石技术特性见表4-14。

表4-14 煤矸石技术特性

成分	C_{ar}	H_{ar}	O_{ar}	N_{ar}	S_{ar}	M_{ar}	A_{ar}	V_{daf}	*LHV*	Q_{fuel}	*d*
单位	%	%	%	%	%	%	%	%	kJ/kg	t/h	mm
数值	37.62	2.30	11.56	0.61	0.23	8.04	39.64	43.60	13390	111.4	$d_{max}=9$ $d_{50}=0.9$

根据该厂的报道，两台锅炉燃烧煤矸石运行燃烧稳定。锅炉能够达到额定出力和规范中规定的蒸汽参数，满负荷时受热面没有超温现象，锅炉效率达到88%以上，冷渣器改造后运行稳定，排渣温度小于100℃。

两台锅炉年消耗准格尔露天矿煤矸石60余万吨，避免能源的浪费，变废为宝，减少废弃煤矸石对地区环境的污染。

燃烧后各项污染物排放指标达到环保要求，各项污染物排放实测数据见表4-15。

表4-15 准格尔150MW CFB机组有害物排放特性

污染物名称	实测最大值	地区标准值
烟尘排放浓度（标态）/mg·m^{-3}	40.62	200
SO_2 排放浓度（标态）/mg·m^{-3}	238.9	800
NO_x 排放浓度（标态）/mg·m^{-3}	101.0	450
除尘效率99.5%		

4.2.6 大型煤矸石循环流化床锅炉可能出现的问题

300MW燃煤循环流化床锅炉已经基本成熟，已经建成投运的十多台锅炉虽然出现了一些问题，但锅炉运行可以保证锅炉规范参数。经过技术修正和改造、摸索运行经验、完善操作规程，锅炉高水平的经济运行指日可待。

燃烧煤矸石的300MW循环流化床锅炉还没有运行产品，运行经验还无从谈起。但从大型燃煤循环流化床锅炉发展历程看，煤矸石电厂与燃煤电厂一样将面临下述问题：

（1）多个法人单位共同实施一个项目。

1）燃料制备、给料和风系统连接等由电力设计院负责；

2）锅炉主机设备由锅炉制造厂提供；

3）其他辅机和主要设备招标采购。

工程项目由多个单位实施，项目的责任由多方承担。合作单位在配合上容易存在各种问题，各自行业的设计规程未能及时完善（甚至有错误），工程方案中就出现不合理的情况。

（2）煤矸石电厂存在的问题可分为三类：系统设计问题，设备制造问题，设备安装问题。例如：煤、石灰石的破碎（破碎、筛分）、大渣的处理（冷却、输送）、飞灰处理（捕捉、输送）、风机匹配、锅炉磨损可控、吹灰效果可控、耐火材料可靠性等。

为解决应对煤矸石循环流化床锅炉上的这些问题，需要从设计、制造和安装等起始阶段为锅炉运行打好基础。

燃料制备使用煤粒预制概念。采用预制、大干煤棚堆放，两级破碎三级筛分在煤场完成。破碎机采用煤布料器，以保证破碎机的性能得到保证。

由于煤粒尺寸达不到设计要求，带来的主要问题有：

（1）入炉煤粒径范围及其分布不合格。入炉煤粒径分布达不到锅炉厂提出的设计要求，是影响锅炉正常运行的重要原因。将造成燃烧效率不高，磨损严重，对锅炉的经济性与可靠性十分不利。

（2）煤仓堵煤。与煤粉锅炉原煤相比，堆放在煤仓的循环流化床锅炉的入炉煤粒径较小，一旦发生堵煤，会影响锅炉的正常运行。各种振动、松动机械、内衬等效果不十分明显。煤仓（钢结构部分）设计可以采用不对称、大出口设计，从根本上防止堵煤。

（3）筛煤系统堵煤。颗粒度过大或燃煤水分偏高都会造成筛煤系统堵塞，需要选择性能优良的筛煤机。破碎机与筛分机的良好配合，可以达到通过系统来保证煤的粒径分配的效果。

（4）冷渣器能力不足。风水联合冷渣器不适应颗粒度大的场合，在燃用煤矸石的情况下，要特别保证入炉燃料尺寸才能稳定工作。常用的滚筒式冷渣器存在实际出力小、漏灰、漏水问题。由于中煤、煤矸石、煤泥等发热量低、灰分高等特点，300MW 循环流化床锅炉大渣排出总量高达 50～70t/h，需要研发实际排渣能力为 20～30t/h 的冷渣器。目前，循环流化床锅炉配套滚筒冷渣器实际出力小于铭牌出力，造成排渣温度高。

（5）电除尘输灰系统容易损坏，除尘效率不高。循环流化床锅炉烟气中 SO_x 的含量低（调质差），烟气粉尘含量高，CaO 和 $CaSO_4$ 增加，导致烟尘的比电阻增加，造成粉尘荷电困难。由于粉尘总量增加，输灰系统容易堵塞，造成电场被迫停运的事故。

（6）炉膛和尾部烟道受热面容易磨损。300MW 循环流化床锅炉的入炉煤量高达 288t/h，同时需要投入石灰石进行脱硫，所以，炉内实际物料浓度偏高，与燃用其他煤种的锅炉相比，其炉膛和尾部烟道受热面更容易磨损。

4.3 洗煤泥的流化床燃烧

洗煤泥是选煤厂的副产品，产量约为入洗原煤的 5%～10%，其固态发热量为 14.7～18.9MJ/kg，由煤炭、矸石与黏土混合组成，一般浓度（含固量）为 72%～77%，颗粒直径小于 0.5mm，是一种高浓度、高黏度的黏稠物料，其表观黏度变化较大（$10 \sim 10^3$ Pa · s），均匀混合后属于典型的非牛顿流体，流动性小，黏结性大。煤泥堆积形态极不稳定，自流而不成形，遇水易流失、风干即飞扬，易产生环境污染。

2006 年煤炭工业技术委员会认为：预计到 2010 年和 2020 年，我国煤炭需求量将分别达到 23.4 亿 t 和 28.4 亿 t，目前我国入选煤量已达到原煤的 35%，2006 年煤炭产量达到 23.25 亿 t，入选煤量达到 7.45 亿 t，仅 2006 年一年里煤泥的产量就达到了 7500 万 t。

目前锅炉燃用煤泥有三种方法：用循环流化床锅炉燃浓煤泥；用沸腾炉燃用高水分煤泥；将煤泥制成型煤燃烧。在这三种方法中，使用较方便，燃烧效率最高的方法是循环流化床燃烧，一般煤泥与矸石的重量比例为7∶3（张缦，别如山，2007）。

流化床具有很强的洗煤泥燃烧能力，每平方米布风板可以处理洗煤泥6000t/(a·m^2)。根据经验预测，一台35t/h鼓泡流化床锅炉每年可以处理10万t煤泥，如果配6MW发电机组，效益会更好。

浙江大学从20世纪80年代初开始洗煤泥燃烧研究，从小型试验台(0.25m和0.5m)开始，经10t/h和35t/h洗煤泥流化床锅炉逐渐将洗煤泥流化床燃烧技术推向成熟。

我国最早的洗煤泥流化床锅炉是浙江大学在永荣电厂设计建造的，是“六五”国家攻关课题“10t/h洗煤泥流化床锅炉”的技术内容。

目前我国燃烧洗煤泥的流化床锅炉已有数百台，最大的洗煤泥流化床锅炉容量已达300MW（建设中）。

4.3.1 煤水混合物燃烧技术特点

（1）床内洗煤泥结团燃烧。由100%小于0.5mm细颗粒组成的洗煤泥（煤水混合物）被以较大成型状态送入高温流化床时，迅速形成具有一定强度和耐磨性的较大块团，并通过包覆或黏连床内的其他颗粒而形成较大的块团形成凝聚结团燃烧。

（2）异重流化床燃烧。选择石英砂作为流化床基本床料，石英砂的重度比煤泥凝聚团高3～4倍，会呈现一种“浮力效应”，使洗煤泥凝聚团不会在床内沉积。异重流化床可以通过选择床料颗粒度达到需要的断面热强度，也可以根据所选择的床料来组织流化工况而不必考虑凝聚团可能沉积的影响，使运行调节变得简单灵活。

（3）采用螺旋压入式高位成型给料或泵送给料工艺。洗煤泥螺旋压入式大粒度高位给料技术，除极少数细颗粒燃料被气流带出流化床外，大多数燃料都以凝聚团的形式留在床内逐步燃烧，达到较高的燃烧效率。

（4）不排渣运行。采用不排渣运行方式，除了能够防止大密度床料的消耗，保证床层的稳定，又避免可燃物的排渣损失，进一步提高燃烧效率。锅炉燃烧效率达96%，锅炉热效率达87%以上。

（5）洗煤泥流化床燃烧的排放特性。与燃煤循环流化床锅炉一样，洗煤泥流化床锅炉的有害物排放也有一个最佳运行温度。随着运行床温提高，燃烧效率和炉内传热系数都随之提高，但脱硫效率出现最大值（见图4-15）。

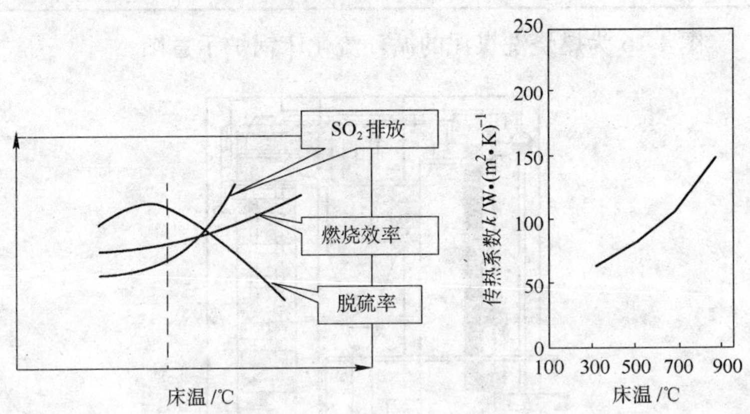

图4-15　洗煤泥循环流化床锅炉的燃烧、传热和SO_2排放特性

4.3.2　济三电厂135MW洗煤泥机组简介

该锅炉由哈尔滨锅炉有限责任公司制造，锅炉型号为HG-440/13.7-L.YM13。锅炉型式为超高压一次中间再热、集中下降管、单汽包自然循环、平衡通风、循环流化床蒸汽锅炉。原设计燃料是由25%煤泥、10%洗矸、65%洗中煤组成的混煤，后墙给煤。实际运行使用的燃料为62%的洗煤泥，38%的洗中煤，

洗矸使用量为零。共采用四套出力为 12.5m^3/h 的煤泥泵系统，每套系统包括：煤泥仓（容积 93m^3）、拨料臂、出料螺旋、预压螺旋、一套双缸煤泥活塞泵、煤泥喷枪及附属管路组成泵送系统，两个煤泥喷枪（每支煤泥喷枪最大出力 7.5t/h）。四套系统为两台锅炉输送煤泥。表 4-16 给出了该锅炉机组的主要参数。

表 4-16 锅炉机组主要参数

名称	过热蒸汽量 /$t \cdot h^{-1}$	过热蒸汽压力 /MPa	过热蒸汽温度 /℃	再热蒸汽流量 /$t \cdot h^{-1}$	再热器进口压力 /MPa	再热器出口压力 /MPa	再热器进口温度 /℃	再热器出口温度 /℃	给水温度 /℃	排烟温度 /℃	锅炉效率 /%
参数	440	13.7	540	365.6	2.69	2.55	310	540	247	141	90.1

图 4-16 为燃烧洗煤泥的循环流化床锅炉示意图。

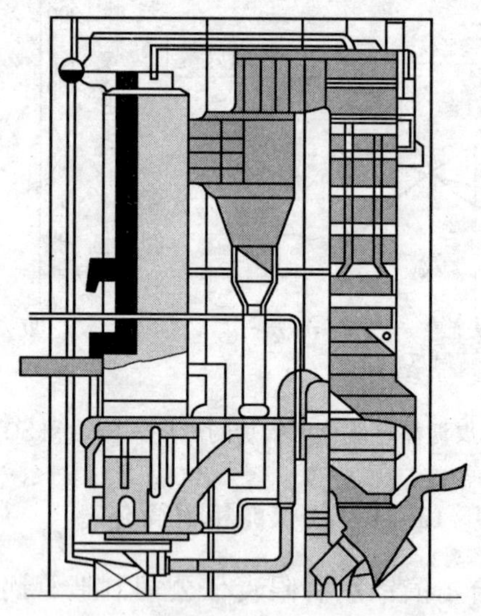

图 4-16 燃烧洗煤泥的 CFB 锅炉

表 4-17 是该 135MW 煤泥机组燃用洗中煤和洗煤泥与洗中煤混烧的运行效果。

表 4-17 135MW 煤泥循环流化床的运行效果

项 目	只燃用中煤	燃用煤泥和中煤
下部平均床温/℃	885	900
中部平均床温/℃	900	920
炉膛出口温度/℃	820/830	840/850
一次风量（标态）/$m^3 \cdot h^{-1}$	180000	170000
二次风量（标态）/$m^3 \cdot h^{-1}$	175000	190000
氧量/%	4.2	3.5
床压/kPa	7.5	6.8
主汽流量/$t \cdot h^{-1}$	412	413
主汽温度/℃	535	535
排烟温度/℃	143	148
排渣次数/次·h^{-1}	6	2
渣含碳量/%		0.93
灰含碳量/%		7
燃料用量/$t \cdot h^{-1}$	100	60 +38
燃料价格/元·t^{-1}	205	35

4.3.3 洗煤泥流化床燃烧存在的问题及解决措施

洗煤泥流化床循环燃烧锅炉，因采用高密度、耐磨性好的石英砂作为底料，以及煤水混合物燃料的水分较大（收到基水分 $w_{ar}=25\% \sim 30\%$）的特点，存在着下述问题。

从燃料角度看：

(1) 煤泥黏性大、水分高，装卸和运输困难，易造成二次污染；

(2) 煤泥无法均匀、合理进入锅炉炉膛；

(3) 煤泥水分高、灰分高、颗粒细，难以组织合理的燃烧，要求更高的旋风分离器效率。

从锅炉角度看：

(1) 锅炉的埋管受热面磨损严重，故障率高，停炉频繁；

(2) 膜式水冷壁、省煤器等受热面以及风帽、旋风分离器排气筒、燃烧室内衬耐火混凝土磨损明显；

(3) 送、引风机导致厂用电率较高，有的高达 14% ~15%；

(4) 锅炉飞灰含碳量较高，锅炉效率低于设计水平；

（5）额定出力下锅炉床温水平较高，大部分锅炉的运行床温达950～1050℃，不利于脱硫。

随着洗煤泥流化床燃烧技术的发展，一些厂家的产品在生产运行中经历了不断完善和提高的过程。孔庆民（2007）报道了一台75t/h洗煤泥循环流化床锅炉经过技术改进，已经连续运行3000h，年累计运行7400h的好成绩。

洗煤泥流化床锅炉发展过程中，经历了生产厂家完善（产品设计、制造工艺完善）、用户完善（变更系统设计、改变锅炉局部结构）等过程。如东庞矸石热电厂75t/h循环流化床洗煤泥锅炉，投运伊始出力50t/h左右，炉膛沸下温度较高，约980℃，炉膛出口烟温仅为700℃左右，造成极大浪费。用户进行的技术改造措施包括：

（1）埋管受热面改造。增加埋管受热面并将埋管受热面整体下移。埋管共计22组、规格为$\phi57\times10$，将原来每组纵向4排增加为每组纵向5排，增加埋管受热面积10.78m^2。将埋管受热面整体下移100mm，提高埋管有效受热面积。通过增加埋管纵向排数，使埋管浸入料层的有效面积增加8.33m^2。锅炉出力提高60%。

（2）其他改造。同时改造了省煤器（增加了一组中间联箱）、旋风分离器改造、给煤机改造、烟风道改造等多项内容。改造前后锅炉性能比较见表4-18。

表4-18　技改前后锅炉参数对照表

项目	沸下温度/℃	送风机开度/%	锅炉出力/$t\cdot h^{-1}$	蒸汽压力/MPa	平均运行周期/d	炉膛出口温度/℃
改造前	980	60	52	3.6	18	720
改造后	950	35	80	3.8	60	830

枣庄矿业集团蒋庄煤矸石热电公司75t/h洗煤泥流化床锅炉采取了压力输送、高位给料（煤泥给入点设在炉膛顶部）、高位

燃带、低流化风速、蜗壳式旋风分离器（$d_{99}<80\mu m$，$d_{50}<20\mu m$）、二次风前后布置等措施改造循环流化床锅炉。实际运行表明，锅炉出力、蒸汽参数都能达到设计要求。锅炉负荷调节能力强，可在30%～110%下运行，燃烧稳定。燃用的洗煤泥性质见表4-19。

表4-19 煤水混合物CFB燃料特性

项目	C_{ar} /%	H_{ar} /%	O_{ar} /%	N_{ar} /%	S_{ar} /%	A_{ar} /%	W_{ar} /%	V_{ar} /%	$Q_{net.ar}$ /J·g^{-1}	DT /℃	ST /℃	FT /℃	D /mm
洗煤泥	34.51～42.29	2.31～2.62	6.39～7.64	0.61～0.79	0.43～0.50	20.10～32.04	20.73～32.04	37.25～42.34	12348～15800	1250～1270	1290～1350	1300～1390	100%<0.5
洗矸石	33.82	2.44	2.88	1.24	0.56	52.91	6.15	18.85	11530				

兴隆庄煤泥电厂75t/h洗煤泥流化床循环燃烧锅炉加厚了埋管受面壁厚，将埋管管径由$\phi51\times5$，改造更换为$\phi51\times7$，甚至$\phi51\times10$，相应加厚埋管壁厚2～5mm。由原来设计的圆周方向均布6道通长的16Mn防磨鳍片更换为不均布的7道的1Cr18Ni9Ti防磨鳍片，严重磨损部位采用8道通长的更耐高温、耐磨损的Cr25Ni20Si2防磨鳍片，较采用表面喷涂镍基金属等防磨措施综合技术经济比较既经济又简单实用。运行实践证明，埋管使用寿命由7000h提高到22000h以上。

山东华聚能源股份有限公司济二矿电厂75t/h洗煤泥循环流化床锅炉曾发生过严重的结焦现象。锅炉运行的初期，因床料结焦造成的停炉次数占总停炉次数的42%。分析认为结焦的原因有：（1）煤泥和中煤切换时，给进的煤泥量太大，床温控制不好；（2）入炉中煤颗粒过大，造成底部沉积流化不好；（3）布风床板布风不均匀，部分风帽损坏造成漏渣，风室积渣风量减少。采用的解决办法有：（1）尽量减少煤泥与中煤的切换；严格按照设计煤种和粒度要求给料，保持较理想的粒度级配，做到均匀给料。(2) 更换风帽材质。由原来 ZG4Cr26Mn4N 更换材质为 ZG8Cr26Mn7N，为使布风更加均匀，减小了风帽开孔率，由原来的 $\phi5\times16$ 改为 $\phi5\times14$。

上述改造完成后，再没出现因床料结焦造成停炉的现象。

原设计结构和改进后的结构分别如图 4-17、图 4-18 所示。

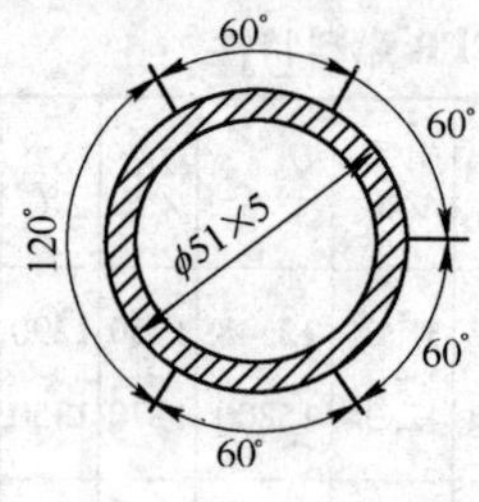

图 4-17 原设计结构

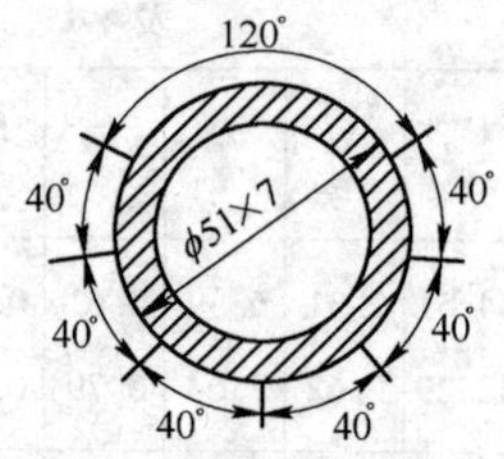

图 4-18 改进后结构

4.3.4 洗煤泥循环流化床锅炉介绍

4.3.4.1 兖矿燃用煤泥和煤矸石 50MW 循环流化床锅炉

A 锅炉总体布置

兖矿燃用煤泥和煤矸石 50MW 循环流化床锅炉，是国内首台燃用洗煤泥的大型循环流化床锅炉。锅炉主要由炉膛、高温绝热旋风分离器、双路回料阀和尾部对流烟道组成。

炉膛采用膜式水冷壁、水冷布风板、大直径钟罩式风帽，燃烧室内布置有水冷屏和二级过热器屏，燃料和石灰石在燃烧室内完成燃烧和脱硫反应后，进入高温绝热旋风分离器，分离器分离下来的灰经双路回料阀重新送回燃烧室进行燃烧和脱硫反应，经分离器净化过的烟气进入尾部对流烟道，烟道内依次布置有三级过热器、一级过热器、省煤器和管式空气预热器，如图 4-19 所示。

B 设计燃料

锅炉的设计燃料为 70% 煤泥和 30% 煤矸石的混合燃料，煤泥分析、矸石及混合后燃料分析见表 4-20。

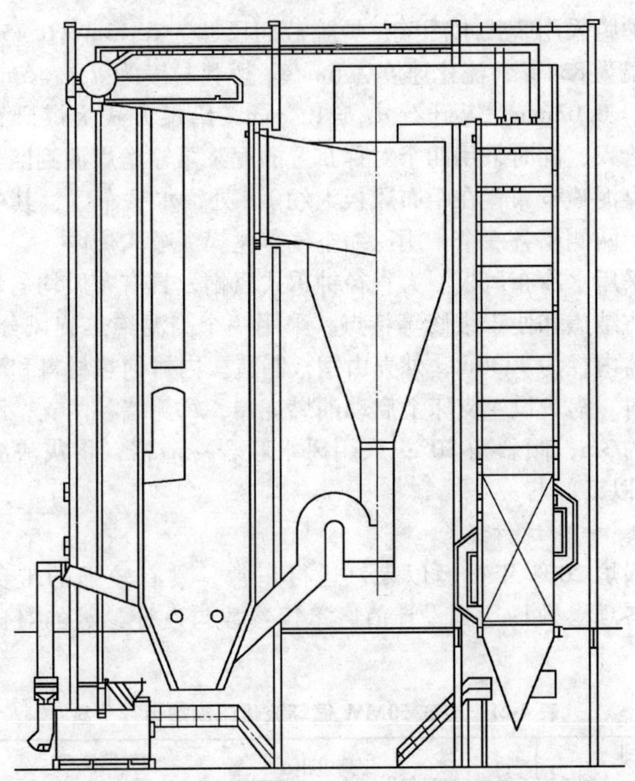

图 4-19 兖矿 50MW CFB 锅炉总图

表 4-20 兖矿 50MW 循环流化床锅炉燃料分析

项目	C_{ar} /%	H_{ar} /%	O_{ar} /%	N_{ar} /%	S_{ar} /%	A_{ar} /%	M_{ar} /%	V_{daf} /%	$Q_{net,ar}$ /kJ·kg^{-1}
煤泥	43.25	2.89	6.59	0.8	0.42	17.05	29	38.07	16309
煤矸石	30.46	2.07	8.2	0.52	0.62	53.83	4.3	43.32	11182
混合后（设计燃料）	39.41	2.64	7.07	0.72	0.48	28.09	21.59	39.65	14771

C　设计特点

炉膛采用膜式水冷壁，炉膛截面尺寸为6.45m×6.45m。炉膛床温为854℃，流化速度为6m/s。燃料粒度为 $d_{max}=5mm$，煤泥 $d_{50}=0.03mm$，煤矸石 $d_{50}=1.4mm$，给煤方式为煤矸石从回料阀给入；同时采用四个对称布置的泥浆泵输送煤泥到四个煤泥枪，煤泥喷枪布置在距布风板上约1m处，水平布置，其中前墙两个，两侧墙各一个，用压缩空气雾化煤泥喷入炉内。

采用水冷布风板、大直径钟罩式风帽，具有布风均匀、防堵塞、防结焦和便于维修等特点。采用一个高温绝热旋风分离器，分离器内径为7.36m，外壳由钢板制造，内衬绝热材料和耐磨耐火材料。锅炉设4支床上启动油燃烧器，每侧墙各两支，距布风板上约3m，倾斜角30°；采用风水联合冷渣器，将灰渣冷却到150℃以下。

D　锅炉运行经验

锅炉2003年投运以来，运行正常，具有较强的带负荷能力，各项参数均达到设计值。运行参数与设计参数的对比见表4-21。

表4-21　兖矿50MW循环流化床锅炉运行参数

项目	给煤量 /t·h^{-1}	主汽流量 /t·h^{-1}	汽包压力/MPa	高过出口汽温/℃	烟气温度/℃				
					床温	炉膛出口	分离器出口	预热器入口	预热器出口
设计值(B-MCR)	42.4	220	108×10^2	540	860	860	860	263	142
运行值(50MW)	39.5	198	107.3×10^2	540	864	858	889	257	140

但也出现了一些问题。由于入炉煤灰分较高、入炉煤粒度无法满足设计要求。风水联合冷渣器无法正常运行，电厂已将冷渣器改为滚筒冷渣器。由于炉内过渡区采用防磨盖瓦结构，造成炉内锥段过渡区磨损较严重，现已将炉内过渡区弯管结构进行了更改，具体

结构如图4-20所示，磨损问题基本解决。

4.3.4.2 兖矿电铝分公司济三电厂135MW循环流化床锅炉

A 锅炉总体布置

2003年，哈尔滨锅炉厂有限责任公司为兖矿电铝分公司济三电厂设计制造了两台燃用煤泥和煤矸石的135MW循环流化床锅炉。锅炉总图如图4-21所示，锅炉主要由炉膛、高温绝热旋风分离器、双路回料阀和尾部对流烟道组成，与50MW循环流化床锅炉相比，增加了再热系统。

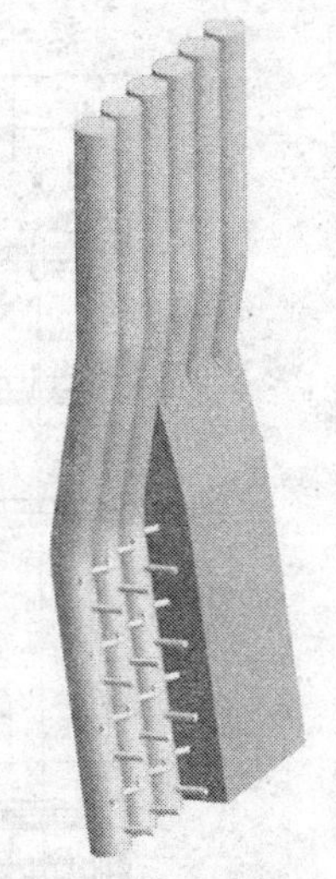

图4-20 燃烧室过渡区防磨结构

炉膛采用膜式水冷壁、水冷布风板、大直径钟罩式风帽，燃烧室内布置有双面水冷壁、二级过热器屏和高温再热器屏，燃料和石灰石在燃烧室内完成燃烧和脱硫反应后，进入高温绝热旋风分离器，分离器分离下来的灰经双路回料阀重新送回燃烧室进行燃烧和脱硫反应，经分离器净化过的烟气进入尾部对流烟道，烟道内依次布置有三级过热器、一级过热器、低温再热器、省煤器和管式空气预热器。

B 设计燃料

锅炉设计燃料为煤泥、煤矸石和洗中煤的混煤，其混煤比例为：煤泥25%、洗矸10%、洗中煤65%。煤泥、煤矸石、洗中煤混合后燃料分析见表4-22。

表4-22 兖矿电铝分公司济三电厂135MW锅炉燃料分析

项目	C_{ar} /%	H_{ar} /%	O_{ar} /%	N_{ar} /%	S_{ar} /%	A_{ar} /%	M_{ar} /%	V_{daf} /%	$Q_{net,ar}$ /kJ·kg^{-1}
煤泥	44.8	2.87	—	—	0.33	15.66	29	21.24	16860
矸石	12.15	1.21	—	—	0.29	76.45	3.8	12.67	4050
洗中煤	35.5	2.48	—	—	0.31	47.17	6.22	20.51	13330
设计燃料（混合后）	41.58	2.74	7.46	0.76	0.31	35.47	11.68	41.38	16160

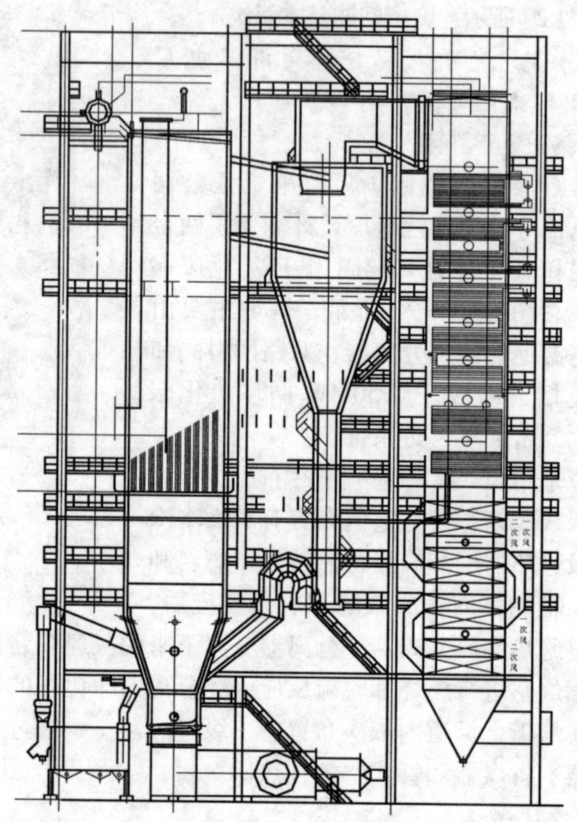

图 4-21　兖矿电铝分公司济三电厂 135MW CFB 锅炉

C　设计特点

炉膛采用膜式水冷壁，炉膛截面尺寸为 7.22m×13.7m；炉膛床温为 884℃，流化速度为 5.4m/s，燃料粒度 d_{max} =5mm，煤泥 d_{50} =0.03mm，煤矸石 d_{50} =1.4mm，给煤方式为煤矸石和洗中煤从回料阀给入，同时煤泥经四个煤泥喷枪装置送入炉内。煤泥喷枪布置在距布风板上约 1m 处，水平布置在两侧墙上每侧墙各一支，前墙上两支，煤泥喷枪与炉膛水冷壁为固定连接，煤泥用压缩空气雾化煤泥喷入炉内。采用与 50MW 相同的水冷布风板、大直径钟罩式风帽，具有布风均匀、防堵塞、防结焦和便于维修等特点。两个内径为8.08m的高温绝热旋风分离器布置在炉本体中间。锅炉采用床上和床下结合的启动点火方式，缩短启动时间，减少启动用油。启动燃烧器设计总点火容量为30.7% B-MCR，设有4支床下启动燃烧器和4支床上启动燃烧器；4支床下启动燃烧器的总启动负荷为11.9% B-MCR，4支床上启动燃烧器的总启动负荷为18.8% B-MCR。床下启动燃烧器布置在水冷风箱的下部，用4支非金属补偿器与水冷风箱相连接，冷、热态的胀差由非金属补偿器吸收。4支床上启动燃烧器分别置于两侧水冷壁上、距离布风板约3m高处、每侧墙上各两支床上启动燃烧器，床上启动燃烧器与水冷壁为固定连接，随着水冷壁的胀、缩而移动。采用风水联合冷渣器，将灰渣冷却到150℃以下。再热蒸汽采用喷水调温。

D 锅炉运行经验

锅炉自2005年投运以来，运行正常，与同容量等级的循环流化床锅炉相比，可用率较高，各项参数均达到设计值，运行参数见表4-23。

表4-23 兖矿电铝分公司济三电厂135MW循环流化床锅炉运行参数

项目	给煤量 /t·h^{-1}	主汽流量 /t·h^{-1}	汽包压力 /MPa	高过出口汽温 /℃	再热入口汽温 /℃	烟气温度/℃				
						床温	炉膛出口	分离器出口	预热器入口	预热器出口
设计值 (B-MCR)	85.2	440	15	540	310	884	840	868	282	141
设计值 (B-ECR)	76.6	393	14.75	540	311	874	840	868	275	138
运行值 (50MW)	76.9	389	14.69	540	322	881	873	913	289	147

该电厂出现的主要问题如下：

(1) 入炉煤灰分较高，入炉煤粒度无法满足设计要求，风水联合冷渣器无法正常运行，电厂已将冷渣器改为滚筒冷渣器。

（2）在锅炉设计时没有考虑锅炉的后燃现象，锅炉运行中，尾部烟道入口温度偏高，造成尾部对流受热面吸热量大于设计值，不得不加大喷水量。

（3）炉内布置屏式再热器，采用了线胀系数较大的奥氏体钢。屏长超过20m，膨胀量无法被上部的膨胀节全部吸收，造成再热屏弯曲变形较严重，但并不影响锅炉的性能。

4.3.4.3 淮北临涣300MW循环流化床锅炉

A 设计燃料

锅炉设计燃料为煤泥、煤矸石和洗中煤的混煤，混合比例为15%:45%:40%，混合后煤质见表4-24。

表4-24 锅炉设计燃料分析

C_{ar} /%	H_{ar} /%	O_{ar} /%	N_{ar} /%	S_{ar} /%	A_{ar} /%	M_{ar} /%	V_{daf} /%	$Q_{ar,net}$ /kJ · kg^{-1}
31.99	2.69	5.62	0.44	0.29	48.28	10.7	41.73	11960

B 锅炉整体布置

50MW、135MW燃用煤泥和煤矸石循环流化床锅炉的成功运行，为燃用劣质燃料CFB锅炉向大型化方向迈进奠定了坚实的基础。2006年，哈尔滨锅炉厂有限责任公司与淮北临涣电厂签订了两台300MW燃用煤泥和煤矸石的循环流化床锅炉合同。

该300MW循环流化床锅炉主要由炉膛、高温绝热旋风分离器、回料阀、外置式换热器、尾部对流烟道、风水联合冷渣器和回转式空预器等部分组成。炉膛采用膜式水冷壁，裤衩腿形双布风板、大直径钟罩式风帽，燃烧室内布置有水冷屏，锅炉共采用4个内径8m的高温绝热旋风分离器，布置在燃烧室两侧墙。每个高温绝热分离器回料腿下布置一个非机械型回料阀，回料为自平衡式。每个回料阀一侧与炉膛相连，另一侧由一个锥形阀与一个外置式换热器相连。分离器分离下来的高温物料一部分直接返送回炉膛，另一部分进入外置式换热器。锅炉总图如图 4-22 所示。

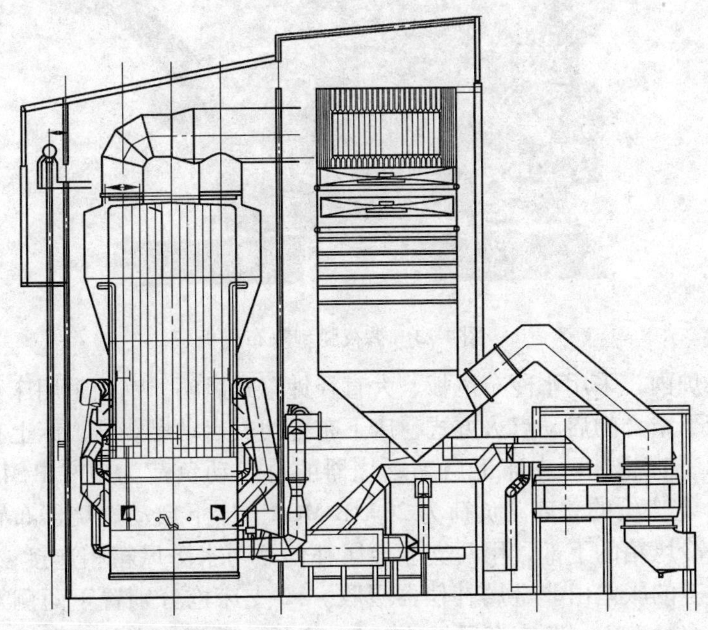

图 4-22　300MW 燃用煤泥和煤矸石的 CFB 锅炉总图

尾部对流烟道中依次布置末级过热器、低温再热器、省煤器，最后进入回转式空气预热器。

C　设计特点

炉膛采用膜式水冷壁，炉膛截面尺寸为 15.051m × 15.225m，炉膛下部采用裤衩型双布风板结构，具体结构如图 4-23 所示。

炉膛床温为 890℃，流化速度为 5.3m/s。给煤方式为煤矸石和洗中煤从回料阀给入，同时煤泥经 4 个煤泥喷枪装置送入炉内。煤泥喷枪布置在距布风板上约 3m 处，水平布置在两侧墙上，煤泥喷枪与炉膛水冷壁为固定连接。煤泥用压缩空气雾化喷

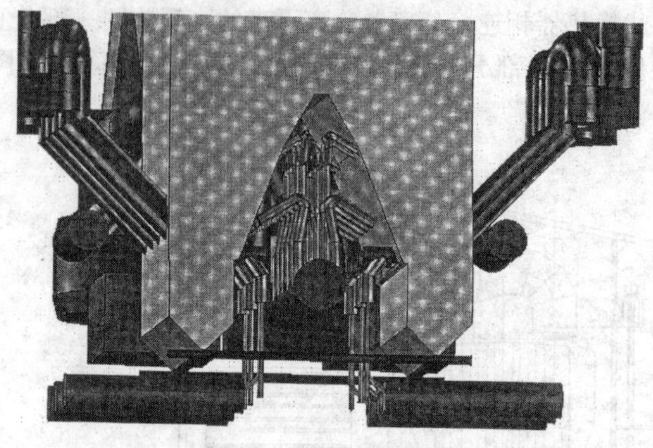

图 4-23 裤衩腿型双布风板

入炉内。采用水冷布风板、大直径钟罩式风帽。锅炉采用床上和床下结合的启动点火方式，床下布置两支启动燃烧器，床上布置12 支床枪，两支床下启动燃烧器的总启动负荷为 10% B-MCR，12 支床枪的总启动负荷为 20% B-MCR。床下启动燃烧器布置在水冷风箱的下部，用两支非金属补偿器与水冷风箱相连接，冷、热态的胀差由非金属补偿器吸收。12 支床枪分别置于两侧及前后水冷壁上、距离布风板约 1.5m 高处。采用西安热工研究院设计的风水联合冷渣器，将灰渣冷却到 150℃ 以下。与以往国内的 CFB 产品最大的区别就是在热循环回路布置外置换热器，以解决大容量 CFB 锅炉受热面布置的问题，以及床温和再热汽温的调节问题。结构如图 4-24 所示。

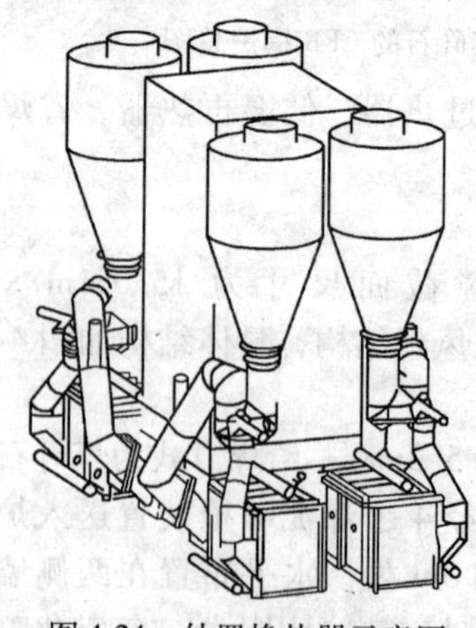

图 4-24 外置换热器示意图

锅炉共布置 4 个外置换热器，两个外置换热器中布置热段再热器和低温过热器，另外两个外置换热器中布置中温过热器。外置换热器入口设有锥型阀，通过调整锥型阀的开度来控制进入外置换热器和直接反送回炉膛的循环物料的分配。

该锅炉预计于2008年初投入商业运行。

D 锅炉主要参数

锅炉主要汽水侧参数见表4-25。

表4-25 锅炉主要设计参数

主汽流量 /t·h^{-1}	主汽压 /MPa. g	主汽温 /℃	再热入口压力 /MPa. g	再热入口温度 /℃	再热汽流量 /t·h^{-1}	再热出口压力 /MPa. g	再热出口温度 /℃	给水温度 /℃
1025	17.4	540	3.93	327	846	3.75	540	282

4.4 石油焦的流化床燃烧

对石油焦燃料的基础性研究，国外在20世纪60、70年代就开始了，国内起步较晚。石油焦并不是一种非常难燃的燃料，它的燃烧特性介于烟煤和无烟煤之间。有些石油焦和贫煤差不多，而有些石油焦的燃烧特性接近烟煤。

目前在运行的最大容量燃用石油焦的CFB锅炉就是美国佛罗里达州的300MW石油焦CFB锅炉。美国能源部资助的示范工程Northside发电厂两台容量分别为275 MW（2002年5月投运）和297.5MW（2002年2月投运）的大型CFB锅炉，纯烧石油焦以及石油焦和煤混烧都取得了成功。

4.4.1 石油焦的流化床燃烧特性

石油焦，又叫做生焦、延迟焦，是以原油蒸馏后的重油或其他重油经延迟焦化工艺生成的，是石油炼制过程的副产品。产量约占原油的25%～30%。其特点是热量高、挥发分和灰分低，硫、氮元素及钒、镍金属含量高。随着石油炼制工业的发展，石油焦产量逐年增加。据统计，我国大约每年副产2Mt高含硫石油焦。

一般认为石油焦的反应级数为 0 ~ 1，活化能为 130 ~ 170kJ/mol，这些参数随着研究者试验条件的不同而略有差异。

沈伯雄（2000a，2000b）测量了武汉石化和镇海石化石油焦的燃烧特性，获得了两种石油焦的孔隙率分布、比表面积分布、孔体积分布、热重分析和分型特征。图 4-25 是两种石油焦的比孔体积随颗粒尺寸的变化，两种石油焦比孔体积具有相同的变化趋势。颗粒越大，比孔体积的差别越小，颗粒尺寸达到一定程度，两种石油焦比孔体积趋近一致。图 4-26 和图 4-27 是镇海石油焦和武汉石油焦孔隙表面积和孔体积随燃尽度的变化。图 4-28 是两种石油焦孔体积随燃尽度的变化。

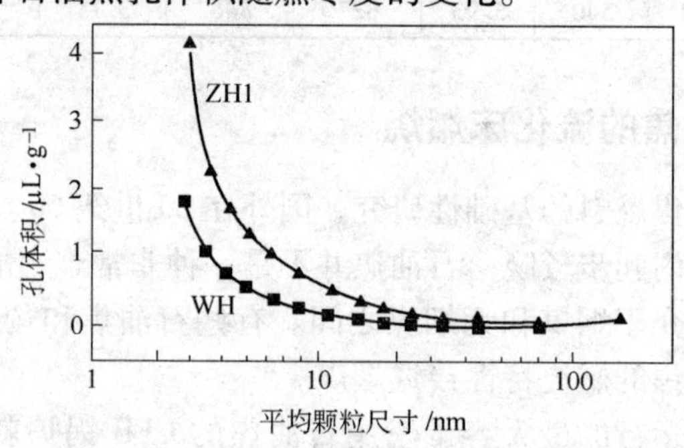

图 4-25　武汉石油焦和上海石油焦的比孔体积

石油焦热重分析显示，石油焦的燃烧过程呈明显的阶段性，图 4-29 和图 4-30 是石油焦的热重微分曲线。对于热重微分曲线的这种大幅度跳跃，沈伯雄（2000a）的解释是石油焦在初期的确发生比较大的燃烧，随后由于孔的封闭及活化反应位置的减小，石油焦的燃烧速率一下子减小很多，最后石油焦的封闭孔打开，使石油焦的燃烧处于动力控制阶段，燃烧速率又有较大的增加。

4.4.1.1　*石油焦的着火特性*

与一般的固体燃料相比，石油焦的水分含量高，挥发分含量少，这对石油焦的着火极其不利。对循环床环境下的点火，由于气流对流的散热和惰性床料的冲刷影响，更不利于石油焦的着

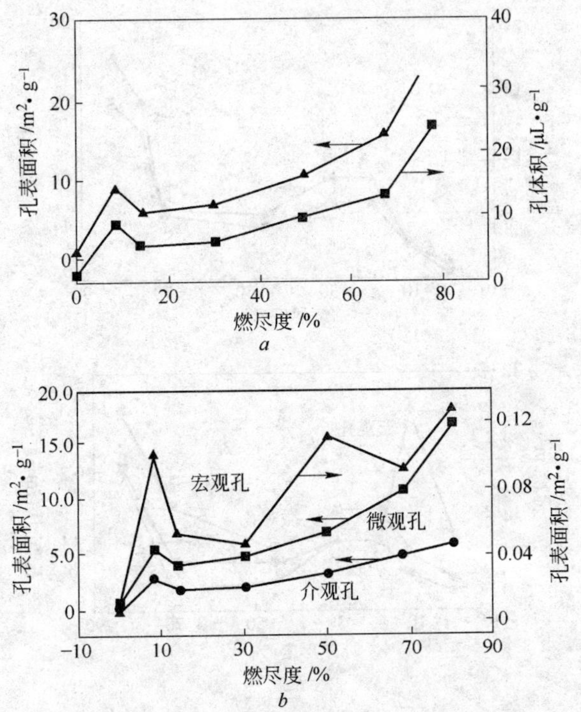

图 4-26 镇海石油焦孔隙表面积和孔体积随燃尽度的变化

a—总表面积和总体积的变化；*b*—微观、介观和宏观比表面积的变化

火。美国 NISCO 循环床锅炉采用的是管道燃烧器，一次风在送入流化床前在管道内加热到 550℃，需要较少的启动时间，只消耗较少的启动燃料。挥发分的释放与着火密切相关，着火一般在烃类等可燃气体释放最大时发生，从热解情况来看，石油焦的着火可能发生在 400 ~ 600℃。难燃石油焦 CFB 点火时，要保证点火源一定的运行时间，撤出时间不宜过早或过晚，因为石油焦的热值高，有可能引起床温过高而结渣。

4.4.1.2 燃尽特性

石油焦的挥发分含量少，着火迟，导致了焦炭难以燃尽，再加上石油焦的比表面积、孔体积和孔表面积都比烟煤小，这对燃

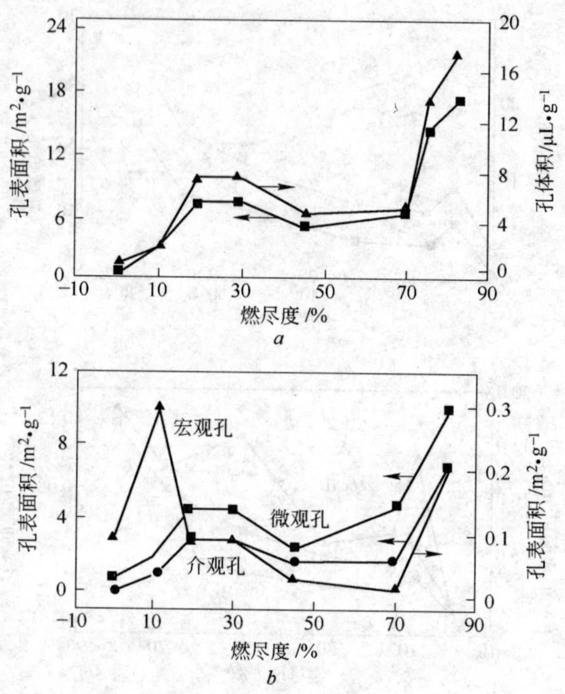

图 4-27 武汉石油焦孔隙表面积和孔体积随燃尽度的变化

a—总表面积和总体积的变化；*b*—微观、介观和宏观比表面积的变化

尽是不利的。化石燃料的燃烧有三种形式：动力学控制燃烧、扩散控制燃烧和介于两者之间的动力学/扩散控制燃烧。三种控制燃烧在不同的条件下可以相互转化，其主要影响因素为温度和颗粒直径。流化床中的颗粒燃烧一般为动力学/扩散控制燃烧。影响石油焦燃尽特性的因素既有本身的真实反应率，又有颗粒外部扩散阻力，以及氧在石油焦颗粒内部的扩散阻力，在不同的燃烧阶段控制阻力可能不同。产生这种现象的原因目前还不清楚。描述石油焦的孔结构或其燃烧中的变化模型报道很少。与烟煤相比石油焦比表面积和空隙结构小，但燃烧特性好。这可能是由于化学结构引起的本征化学反应速率不同造成的，对其机理有待研究。

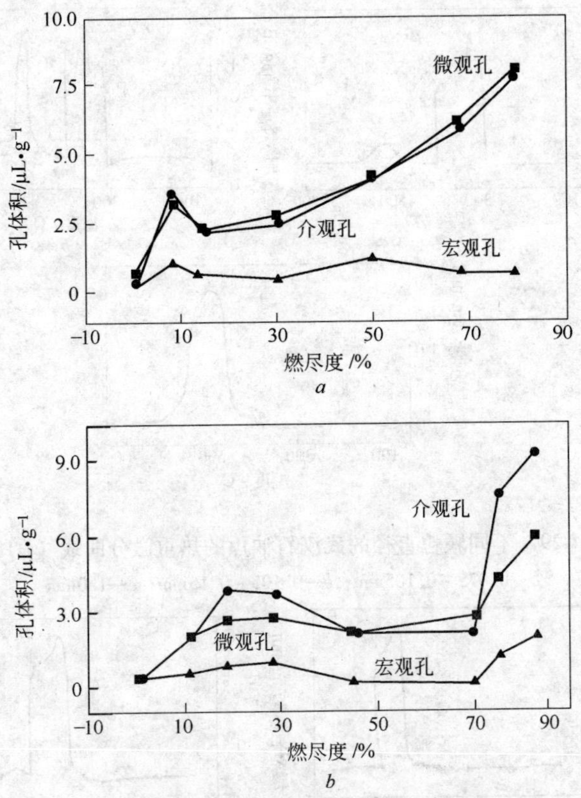

图 4-28 两种石油焦孔隙随燃尽度的变化

a—镇海石油焦；*b*—武汉石油焦

4.4.1.3 结渣特性

石油焦灰的金属氧化物含量，特别是金属钒含量比烟煤多，使得其灰熔点比烟煤灰低。计算表明石油焦属于中等结渣燃料。由于石油焦属于高热值燃料，在实际运行中要注意局部高温。循环床床温一般在 850～900℃左右，而且炉内温度分布较均匀，利于防止石油焦燃烧中结渣问题的发生。循环床运行中床料的粒径、床温、灰成分含量和飞灰循环量倍率对结渣有重要影响。

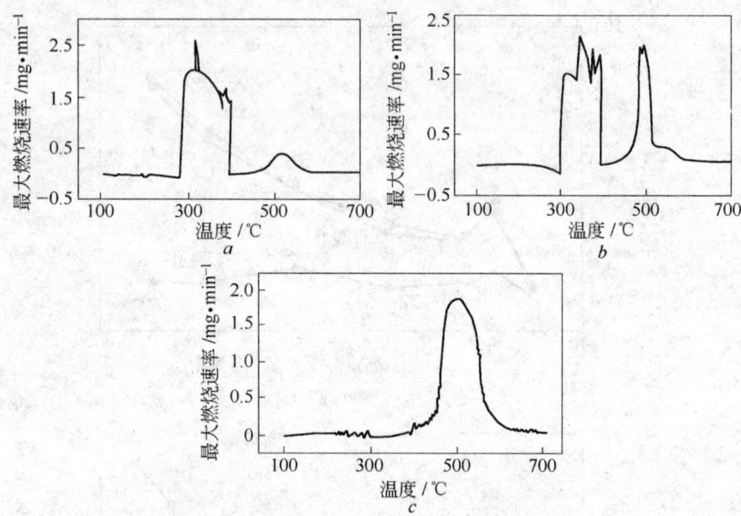

图 4-29 不同颗粒直径的武汉石油焦的热重微分曲线（DTG）

a—0. 075 ~ 0. 105mm；*b*—0. 105 ~ 0. 15mm；*c*—1. 0mm

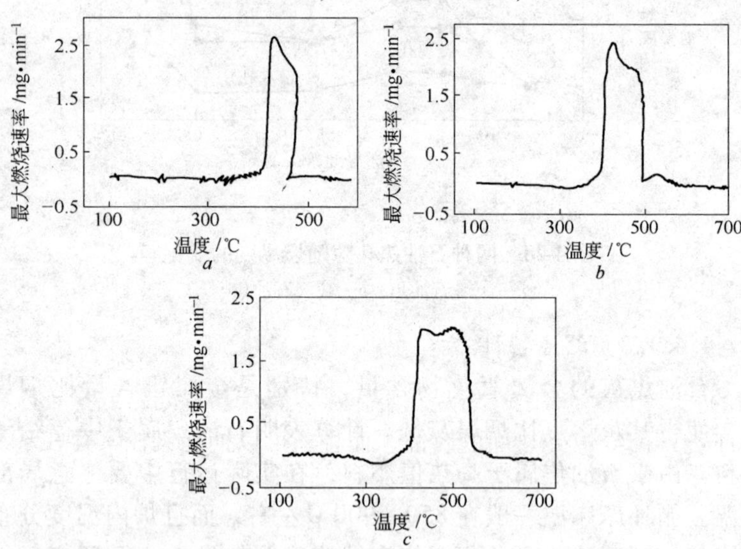

图 4-30 不同升温速率下广州石油焦的热重微分曲线（DTG）

a—0. 075 ~ 0. 105mm；*b*—0. 105 ~ 0. 15mm；*c*—1. 0mm

4.4.1.4 燃烧动力学参数的确定

石油焦固定碳高，挥发分低，其着火温度和燃尽温度处于烟煤和无烟煤之间，与贫煤接近。实际测量显示（张春林，2002），镇海石油焦着火温度350℃，燃尽温度560℃，燃烧特性指数4.981×10^{-8}（烟煤燃烧特性指数为6.106×10^{-8}，无烟煤燃烧特性指数为3.526×10^{-8}）。比较可知，镇海石油焦着火和燃尽性能都优于无烟煤，但比烟煤差。张春林认为，燃烧石油焦的循环流化床考虑着火和燃尽特征，按照贫煤循环流化床锅炉设计就可以，无需作其他考虑。

对石油焦燃烧动力学参数的确定，不同的学者在不同的温度范围内得到不同的值。Ralph J Tyler（1986）在750K下，得到反应级数为0.6，活化能为151~167kJ/mol，本征反应速率的表达式：$QI=133\times106\exp(-158.6/RT)$，采用外推法，所得结果与Simth（1971）在1200~1300K下的试验结果符合得较好。Smith在假设一级反应的前提下由试验数据得到本征反应速率表达式：$QI=3050\exp(-158.66/RT)$。Lasse Holst（1996）等的结果是反应级数在0.65~0.78，表观活化能在130~133kJ/mol范围内变化。

4.4.2 石油焦循环流化床锅炉设计

虽然石油焦与烟煤或贫煤的燃烧特性比较接近，但石油焦不是煤。单烧石油焦时可能出现下述问题：

(1) 对于燃用石油焦的循环流化床锅炉而言，添加一定比例的石灰石是必需的。石灰石不仅可以降低SO_2的排放量，减轻由于SO_2而导致受热面的腐蚀，而且还可以捕捉钒让其存在于灰中，进而减轻钒、镍等金属元素所造成的高温腐蚀。

(2) 添加脱硫剂的石油焦循环流化床锅炉灰渣基本上是不存在钒等重金属二次污染的，具有建筑材料、农业应用和废物稳定剂方面的利用价值。但目前各国对石油焦CFB电站锅炉在灰渣的综合利用方面和经济效益分析上研究得不多，还应再加强这两方面的工作。

(3) 石油焦 CFB 锅炉的实际运行效果基本上是令人满意的，但床料的成团堵塞与飞灰含碳量高的问题仍待解决。

(4) 目前，各国对采用 CFB 锅炉燃烧石油焦所产生的腐蚀问题认识还不够深刻，应该在腐蚀机理、腐蚀区域以及相应的对策上进行全面的研究。

4.4.2.1　石油焦循环流化床需要添加惰性物质为床料

对高热值燃料，燃烧室吸热 60% 左右，40% 的热量由尾部受热面吸收。石油焦添加惰性物质后，混合燃料热值调整到 18.8MJ/kg，与贫煤相当，参照贫煤设计流化床锅炉。惰性物质河沙的热爆裂性能差，密度比氧化钙大，它的粒径范围 0～1.5mm为宜，平均粒径 0.5mm 左右为好，小于和等于 1mm 的河沙比例不要低于 60%。

石油焦灰分含量低，可以添加石英砂或石灰石作为床料。此时，对石油焦入炉粒度和分离器选择有明确要求。

4.4.2.2　石油焦入炉粒度

为保证石油焦循环流化床锅炉的颗粒循环和较少床料损失，石油焦颗粒的入炉尺寸应限制在 0～8mm，平均颗粒度 2mm，小于 1mm 颗粒应不低于 50%。小于分离器切割直径的颗粒越少越好。为提高脱硫剂利用率，脱硫剂颗粒度选择 0～1（2）mm，脱硫剂平均颗粒度 0.3（0.8）mm，小于分离器切割直径的颗粒越少越好。

4.4.2.3　石油焦灰分对锅炉设计的影响

石油焦灰分含量少，要求有较高分离效率的分离器，以减少灰分损失和床料补充。燃烧石油焦的循环流化床锅炉不宜采用惯性分离器和多管旋风分离器。同样由于灰分含量少，烧石油焦的循环流化床锅炉选择只排大渣的选择性冷渣器比较合适，如风水联合流化床冷渣器。

4.4.2.4　掺烧煤燃烧石油焦

石油焦与贫煤接近，掺烧一定数量的煤炭，会带来很多好处。如，煤的灰分自然成为床料，不需要补充床料，提高运行经济性。掺烧煤后，改变了入炉燃料的成分和物理特性，改善燃料的燃烧特性和燃尽特性，可以延长锅炉的连续运行时间，使锅炉运行更加稳定安全。

4.4.2.5 石油焦在循环流化床中燃烧的污染特性

有些石油焦含硫高不适合煤粉炉燃烧，循环流化床具有高效低污染的特点，特别适合于高硫石油焦的燃烧。在循环床中加脱硫剂，由于脱硫剂的循环利用，有利于脱硫。随着 Ca/S 比的增加，脱硫率也增加，当 Ca/S 比大于 3 时脱硫率已达 90% 以上。

Ca/S 比对 NO_x 的排放也产生重要的影响，随着石灰石的少量投放，NO_x 的排放急剧下降，之后稳定在 80μL/L。燃烧石油焦的循环床锅炉，N_2O 的排放量很高，对其机理还不清楚。人们知道石灰石对燃料中的 N 形成 NO_x 具有催化作用，同时也催化氮的还原反应（$2CO + 2NO = N_2 + 2CO_2$）。循环床由于低温燃烧，一般不形成热力 NO_x，但如果使用煤粉炉烧石油焦由于其热值高容易产生热力 NO_x。由于石油焦的金属、重金属含量较高，造成的环境污染也不容忽视。

4.4.3 燃烧石油焦循环流化床锅炉的工业经验

4.4.3.1 NISCO 公司的运行经验

NISCO 公司与 FW 公司于 1990 年在美国的 West lake Louisiana 建两台 100MW 的 CFB 锅炉，分别产生 103.9kg/s、11.2MPa、541℃的过热蒸汽，91.6kg/s、3.2MPa、541℃的过热蒸汽。锅炉炉膛运行温度为 870℃，排烟温度 138℃，过剩空气系数 25%，90% 的 SO_2 被固化，CO、NO_x 的排放量分别为 25.8mg/MJ、258.0mg/MJ，灰排放量为 12.9mg/MJ，挥发性有机化合物的排放为 3.4mg/MJ，运行率达 90% 以上，说明具有高的燃烧效率和低的污染排放。所用燃料含碳 75% ~86%，含氢 3.0% ~3.6%，含氮 1.3% ~1.9%，含硫 3.4% ~5.3%，含氧 0.0% ~0.1%，含灰分 0.0% ~0.5%，含水分 5.5% ~15.0%；

热值为30.2～34.8MJ/kg。

石油焦的水分大部分为表面水，石油焦的颗粒直径越小，所含的表面水就越多，对点火越不利。NISCO公司运行碰到的主要问题是J阀、旋风分离器、尾部热回收区、整体式再循环换热器的成团结渣现象，对其机理还不清楚，但实践表明掺烧少量的煤有利于缓和此问题。在J阀腿部的上部和下部引进空气喷射器来防止J阀积灰，灰的颗粒粒径分布和料柱高度对J阀灰的成团结渣产生影响。小颗粒灰及高的料柱易于成团结渣。旋风分离器的入口形状对积灰影响较大，由于积灰时间较长，厚度变化较大（5.1～25.4cm）。尾部热回收区的积灰通过在这里安装吹灰器，可降低灰温，减缓积灰。

整体式再循环换热器的成团现象可能是由于过热器表面传热系数减少造成的，已经知道颗粒的温度和直径对成团结渣有重要的影响。Bengt Johan Skrif-vars（1997）认为CaO和SO_2、CO_2的反应引起颗粒间的聚结，从而引起CFB中的成团，石油焦本身在试验环境下并没有成团结渣现象，石灰石比白云石更易引起聚结，同时脱硫剂颗粒的大小对结渣成团也有影响。由于在试验条件下没考虑到金属、重金属，特别是钒在灰中的累积对结渣的影响，作者认为在实际CFB锅炉运行中，由于金属、重金属，特别是钒含量在灰中的累积会引起灰熔点的降低，从而容易引起成团的结渣。建议对石油焦成团结渣问题作进一步的研究，研究脱硫剂对成团结渣的影响，对进入J阀的颗粒粒径进行控制，在J阀中喷射惰性物质防止成团，减少循环灰中金属、重金属，特别是钒含量等。

4.4.3.2 华中理工大学开发的石油焦循环流化床锅炉

到目前为止，华中理工大学煤燃烧国家重点实验室已开发了10t/h、35t/h、75t/h、130t/h烧石油焦的CFB锅炉，其中10t/h的锅炉采用传统的上排气高温旋风分离器，不利于结构的紧凑化。在随后开发的35t/h、75t/h、130t/h烧石油焦的CFB锅炉的设计中，克服了上排气高温旋风分离器和各种惯性分离器的缺点，设计了中温下排气旋风分离器（华中理工大学专利产品）。下面主要介绍75 t/h的CFB锅炉设计中的一些特点：

（1）典型的Π型CFB锅炉整体布置。下排气旋风分离器决定了锅炉的整体布置的紧凑性，这样的锅炉占地面积小，造价低。

（2）优化设计的下排气旋风分离器。下排气旋风分离器除具有结构紧凑的特点之外，还具有低阻力高分离效率的特点，从而使锅炉具有较高的燃烧效率和较低的引风功率，高的分离率可避免尾部烟道的积灰现象，减缓石油焦的成团结渣问题。这种分离器对设计新的循环床锅炉或改造旧的煤粉炉、燃油锅炉都是适用的。

（3）自动调整型流化密封送灰器。采用了风帽式流化密封送灰器。这种送灰器实际上是由一个与料腿相连的向下移动床和一个与燃烧室相连的小流化床组成，它的作用是将低压侧的床料送入高压侧的燃烧室，而料腿高度防止燃烧室的烟气短路送灰器进入分离器，起到密封的作用，保证循环回路的正常运行。流化风室和松动风室分开，便于分别调整风量。

（4）采用了水冷布风装置和管道预燃室点火的方式。设计采用了水冷等压风室和水冷布风板，在一次风道中设旁通预燃室，点火时燃油在预燃室燃烧，热烟气经水冷等压风室和水冷布风板进入床内，实现整床点火启动。由于石油焦的热值高，采用水冷布风板可以防止布风板上结渣，管道预燃室便于石油焦的点火。

（5）全膜室水冷壁燃烧室。由于燃烧室采用全膜室水冷壁，取消浓相床内布置埋管受热面，从而消除了埋管的磨损，这对烧中等硬度的石油焦有利。降低炉内的温度，减少石油焦颗粒在炉内结渣的可能性。

4.4.3.3 流化床锅炉使用石油焦的其他工业实绩

已有的石油焦燃烧经验表明，石油焦很难用流化床之外的燃烧装置获得较好的燃烧效果。如十分成熟的煤粉燃烧技术中，如果掺烧石油焦，最佳掺烧比例为10%，若掺烧比例超过20%，就发生燃烧不完全、火焰不稳定等现象。而且煤粉炉温度很高，石油焦在煤粉炉膛中会发生变形（1270℃左右发生变形）造成炉膛结焦。

流化床燃烧石油焦已经有很多成熟经验，表4-26给出燃烧石油焦的循环流化床锅炉。表4-27给出石油焦成分特征。

表4-26 燃烧石油焦的循环流化床锅炉

国家或地区	业主	容量 /t·h^{-1}	投运时间 /年	燃料
韩国	Oriental 化工公司	120	1984	石油焦100%，煤100%
韩国	Kuk Dong 石油公司	120	1988	石油焦100%，煤100%
韩国	Sun Yong 纤维公司	130	1988	石油焦100%，油70%
日本	Omi-Kenshi 公司	35	1988	石油焦100%，沥青渣100%
中国台湾	Yuen-Foongyu 造纸公司	130	1988	石油焦100%，沥青渣100%
美国	Morgan Town 电力公司	130	1992	石油焦100%，沥青渣100%
美国	Bituminous Power Partner	180	1992	石油焦100%，沥青渣100%
美国	Nisco 热电厂	375	1992	石油焦100%
美国	City of Manitowoc	90	1991	石油焦100%，烟煤100%
韩国	Sunkyong Fiber 公司	200	1989	石油焦100%，沥青渣100%
美国	Fort Howard 纸业公司	145	1988	石油焦，烟煤
美国	加州水泥公司	90	1985	石油焦70%，煤100%
美国	佛州 Jacksonwille 电厂	2×904	2001	石油焦100%，煤100%
中国	镇海炼化股份公司	2×220	1997	石油焦100%
中国	上海石化热电厂	2×310	2002	石油焦/煤=3/1
中国	镇海炼化化工部	2×410	2003	石油焦/煤=7/3

表 4-27 典型石油焦的成分特征

产地	元素分析/%					热值/MJ·kg^{-1}	工业分析/%			
	C_{ar}	H_{ar}	O_{ar}	N_{ar}	S_{ar}		M_{tot}	A_{ar}	V_{ar}	C_{fix}
茂名	83.96	3.35	0.13	1.00	5.09	31.88	5.91	1.57	8.36	84.16
武汉	78.49	3.58	0.90	2.19	1.57	30.095/35.105	11.63/1.03	1.60/0.12	11.86/11.85	88.0
镇海	86.4	3.5	0.5	1.3	4.5	32.75/38.7459	3.0/0.62	0.8/0.42	10.59	88.37
Citgo	79.74	3.95	0	1.61	4.47	31.287	10.6	0.27		
镇海	93.72	3.53		1.09		38.912	0.71	0.16	11.01	88.12
荆门	93.08	3.58		1.09		34.915	0.97	0.09	13.82	85.13
广州	94.31	3.48		2.35		35.595	0.78	0.07	11.96	87.19
武汉	93.39	3.84		2.35		35.125	1.03	0.12	11.85	88.00
茂名	82.95	3.35	0.13	1.00	5.09	31.88	5.91	1.57	8.36	84.16

表 4-26 中罗列的近 20 台燃烧石油焦或掺烧石油焦的循环流化床锅炉都有成功的使用经验。这些经验表明，石油焦在流化床锅炉中可以连续稳定燃烧的。石油焦流化床燃烧的另一个优点是可以直接加石灰石在燃烧过程中实现脱硫。

吴正舜（2001）在一台蒸发量为 1t/h 具有飞灰循环的流化床试验台上试烧石油焦，获得了石油焦一些基本燃烧试验特性。与石油焦和煤混烧相比，单烧石油焦时的床温、床压和给料速度都十分平稳，产生的灰渣尺寸比入炉石油焦小得多。图 4-31 是燃烧前后石油焦颗粒的尺寸变化。由于试验条件限制，石油焦流化床燃烧的灰渣含碳量比较高，燃尽室、锅炉管束和省煤器各处的含碳量分别为 21.93%、30.91% 和 29.29%。单烧石油焦时的 SO_2 和 NO_x 排放量都比石油焦混烧时低。

图 4-32 和图 4-33 是 1t/h 流化床燃烧石油焦和石油焦混烧时的有害气体排放。

吴正舜等认为：

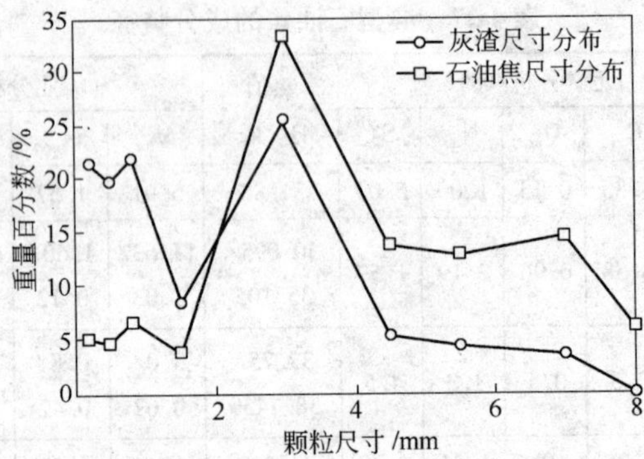

图 4-31　石油焦流化床颗粒度的变化

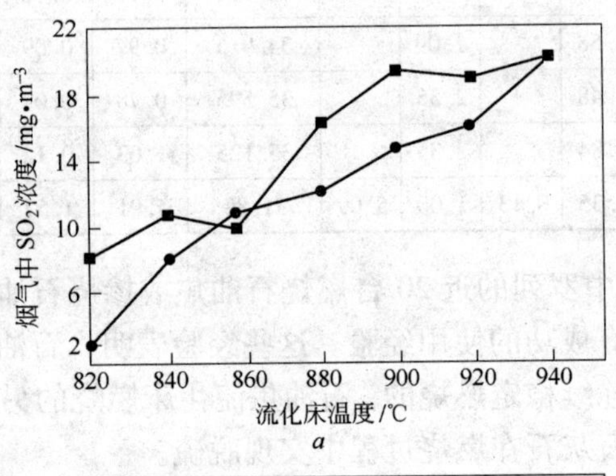

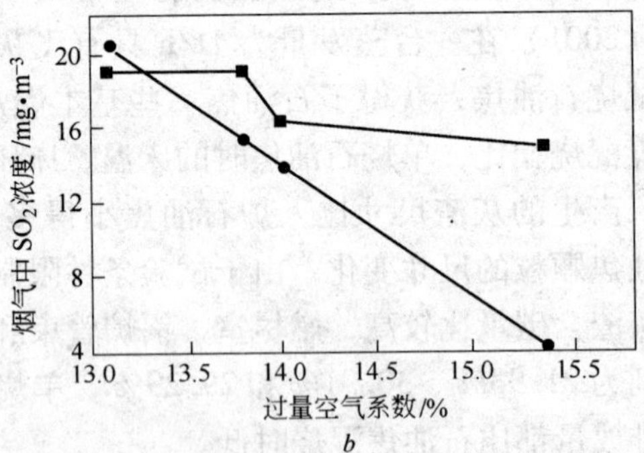

图 4-32　石油焦单烧和混烧时 SO_2 的排放特征

a—与流化床温的关系；*b*—与过量空气系数的关系

■石油焦与煤混烧；●单烧石油焦

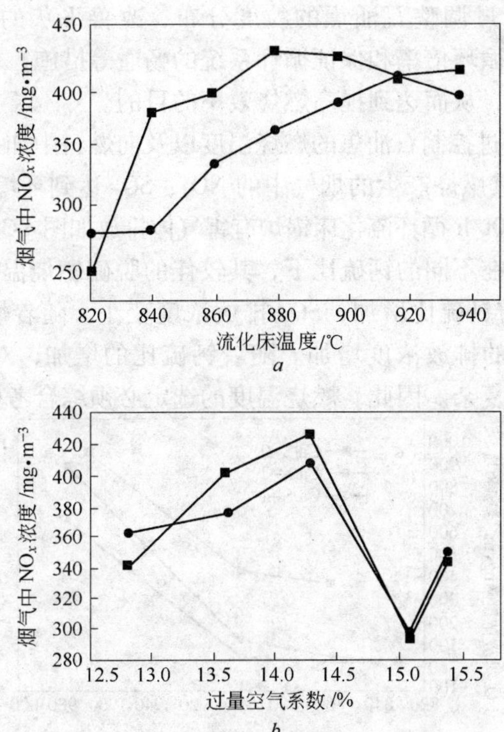

图 4-33 石油焦单烧和混烧时 NO_x 的排放特征

a—与流化床温的关系；*b*—与过量空气系数的关系

■石油焦与煤混烧；●单烧石油焦

（1）石油焦的挥发分含量较少，但着火并不难，其着火特性处于烟煤和无烟煤之间。

（2）石油焦可以作为循环流化床燃烧锅炉的燃料，锅炉的操作与烧煤比没有特别之处。

（3）石油焦无论是与煤的混烧还是单烧，都没有出现颗粒成团结渣现象。

（4）燃烧石油焦的循环流化床锅炉及相关系统设计和运行都要充分考虑到石油焦相关特性和颗粒度变化特征。

（5）通过调整石油焦的粒度分布、改善飞灰的分离效率、提高飞灰的循环倍率和保证循环系统的畅通等措施，可使飞灰的含碳量下降，从而达到提高燃烧效率的目的。

（6）通过控制石油焦的燃烧温度以及向燃料中加入石灰石的方法，可使其燃烧产生的烟气中的 NO_x、SO_2 达到环境排放标准。镇海石化 220t/h 循环流化床锅炉有害气体排放如图 4-34 所示。

可见，在不同的钙硫比下，其较佳的脱硫燃烧温度为 820 ~ 900℃，随着钙硫比增加，SO_2 排放浓度变小。随着燃烧温度的提高，NO_x 的排放浓度增加。随着钙硫比的增加，对 NO_x 生成的影响变得复杂。因此，燃烧温度的选定必须综合考虑燃烧、脱

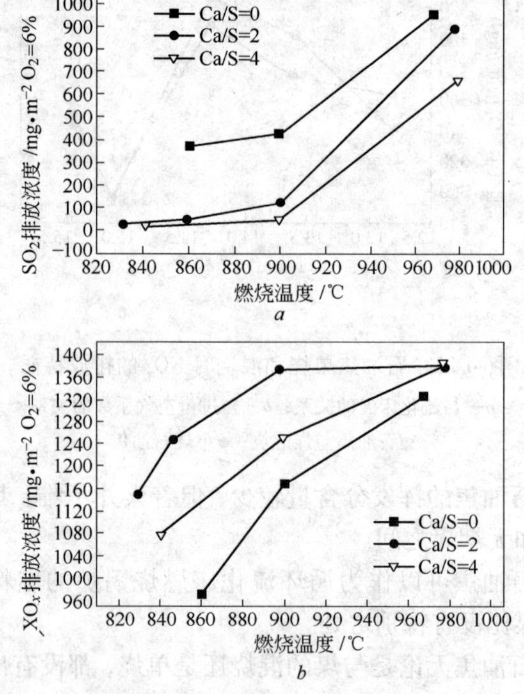

图 4-34　镇海石化 220t/h 循环流化床锅炉有害气体排放

a—不同钙硫比下 SO_2 排放浓度随燃烧温度变化；

b—不同钙硫比下 NO_x 排放浓度随燃烧温度变化

硫和脱硝三者的要求。根据实验研究，冷态流化速度取0.6m/s、流化床燃烧温度取850～900℃为宜。

陈晓平（2007）、段伦博（2007）测量了一台410t/h掺烧石油焦循环流化床锅炉的NO_x排放，该锅炉掺烧的石油焦成分见表4-28。锅炉是美国FW公司生产的第三代循环流化床锅炉。燃料分四路由前墙加入炉膛；脱硫剂采取气力输送分四路送至锅炉前、后墙加入炉内；配用两台风水联合冷渣器；锅炉旋风分离器出口的烟气依次经过装有末级过热器、一级过热器、省煤器和空气预热器的尾部竖井烟道和静电除尘器由烟囱排放。锅炉流程如图4-35所示。用德国德图公司的testo350XL型烟气分析仪（配置电加热取样管和过滤、保温等附属装置）测出的NO_x排放结果见图4-36和图4-37，在线分析空气预热器出口烟道内烟气中O_2、CO_2、SO_2、NO、N_2O、CO 6种烟气成分。

表4-28 燃料元素分析及工业分析（收到基）

燃料	元素分析					热值	工业分析			
	C_{ar} /%	H_{ar} /%	O_{ar} /%	N_{ar} /%	S_{ar} /%	$Q_{ar,net}$ /MJ·kg^{-1}	M_{tol} /%	A_{ar} /%	V_{ar} /%	C_{fix} /%
石油焦	82.95	3.35	0.13	1.00	5.09	31.88	5.91	1.57	8.36	84.16

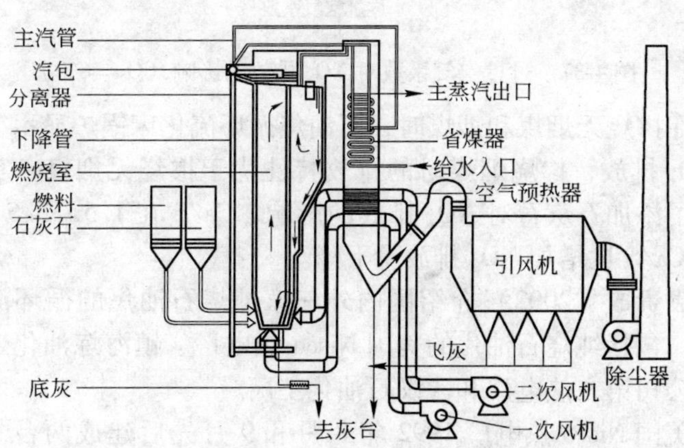

图4-35 石油焦与煤混烧的410t/h CFB锅炉

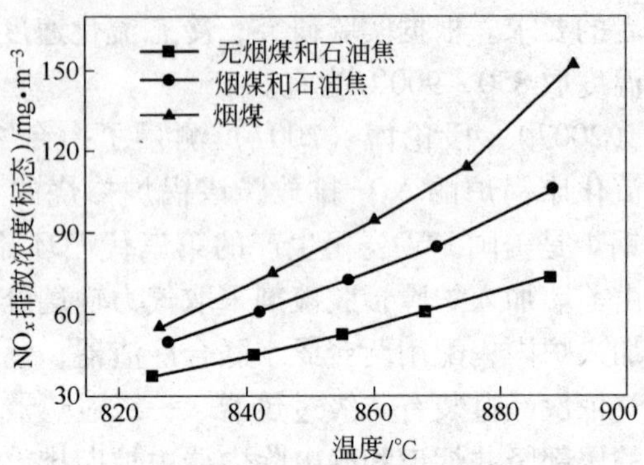

图 4-36 温度对 NO_x 排放的影响（$O_2=6\%$）

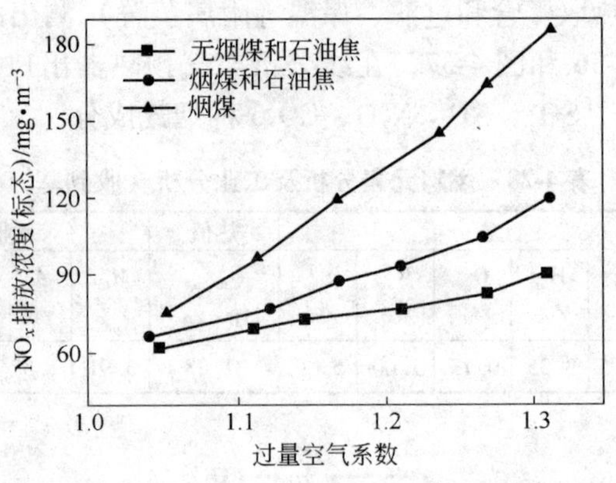

图 4-37 过量空气系数对 NO_x 排放的影响（$O_2=6\%$）

在掺烧无烟煤和烟煤时，石油焦循环流化床锅炉显示了不同的 NO_x 排放，掺烧烟煤时的排放特性优于掺烧无烟煤。实验还测量了添加石灰石对 NO_x 排放的影响，Ca/S 在 1.5～3.5 之间，随着 Ca/S 比增加 NO_x 排放量下降。

袁贵成（2002）介绍国内外三家纯烧石油焦的循环流化床锅炉。包括纯烧石油焦的美国 Nisco 热电厂、镇海炼油化工股份有限公司第二热电厂和武汉石油化工厂。

美国 Nisco 热电厂 1992 年 8 月和 9 月先后建成两台 375t/h 循环流化床锅炉。该锅炉由美国 FW 公司制造，属于典型的带

Intrex 流化床热交换器的炉型。锅炉烧 Citgo 和 Conoco 炼油厂提供的高硫石油焦，用石灰石作为脱硫剂和床料，石灰石中 $CaCO_3$ 含量大于 95%。锅炉的设计参数为：蒸发量为 375t/h，过热蒸汽压力 11.2MPa，过热蒸汽温度 541℃。过热蒸汽流量 330t/h，再热蒸汽压力 3.3MPa，再热蒸汽温度 541℃。设计的石油焦消耗量为 82.9t/h，石灰石为 32.1t/h。该锅炉自 1992 年投运以来，其可利用率达 90% 以上，达到了满意的效果。Nisco 热电厂循环流化床存在的主要问题是旋风分离器入口和 J 型阀处成团结渣，造成锅炉出力下降，影响锅炉的连续运行。再就是旋风分离器中心管的高温腐蚀和尾部受热面的积灰，目前对克服这些问题还没有很有效的措施。

镇海炼化公司第二热电站引进的两台美国 FW 公司制造的 220t/h 高温高压纯烧石油焦循环流化床锅炉，2000 年 1 月投入正常运行。燃料是镇海炼化公司延迟焦化装置生产的高硫石油焦，用石灰石作为脱硫剂和床料，石灰石中 $CaCO_3$ 的含量大于 85%。锅炉的设计参数为：额定蒸发量为 220t/h，过热蒸汽压力 9.6MPa，过热蒸汽温度 540℃。设计的石油焦消耗量为 5.15 kg/s，石灰石流量为 1.54kg/s。气固分离装置采用高温汽冷旋风分离器。该锅炉与 Nisco 锅炉相比，取消了外部流化床热交换器，结构更加紧凑。该锅炉 2000 年投运以来，投运率已达 90% 以上，到 2001 年 4 月，1 号锅炉连续运行了 150 天，有些技术指标已超过 Nisco 锅炉，取得了良好的效益。锅炉运行存在的主要问题是飞灰含碳量较高，达到 35% ~60%，平均为 38.79%。目前采取的办法一是调节一、二次风量比和总风量，二是提高到运行的床温，从原来的 830 ~840℃ 提高到 860 ~880℃，三是对石油焦粉造粒后进行掺烧。这些措施取得了一些效果，但还是没有从根本上解决飞灰含碳量高的问题。

武汉石油化工厂的国内首台中温中压纯烧石油焦循环流化床锅炉于 2001 年 1 月第一次投焦运行。该锅炉燃料为武汉石化延迟焦化装置生产的石油焦。用石灰石作为脱硫剂和床料，石灰石

中 $CaCO_3$ 的含量大于 95%。锅炉的设计参数为：额定蒸发量为 75t/h，过热蒸汽压力 3.82MPa，过热蒸汽温度 450℃。设计的石油焦消耗量为 8.055t/h。气固分离装置采用中温高效涡旋分离器，布置在水平烟道与尾部烟道连接的转向室，由水冷框架和 120 支陶瓷涡旋分离器单元组成。该锅炉自试运行以来，经过多次的整改和调试，一直难以达到额定出力。主要原因是因为返料量稀少，密相区床温偏高，床层上下温差大，床温难以控制。可能也有密相区燃烧份额选择过低、炉膛受热面布置不当等原因。在锅炉运行过程中，为了稳定床温，大量投入石灰石，石油焦与石灰石之比曾达到 15:1，造成烟气中石灰石浓度大，电除尘负荷高，烟气含尘量达不到环保要求，且分离器入口有结渣现象，更加降低了分离器的分离效率。为了增加循环物料量，维持锅炉的稳定运行，2001 年 10 月进行了加沙试验，利用河沙作辅助床料，石灰石仅作为脱硫。加沙试验结果表明，加沙后循环物料量有所增加，床温较易控制，但还是不能从根本上解决锅炉出力问题，锅炉一般只维持在 70% 的额定负荷下运行。

410t/h 的超高压循环流化床锅炉燃用煤焦混合物具有如下特点：

(1) 循环流化床锅炉燃用煤焦混合物，在额定负荷下，锅炉热效率可达 92.8%。

(2) 以煤焦混合物为燃料，炉内密相区温度分布均匀；床温、分离器入口温度、空预器出口烟温和排渣温度等各温度稳定。

(3) 燃用煤焦混合物，锅炉主蒸汽流量、给水流量、减温水流量稳定。

(4) 燃用煤焦混合物，在钙硫物质的量比为 2.47 时，SO_2 排放浓度在 $(150\sim450)\times10^{-6}$，脱硫效率达 95% 以上；CO、NO 排放也维持在较低水平。

(5) 以煤焦混合物为燃料，采用尾部飞灰再循环技术，锅炉飞灰含碳量可维持在较低水平。

4.5 油页岩的流化床燃烧

4.5.1 油页岩的分布

世界上油页岩储量大的几个国家是前苏联、美国、巴西和中国，这些国家的油页岩包含了许多生成年代，从距今564万年的寒武纪到距今64万年的第三纪。油页岩既有湖相的也有陆生的，热值和含油率相差很大。从燃烧角度看，只要经济允许，可以考虑采用各种燃烧技术加以利用，尤其是流化床燃烧技术。

4.5.2 油页岩的化学成分

4.5.2.1 可燃成分分布

从燃烧的角度主要关心油页岩的灰分、水分、挥发分以及C、H、O、N、S等元素的质量百分数，这些成分是燃烧器设计必不可少的。表4-29给出了不同产地的油页岩的成分分析。

表4-29 不同产地油页岩成分

油页岩产地	C /%	H /%	O /%	N /%	S /%	A /%	M /%	r /%	CO_2 /%	Q_{net} /kJ·kg^{-1}
以色列	12.2	1.57	1.39	0.35	1.9	61	8.7		11.6	5191.6
约旦	11.58	1.27	0.56	0.49	1.42	63.46	4.62		11.6	4856.7
美俄州	16.7	2.0		0.7	1.7	74.5	4.2	7		
美肯州	12.1	1.5			0.6	2.2	80.7	1.2		
爱沙尼亚①	25	3.2	4.0	0.1	1.5	37.4	15		13.8	11388.1
列宁格勒①	19.3	2.5	3.1	0.1	1.4	43.8	15		14.9	8708.5
古比雪夫①	15	1.8	3.9	0.3	3.6	45.8	20		9.6	6322.1
萨拉托夫①	14.2	1.8	4.1	0.3	2.9	48.7	20		8.0	5987.1
土耳其	12.8	1.05	13.1	0.48	1.9	70.8	5.0	5.1		2972.6
土耳其	19.4	2.32	7.29	0.79	2.5	67.7	10.2	7.1		5488.9
土耳其	53.7	6.13	7.14	1.73	3.9	27.4	8.4	32.5		11312.7
抚顺②	16.3	2.76	7.71	0.66	0.41	75.41	3.50	9.8	3.32	
茂名②	17.47	2.83	6.12	0.59	1.05	72.1	4.84	8.8	1.95	
黄县②	72.65	6.64	17.2	2.06	1.42	52.36			15.5	
桦甸	29.93	3.89	8.82	0.60	0.86	53.2	2.72	6		13389.4

① 前苏联发表的数据。

② 灰分A和水分M取自于工业分析数据。

表 4-29 是从燃烧角度给出的，这些油页岩都可以燃用。但并不是所有的油页岩都可以燃用，有些油页岩是很难燃烧的，甚至不采用辅助措施就不能燃用，如中国农安油页岩，灰分高达 83%，十分难烧。从燃烧过程或锅炉角度来看，就需要更多地了解油页岩的成分和物理性质，需要知道它们是怎样影响燃烧过程和结渣现象的。

4.5.2.2 油页岩的其他成分

John H Patterson 等（1990）测试了澳大利亚 Duringa 油页岩矿 B 地质单位油页岩灰成分，共 13 项，另外还测了各种微量元素 26 种。这些成分有些是有利的，如碱金属成分 CaO、MgO、K_2O、Na_2O 等，在流化床燃烧时可以脱除一部分硫以减轻大气排放污染。有一些是中性的，对燃烧没有帮助也没有大的妨碍；但石英很坚硬，是燃烧装置磨损的主要原因之一。微量元素种类很多，有些在燃烧中会起催化剂作用，加速燃烧或热解等化学过程。

Duringa 油页岩矿是 Duringa 盆地第三纪湖相沉积，储量为 3.7×10^9 桶页岩油。B 地质单位可以分为三层，Ba 层在最下面厚约 13m，是带小泥石夹层的劣质油页岩。Bb 层在中间厚约 14m，含油率最高，可达 63 ~ 92L/t。Bc 在上面，油页岩和泥石夹杂在一起。基本矿物研究表明，主要成分是蒙脱石、乳白玻璃硅、带有少量依利石的高岭土、石英、锐钛矿、k_ 长石、菱铁矿、黄铁矿及少量的透长石、重晶石和磷酸盐矿物蓝铁矿。下钻地层 100m 取样证明，Bb 层油页岩所含的油母、有机碳、黄铁矿和硫均高于其他子层。

John H Patterson 等（1990）还同时考虑了元素之间的相互影响，即 X 射线衍射的峰值与主要的元素分析和各元素间的线性关联系数。其结果见表 4-30。

由于菱铁矿可以控制油页岩干馏的温度和程度，所以，也测了菱铁矿的成分。Duringa 油页岩中菱铁矿的主要特色是与其他第三纪油页岩相比含量高而且变化大。随 Mn 含量增加，Fe 含量下降，而 Ca、Mg 含量不变。在 B 地质单位上层有大菱铁矿锰（50×100μm），这种粒子中含有两种菱铁矿，一种是含钙为通常量的，另一种是含钙很低而锰含量很高的菱铁矿。后者是典型的菱铁矿锰暗三角形晶体中的明亮区域。

表 4-30 油页岩中的微量元素

有机硫	Sn
硅酸铝	Ti, Cr, V, Ba, Rb, Cs, Hf, Th
稀土元素	La, Ce, Eu, Yu, Sm, Nd, Sc
碳酸菱铁矿	Mn

求出的菱铁矿平均分子式为：

菱铁矿 $Fe_{0.92}Mn_{0.02}Ca_{0.05}Mg_{0.01}CO_3$

Mn 菱铁矿 $Fe_{0.84}Mn_{0.10}Ca_{0.05}Mg_{0.01}CO_3$

Mn 菱铁矿 $Fe_{0.66}Mn_{0.28}Ca_{0.05}Mg_{0.01}CO_3$

低 CaMn 菱铁矿 $Fe_{0.87}Mn_{0.10}Ca_{0.02}Mg_{0.01}CO_3$

John H Patterson 等（1988）等还分析了另外五种澳大利亚油页岩的微量元素，并分别页岩油和蒸馏水含量，同美国绿河页岩油、澳大利亚 Julia Creek 页岩油微量元素进行比较。这个研究主要是针对微量元素在炼油过程中毒害催化剂而进行的。

蒙脱石的分子式更复杂一些：

$$Ca_{0.43}K_{0.23}(Al_{2.6}Fe_{0.75}Mg_{0.65})(Si_{7.7}Al_{0.3})O_{20}(OH)_4 \cdot nH_2O$$

表 4-31 给出不同产地的油页岩的灰分成分，这些成分对燃烧中是否结渣、各种受热面的磨损程度有着至关重要的影响。表 4-32 是中国油页岩的一些成分分析结果，给出了我国一些油页岩成分和灰分成分。

表 4-31 不同产地油页岩的灰分成分

产 地	SiO_2	Al_2O_3	Fe_2O_3	K_2O	Na_2O	CaO	MgO	SO_2	CO_2	P_2O_5
爱沙尼亚	43.5 ~68	11~17	4~7	5~10	0.3 ~1.5			0.2 ~0.7		
马阿尔都	50.92	11.33	0.98	6.9	1.3	0.74	1.19	0.88	0.24	0.23

续表 4-31

产地	SiO_2	Al_2O_3	Fe_2O_3	K_2O	Na_2O	CaO	MgO	SO_2	CO_2	P_2O_5
德国	14.1~28.6	6.6~19.6	2.5~20.9	0.59~2.24	0.06~1.35	0.6~35.7	0.04~8.87			0.1~29.9
英国	55.7	25	9.9				2.7	3.1	0.9	
约旦	42.1	11.17	5.32	1.01	0.55	27.72	1.28	1.74		4.6
窑街	56.94	24.87	11.61	2.85		1.65	2.08			3.99
农安	72.99	15.35	5.14	2.99		1.41	2.12		0.92	
鄂尔多斯	62.63	32.73	2.14	0.93		0.92	0.65		0.11	
桦甸	49.44	14.02	7.45			19.15	2.55	3.49		
茂名	55.55	21.2	10.50			2.12	1.01			
抚顺	62.3	26.82	6.10	0.70		1.10	1.79			
黄县	54.78	9.04	8.16	0.99		16.4	1.82			

表 4-32 我国主要油页岩的性质 (%)

	抚顺	茂名	窑街	桦甸	农安	固阳	宜宾	鄂尔多斯
真密度	2.02	2.10	2.13	2.04	2.20	2.22	1.85	1.76
近似有机物	21.27	25.95	26.41	20.26	17.80	21.88	26.77	27.55
铝甑分析								
焦油	7.68	8.28	7.16	9.96	6.24	5.45	6.43	6.61
水分	6.44	10.78	5.25	12.31	7.40	6.70	6.88	5.85
半焦	81.37	76.48	81.70	73.77	84.68	86.00	84.82	85.04
气体 + 水分	4.51	4.46	5.89	3.96	1.68	1.85	1.87	2.50
工业分析								
挥发分	17.45	20.12	18.15	19.10	12.53	14.17	16.48	20.19
灰分	75.41	72.10	69.6	73.7	81.28	77.61	72.14	72.34
水分	3.50	4.84	2.96	7.72	2.0	1.95	2.61	3.54
CO_2	3.32	1.95	3.99	6.04	0.92	0.51	1.09	0.11

续表 4-32

	抚顺	茂名	窑街	桦甸	农安	固阳	宜宾	鄂尔多斯
元素分析								
C	13.75	15.96	18.27	13.80	10.47	10.50	15.20	12.73
H	2.29	2.25	2.40	2.03	1.68	1.86	1.67	2.07
N	0.74	0.60	0.51	0.32	0.46	0.69	0.41	0.22
S	0.92	1.2	0.77	0.89	1.50	2.48	1.10	0.18
O	4.58	5.94	4.46	3.22	3.68	6.35	8.39	12.35
热值/$kJ \cdot kg^{-1}$	5700	7300	6950	6560	4485	5140	6000	4190
灰分成分								
SiO_2	61.45	56.18	56.94	55.18	72.99			62.63
R_2O_3	33.48	37.31	36.48	27.2	20.49			34.87
其中 Fe_2O_3	13.04	10.78	11.61	9.73	5.14			2.14
CaO	1.18	0.88	1.65	12.44	1.41			0.92
MgO	1.50	1.71	2.08	2.66	2.12			0.65
K_2O+Na_2O	2.27	3.39	2.85	2.52	2.99			0.93

4.5.3 油页岩的干馏及其动力学

页岩油是由油母和矿物质组成的。干馏过程中，这些矿物质能改变干馏成分。但对干馏过程的二次热解反应研究得很少（K Jacob Seorensen，1988）。Hotton 等观察到在进行澳大利亚 Rundle 油页岩研究时油蒸汽大量裂解，而在进行澳大利亚 Stuart 油页岩研究时裂解就不那么大，这一差别是因为 Rundle 油页岩含有大量的黏土和其他矿物。Wilson 等发现胶岭土最终异构化结构被催化为内烷烃（internal alkene）时，含胶岭土的油页岩就不能将这个反应催化到适当程度。对油页岩干馏起催化作用强弱的顺序是：

高岭土 > 胶岭土 > 燃过页岩 > 馏过页岩

但这样的研究并没有给出油页岩干馏时的催化作用。

大多数油页岩的有机质是来源于蓝绿藻（Cyanophyceac），

在地质史中，它们广泛地分布于全世界，生活在具有陆地沼泽植物和岸边泥炭的浅水塘、湖泊和泻湖中。油母作为有机质在油页岩中的比例并不大，它可分为两部分，一部分是不溶于有机质的物质（约占 90% ~95%），其余部分可溶于有机质。不溶油母是由饱和亚甲基环线性网络组成，与之共生的是一些长链性芳香结构。美国绿河赤褐色油母的经验分子式是 $C_{215}H_{330}O_{12}N_{5}$。可溶油母包括沥青和树脂，它们是造成油页岩暗色和油的黏性的，其分子量为 500 ~1000，其分子式可用经验公式表示 $C_{50.1}H_{59.4}O_{3.4}N_{2.0}S_{0.2}$ 或 $C_{41.3}H_{50.0}O_{1.8}N_{1.6}S_{0.2}$。

Jacob 等用 1_ 烯烃和 n_ 烯烃之比表征馏过页岩时矿物质的催化作用。如果同大量外露的黏土表面接触，这一比值就低。这种研究主要是为了提取页岩油。

4.5.3.1　干馏的一般机理

油页岩的干馏是指在隔绝空气的条件下，控制最终加热温度进行热力加工的过程。通常包括三个过程。一是加热；二是有机物分解，这是页岩油和气态可燃物生成的主要过程；三是产物的扩散和导出。这三个过程是相互联系的，也是相互叠加的。在 105℃以前，主要是脱除水分，到 180℃左右放出气体产物；再升温，有机质热解生成蒸汽-气体混合物以及残留的碳。

4.5.3.2　热解研究

油页岩干馏过程的热解研究已有许多年的历史了，发表出的文献洋洋大观。但多数是以实验性为主，记录、分析某种油页岩有机物热解的各种条件和产物，研究其机理。随着研究的深入，先后出现了一步模型（SSM）、二步模型（TSM）和多步模型（MSM）。这些模型物理概念清晰，数学方法简便，是很有效的研究方法。

由于一步模型在时间和温度方面使用范围窄，二步模型只是对一步模型进行一般修正，没有突破一步模型的限制，故此处不作介绍，有兴趣的读者可以阅读参考相关文献。

多步模型首先假设油页岩有机物，即油母和地沥青（bitumen）是由许多一级反应构成：

$$K \xrightarrow{k_1} f_1B_1 + f_2P_2 \xrightarrow{k_2} f_3B_2 + f_4P_2 \xrightarrow{k_3} f_5R_1 + f_6P_3$$

$$\downarrow$$

$$B \xrightarrow{k_4} f_7T_2 + f_8P_4 \xrightarrow{k_5} f_9R_3 + f_{10}P_5$$

式中 K——油母；

B——地沥青；

f_i——化学当量数；

$B_1 \sim B_2$、$R_1 \sim R_3$——非挥发性中间产物和生成物（固体、液体等）；

$P_1 \sim P_5$——挥发性产物（蒸汽和气体）。

$f_1 \sim f_{10}$有如下关系：

$$f_1 + f_2 = f_3 + f_4 = f_5 + f_6 = f_7 + f_8 = f_9 + f_{10} = 1$$

根据反应机理式，非等温热解的数学模型为：

$$-\mathrm{d}k/\mathrm{d}T = (1/q)k_1k$$

$$-\mathrm{d}B_1/\mathrm{d}T = (1/q)f_2k_1k$$

$$-\mathrm{d}P_1/\mathrm{d}T = (1/q)f_2k_1k$$

$$-\mathrm{d}B_2/\mathrm{d}T = (1/q)[f_3k_2B_1 - (k_3 + k_5)B_2]$$

$$-\mathrm{d}P_2/\mathrm{d}T = (1/q)f_4k_2B_1$$

$$-\mathrm{d}B/\mathrm{d}T = (1/q)f_4B$$

$$-\mathrm{d}R_2/\mathrm{d}T = (1/q)[(f_7k_4B + f_7k_5B_2) + k_6R_2]$$

$$-\mathrm{d}P_4/\mathrm{d}T = (1/q)[f_8k_4B + f_8k_5B_2]$$

$$-\mathrm{d}R_1/\mathrm{d}T = (1/q)[f_5k_3B_2 + k_6R_1]$$

$$-\mathrm{d}P_3/\mathrm{d}T = (1/q)f_6k_3B_2$$

$$-\mathrm{d}R_3/\mathrm{d}T = (1/q)f_9k_6(R_1 + R_2)$$

$$-\mathrm{d}P_5/\mathrm{d}T = (1/q)f_{10}k_6(R_1 + R_2)$$

初始条件为 $t = 0$ 时，$T_0 = 573\mathrm{K}$，$k_0 = 0.93$，$B_0 = 0.03$，其他量初始值皆为0。可用四阶 Rung Kutta 方法求解。实际失重用下式计算：

$$x = (m_0 - m)/m_0 = \sum_{i=1}^{5} P_i$$

实际失重率由试验获得（如 DTG 等方法）:

$$r = \mathrm{d}x/\mathrm{d}T = \mathrm{d}[(m_0 - m)/m_0]/\mathrm{d}T$$

实际耗热率由下式计算:

$$r = \sum_{i=1}^{6} r_i Q_i$$

Dejan Skala（1990）对试验结果的模拟有可能用于在 750K 附近工作的大型干馏设备的设计。

模型中的f_1~f_{10}用下述方法求得。f_1 和f_2 由 573~673K 油页岩非等温 TGA 失重求得；f_9 和 f_{10}按照焦化反应选取；f_7 和f_8 按下式求出:

$$f_9 \cdot f_7 = 1 - X_B$$

$$f_8 = 1 - f_7$$

f_3 -f_6 按下列各式求出:

$$[K_3/(K_3 + K_5)]f_5 f_9 + [K_5/(K_3 + K_5)]f_7 f_9 = 1 - X_B$$

$$K_0 f_1 f_3 [K_3/(K_3 + K_5)]f_5 f_9 + K_0 f_1 f_3 [K_5/(K_3 + K_5)]f_7 f_9 = 1 - X_B$$

$$f_3 + f_4 = 1$$

$$f_5 + f_6 = 1$$

X_B 和 X_S 分别为 573~873K 温度下地沥青和油页岩样品的失重份额，而 X_B 为地沥青的总的失重份额。MSM 需要做 TG 和 DSC 实验。同时f_9、f_{10}要由焦化过程来选取，说明这一模型还有进一步改善的可能性。

由于热解无论对气化还是炼油都十分重要，其动力学参数曾是一个广泛关注的焦点，进行了大量的研究，所得出的动力学参数，如活化能、频率因子等差异甚大，有时差出好几个数量级。即使是同一种油页岩有时也相差甚远。这一方面与采样有关，也与样品制备有关。文献详细给出了干馏设备的例子（侯祥麟，1984），不同温度下的产油率、恒温分解率、热解气体成分以及时间和油页岩粒度的关系。

计算机模拟时，使用了下述参数（Skala D，1989），见表4-33。

表4-33 文献中使用的参数

参 数	D. Skala(1989)	D. Skala(1990)
K_1/min^{-1}	$1.5\times10^{17}\exp(-25900/T)$	$7.28\times10^{39}\exp(-64800/T)$
K_2/min^{-1}	$9.76\times10^{14}\exp(-25900/T)$	$7.28\times10^{35}\exp(-64800/T)$
K_3/min^{-1}	$3.00\exp(-4000/T)$	$6.69\times10^{3}\exp(-9030/T)$
K_4/min^{-1}	$15.7\exp(-3700/T)$	$2.04\times10^{4}\exp(-9490/T)$
K_5/min^{-1}	$3.72\exp(-4000/T)$	$6.69\times10^{3}\exp(-9030/T)$
K_6/min^{-1}	$3\times10^{5}\exp(-1130/T)$	$3\times10^{5}\exp(-11000/T)$
F1	0.93	0.91
F2	0.07	0.09
F3	0.4	0.7
F4	0.6	0.3
F5	0.9	0.9
F6	0.1	0.1
F7	0.3	0.1
F8	0.7	0.9
F9	0.8	0.8
F10	0.2	0.2

Dejan Skala(1989)是用南斯拉夫 Aleksinac 油页岩进行的研究；Dejan Skala(1990)是用南斯拉夫 Kngazevac 油页岩进行的研究。两者的分步反应速率常数相差较大。Dejan Skala(1990)还同时研究了爱沙尼亚和朝鲜油页岩，这两种油页岩反应中间速率常数与 Dejan Skala(1989)数量级相符。

4.5.4 油页岩燃烧

4.5.4.1 油页岩燃烧产物的计算

油页岩是固体燃料，矿物质含量高，挥发分含量高，无灰干燥基挥发分甚至可用高达85%（李之光，1988）。由于油页岩中含有页岩油和碳酸盐，因此其燃烧过程与煤相比有明显的不同。一是二次反应的程度和深度不同；二是碳酸盐分解出$(CO_2)_k$占据了一部分热量和烟气体积。如果按照传统固体燃料燃烧的计算方法来计算，所得到的放热量必然有较大的差别，同样烟气体积也有较大的差异，甚至导致锅炉结构对油页岩的不适应，锅炉性能下降。另一方面，由于油页岩气态可燃物的比例大，燃烧份额有很大一部分偏于炉膛上部。在一台6t/h油页岩流化床锅炉上的经验表明，流化床燃烧油页岩时，悬浮段火焰长度可以长达6m以上(刘柏谦，1995b)，这是燃煤流化床锅炉上所没有见到过的。

由于这些差别，注定了油页岩燃烧要有一套独特的计算方法。

A 固体燃料成分的质量分数

固体燃料中水分、灰分会随外界条件而变化，其他成分也会相应改变。所以，在说明固体燃料的成分时必须同时说明百分数的基准。常用的百分数基准有如下几种：

(1) 收到基（旧称应用基或工作质）：

$$C_{ar}+H_{ar}+O_{ar}+N_{ar}+S_{ar}+A_{ar}+M_{ar}=100\% \tag{4-3}$$

(2) 空气干燥基（旧称分析基）：

$$C_{ad}+H_{ad}+O_{ad}+N_{ad}+S_{ad}+A_{ad}+M_{ad}=100\% \tag{4-4}$$

(3) 干燥基：

$$C_d+H_d+O_d+N_d+S_d+A_d=100\% \tag{4-5}$$

(4) 无灰干燥基（旧称可燃基）：

$$C_{daf}+H_{daf}+O_{daf}+N_{daf}+S_{daf}=100\% \tag{4-6}$$

式中的C、H、O、N、S、A、M分别代表固体燃料中的碳、氢、氧、氮、硫五种元素和灰分、水分。

另外一种方法是工业分析方法，以固体燃料的灰分、挥发分、固定碳和水分的质量百分数之和作为百分之百。

（1）收到基：

$$M_{ar} + V_{ar} + F_{ar} + C_{ar} + A_{ar} = 100\%$$

（2）空气干燥基：

$$M_{ad} + V_{ad} + F_{ad} + C_{ad} + A_{ad} = 100\%$$

（3）干燥基：

$$V_{d} + F_{d} + C_{d} + A_{d} = 100\%$$

（4）干燥无灰基：

$$V_{daf} + FC_{daf} = 100\%$$

以上两种分析方法是针对燃煤而言的，对油页岩虽然也可以做上述分析，但却没有反映出油页岩的特质。以含灰量为例，油页岩中含有大量的矿物质，有些国家将固体燃料置于坩埚中烧至重量不再变化，所得的质量就认为是灰的质量，由此得出灰的质量分数。我国与前苏联采用将煤样放在空气中加热到 800 ±25℃灼烧 2h，余下的质量作为灰分含量。可见，灰分是一个有条件的量。由于燃烧时无机物可能发生化合或分解，灰分含量不可能等于无机物的初始含量。在进行灰分的高温分析时，某些矿物质如黏土矿物可能发生脱水、崩解而转化为氧化物，另一些矿物质则可能产生挥发性气体，如在氧气充足的条件下燃烧时，黄铁矿硫会放出二氧化硫，逸出铁则转变为 Fe_2O_3 留在灰内。因此，高温下分析得到的灰分通常低于煤中矿物的实际含量。为了解决这一矛盾，出现了低温氧等离子灰化技术，可以比较准确地测量煤中矿物杂质含量。山西煤炭化学研究所得出的公式为：

对高岭土较低的煤种：

$$MM = 1.08A + 0.6S_{p,d} + 0.8CO_2 \tag{4-7}$$

对高岭土较高的煤种：

$$MM = 1.13A + 0.6S_{p,d} + 0.8CO_2 \tag{4-8}$$

式中 MM——煤中的矿物质含量；

A——高温法测得的灰分；

$S_{p,d}$——干燥基硫铁矿硫。

华东石油学院对一些烟煤、褐煤和油页岩进行试验，也得到类似的结果，就煤而言，低温灰化要比高温灰化的灰分高10%。见表4-34。

表4-34 煤和油页岩低温灰化结果（干燥基）

样　品	高温灰 A_d/%	低温灰 MM_d/%	MM_d/A_d	低温灰化时间/h
乌达焦煤	10.14	11.36	1.09	20
马头选煤厂焦煤	10.62	11.63	1.12	20
石拐子焦煤	32.06	35.56	1.11	24
黄县褐煤	12.61	15.40	1.22	35
黄县油页岩	48.58	62.18	1.28	60
茂名油页岩	71.94	79.62	1.11	80

另外，在加热时，碳酸盐分解出$(CO_2)_k$也是影响灰分含量和无机物含量的主要原因。中国是按GB 218—83来测定煤中碳酸盐的二氧化碳含量的。白铁矿FeS_2中的硫与硫酸钙接触燃烧时会生成Fe_2O_3，也是造成灰分增加的原因之一。

在进行油页岩的热力计算时，可将油页岩中的有机物质、二硫化铁的无机硫总量以及矿物的结晶水等看作可燃物。由于有结晶水、氢含量，特别是油页岩中含有氧元素时，规范数据定得偏高些。

为使油页岩的总成分为100%，令：

$$C_{ar}+H_{ar}+O_{ar}+N_{ar}+S_0+S_p+A+M_{ar}+(CO_2)_k=100\% \tag{4-9}$$

其中灰分A为：

$$A=A_{ar}-[2.5(S_a-S_{ct})+0.375S_k](1-M_{ar}/100) \tag{4-10}$$

式中 S_0——有机硫含量；

S_p——无机硫含量；

S_a——实验测得的干燥基硫含量；

S_{ct}——硫酸盐硫含量；

S_k——油页岩中黄铁矿、白铁矿的硫含量。

如果公式(4-10)方括号内的各种硫含量不容易得到，文献中推荐方括号内的数值介于2%~3.8%。

王方(1988)给出了另一套灰含量的计算公式：

$$A_{ar,ts} = S_{ar} + (1-k)(CO_2)_{ar,ts} \tag{4-11}$$

$$V_{CO_2,ts} = V_{RO_2} + 0.00509k\,(CO_2)_{ar,ts} \tag{4-12}$$

$$V_{y,ts} = V_y + 0.00509k\,(CO_2)_{ar,ts} \tag{4-13}$$

式中的脚标 ts 是碳酸盐之意。

B 油页岩发热量和燃烧产物

无机物不仅能降低有机物含量，由于它们在燃烧过程中发生变化，具有放热或吸热作用而使油页岩的发热量发生变化。常规的测热装置所测碳酸盐燃烧热量是碳酸盐完全分解条件下得到的。所测出的油页岩热量已包含了碳酸盐分解热，这部分热量等于40.612 $(CO_2)_k$kJ/kg。实际上，油页岩燃烧时，碳酸盐是不完全分解的，相应减少了有效放热能力。这样，热力计算时，进入锅炉机组的热量就是：

入炉热量 = 发热量 - 碳酸盐分解热 + 外来热(热风和蒸汽) + 燃料物理热 (4-14)

表4-35 中给出了油页岩矿物质中每种化合物发生化学反应的最大热效应。前苏联爱沙尼亚库克油页岩在制粉燃烧时碳酸盐分解度为0.9，而在层燃时只有0.7。白铁矿(FeS_2)的燃尽度分别为0.9 和0.6。

表4-35 油页岩中无机物的热效应

物质和化学反应吸热	反应热/kJ · kg^{-1}
$CaCO_3$ 分解	1810($CaCO_3$)
$MgCO_3$ 分解	1636($MgCO_3$)
$CaCO_3$ 和 $MgCO_3$ 为平均值	3302(CO_2)
水云母与 CaO 结晶析出放热	181(每千克水云母)；2508(每千克水)
CaO、SO_2、O_2 生成 $CaSO_4$	7081(每千克 FeS_2)；13276(每千克硫)
生成2CaO，SiO_2 或 CaO，Al_2O_3 时	8903(每千克 CaO)；15591(每千克硫)
硅酸盐与 CaO 化合	1237（每千克 CaO)；807（每千克 $2CaSiO_2$)；439(每千克 CaO，Al_2O_3)

表4-36 给出了计算油页岩发热量和油页岩中碳、氧含量的

经验公式。由于公式是根据$(CO_2)_k$的总值来进行的，而这两项的测定会导致发热量精度不高。Г. К. 萨阿尔采用了适用于一切燃料无机物热效应的修正值，提高了计算精度。

弹筒发热量：

$$Q = 88.77r + 10.01A - 22.08(CO_2)_k \tag{4-15}$$

高位发热量：

$$Q_h = 82.3r + 10.17A_{ar} - 22.27(CO_2)_{k,ar} - 5.97M_{ar} - (1-K)(CO_2)_{k,ar} - 3.8A_{ar} \tag{4-16}$$

式中 $r = 100 - A(CO_2)_k - M(\%)$ (4-17)

表 4-36 油页岩发热量的估算式：$Q = a + b(CO_2)_k$

项 目	爱沙尼亚和多哥夫油页岩		伏尔加流域油页岩	
	a	b	a	b
弹筒发热量/kJ · kg^{-1}	39139	400	37004	389
高位发热量/kJ · kg^{-1}	38155	386	34870	362
含碳量/%	80.8	0.805	72.3	0.74
含氧量/%	9.8	0.095	7.9	0.076

由于存在无机盐类的分解，按照常规方法进行的燃烧产物计算必须进行无机盐类所生成的气体量的计算修正。修正方法是：

挥发分含量：

$$V = V_0 \sum C_{0i}[1 - \exp(-K_i\tau)] \tag{4-18}$$

式中，V_0 为油页岩最大挥发分含量，以无灰基给出。同时建议$V_0 = 91.5\%$。

容积修正：

$$V_{CO_2,ts} = V_{RO_2} + 0.00509k(CO_2)_{ar,ts} \tag{4-19}$$

烟气容积修正：

$$V_{y,ts} = V_y + 0.00509k(CO_2)_{ar,ts} \tag{4-20}$$

蒋安众(1991)给出了油页岩的燃料特性系数和最大二氧化硫、最大二氧化碳生成量为$\beta \approx 0.21$，$RO_2^{max} \approx 174$。而范从振

(1986)给出油页岩$\beta \approx 0.2 \sim 0.35$，$RO_2^{max} \approx 16 \sim 17$。几种文献所推荐的上述两个参数的值都差不多，这对油页岩锅炉的运行很有参考价值。

4.5.4.2 油页岩的颗粒特性和流化特性

本书所说的颗粒特性主要是指其形貌特性，由于颗粒的形貌不同，对流化床燃烧器发生不同的影响。按照破碎理论，选取球形度、扁平度和伸长度描述油页岩的颗粒特征。研究首先测定油页岩颗粒的三维尺寸，按照下式进行计算：

扁平度：
$$m = l/h \tag{4-21}$$

伸长度：
$$n = l/b \tag{4-22}$$

球形度：
$$\varphi = \sqrt[3]{(h/b)(h/l)^2} \tag{4-23}$$

式中 l——油页岩颗粒的最大投影长度；

b——与 l 垂直的最大长度；

h——油页岩颗粒的高。

图 4-38 和图 4-39 是中国桦甸油页岩上述三个指标的分布。球形度分布表明，颗粒越大其球形度越小。当颗粒大于 8mm 以后，几乎没有球形度可言。因而，对宽筛分油页岩流化床锅炉，一旦较大颗粒占据的份额偏大时，必须充分考虑球形度分布才能保证设计可靠(刘柏谦，1996)。

从外观上也可明显看出油页岩纹理分明，破碎以后呈片状。

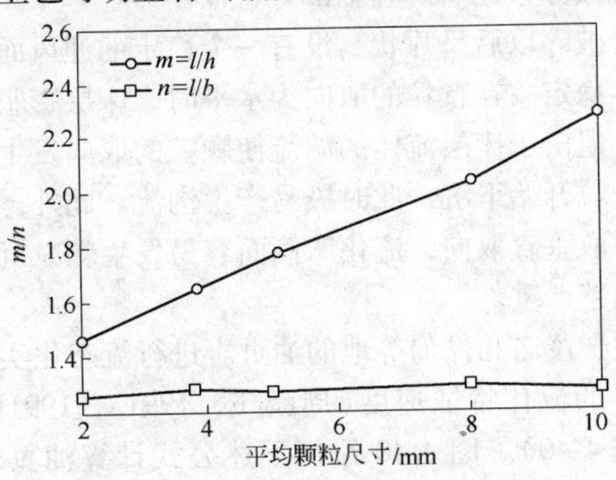

图 4-38 油页岩的扁平度 m 与伸长度 n

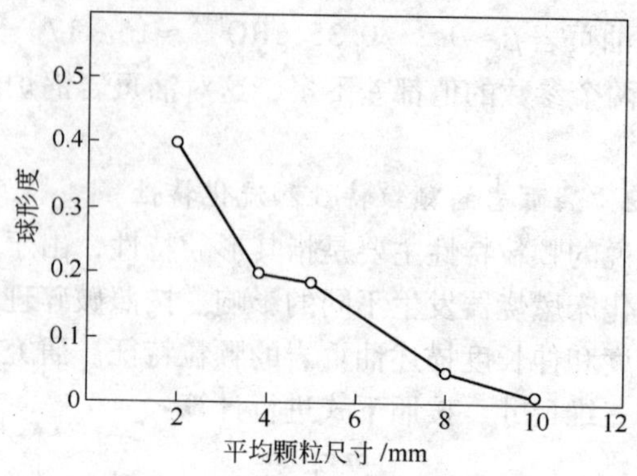

图 4-39 油页岩的球形度

而细粉则更接近于球状，粒度越细，球形度越好。

油页岩流化床燃烧的一个基本要求就是保证燃料在流化床内正常流化的基础上实现完全燃烧。我国流化床锅炉一般都采用宽筛分燃料，允许破碎后的颗粒度达到一定值，如 0 ~ 8mm 或 0 ~ 10mm，有些甚至出现 0 ~ 25(或 50)mm。这对于降低破碎设备磨损及降低厂自用电都是有利的。多年的工业实践业已表明宽筛分燃料对稳定流态化是有利的。作者对抚顺、茂名和桦甸几处的油页岩流化床锅炉上的运行经验和观察表明，油页岩流化床与燃煤流化床有许多不同之处，其中包括流化特性不稳定、扬析量大和燃烧份额分布偏于炉膛上部等特性。

油页岩破碎以后呈片状，没有一个稳定的迎风面，所以其流化状态很不稳定。在颗粒的取向为水平时，床层膨胀，能够形成流化状态；但由于床层流体的湍流使颗粒的取向发生变化时，片状油页岩颗粒开始下沉，此时极易产生沟流。此外，流化床边壁处的颗粒易取垂直取向，流化床侧面容易发生颗粒沉积。筛分越宽这种现象越严重。

对抚顺、茂名和桦甸等地的油页岩进行流态化实验，得出了三种油页岩的流化特征速度(周鹏飞，1991a，1991b；刘柏谦，1993)(见图 4-40)。图 4-40 采用下述公式计算油页岩的流化特征速度。

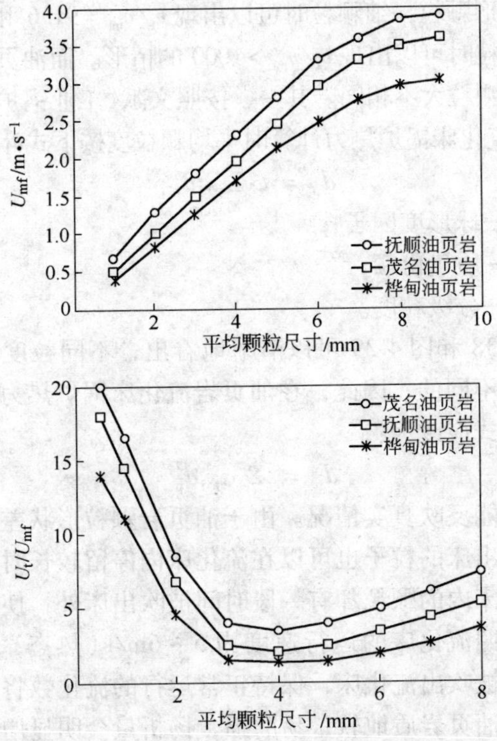

图 4-40　油页岩的特征流化速度

临界流化速度：$v_{mf} = 0.0882Ar^{0.528}\left(\frac{\nu_y}{d}\right)$

颗粒终端速度：$v_t = \left(\frac{\nu_y}{d_p}\right)\left(\frac{Ar}{7.5}\right)^{2/3}$

阿基米德数：$Ar = \frac{gd^3}{\nu_y^2}\frac{\gamma_g - \gamma_y}{\gamma_y}$

式中 ν_y——烟气运动黏度；

γ_g——油页岩颗粒的真密度；

γ_y——烟气的密度；

d_p——油页岩颗粒的平均粒径。

对于球形颗粒，细颗粒时可以出现 $v_t/v_{mf}=91.6$ 和 $Re<0.4$ 的情形；大颗粒时可以出现 $v_t/v_{mf}>1000$ 的情形。而油页岩这种片状颗粒与球形颗粒大不相同。其一，按照文献《工业锅炉设计计算标准方法》，流化床锅炉热力计算时平均颗粒度按下式计算：

$$d_p = \varphi \sum x_i d_{p,i} \tag{4-24}$$

式中　φ——球形度因子；

x_i——质量份额；

d_{pi}——分级粒度。

从图 4-38 和图 4-39 可以清晰地看出，不同粒度范围的颗粒其球形度是不同的。因此，在油页岩流化床锅炉热力计算时，平均颗粒度公式应改为：

$$d_p = \sum \varphi x_i d_{p,i} \tag{4-25}$$

这样才能反映真实情况。由于油页岩颗粒形状差别较大，理论上可以吹出床的粒子也可以在流化床内停留较长时间；而理论上可以留在床内的颗粒却有一段时间被吹出床外，使得燃烧过程不均匀。按照流化床的运行速度为 5～6m/s（热态），1mm 以下的颗粒都会被吹出流化床，保持正常运行的流化数将比燃煤流化床高。加之油页岩质地软，易磨损，扬析量会明显增大。

4.5.4.3　油页岩燃烧的试验研究

我国在 1957 年曾先后在江西省南昌市、广东省阳江市进行过油页岩在煤粉炉中的试烧，其他国家也进行过油页岩燃烧的工业实践。本节侧重介绍油页岩在实验室中进行燃烧研究的结果。工业实践的经验将另设专节介绍。

A　油页岩的低温燃烧

由于成分和结构的差异，油页岩在受热后表现出许多的不同之处。所谓低温一般是指 600～700℃ 的工况，就锅炉燃烧而言，很少在这个温度下运行，但在压火和启停过程中会短时间经历这一过程，特别是压火时，刚刚进来的新油页岩颗粒处于一个供氧不足的环境中，其情形和干馏过程差不多，油页岩干馏工艺是在隔绝空气、450～600℃条件下进行的。

刘柏谦(1993)测定了中国桦甸油页岩的着火特性，所用的方法是将油页岩放入由不锈钢网制成的小篮子内，快速将小篮子送入恒温流化床中，然后研究其着火点和挥发分析出时间，所用的判断准则与 W Prins(1989)相同。图 4-41 是流化数与着火温度的关系。此图表明：(1)着火温度在试验范围内与流化风速关系不大。(2)桦甸油页岩的着火温度在 500℃以上。应该指出，这一测定值偏高。其原因有二：一是所用的油页岩是一种放置过的样品，即所谓的 Aged shale。促成及时着火且最容易挥发的物质在放置过程中已经失去许多；二是这种油页岩的结构，其宏观空隙所占的比例较大。R H Essenhigh(1989)在评述煤粒的着火时介绍过 Nettleton 冲击管实验，当挥发分降低以后着火温度可能升至 670 ~ 790K。由于煤和油页岩结构的差异，桦甸油页岩放置一段时间后，着火温度上升到 500 ~ 550℃(773 ~ 823K)是完全合理的。Charlton(1988)曾证明放置过的油页岩比新油页岩燃烧时间短，其化学动力学参数也比新油页岩低，但有效扩散系数却高得多，放置 18 个月后油页岩颗粒的许多空隙都打开了。

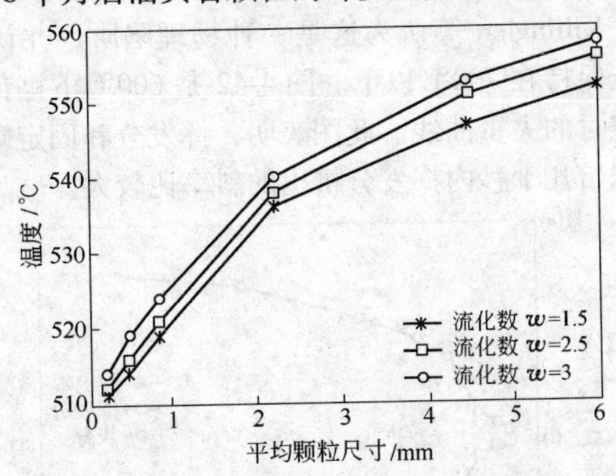

图 4-41 流化数对油页岩着火温度的影响

这个研究的意义在于它更符合工业过程，工业锅炉和电站锅炉为了保证连续稳定的正常运行，必须储备大量的燃料，尤其是雨季到来之前，大量购入的油页岩就会成为放置页岩，其着火特性将可用同刘柏谦(1993)的研究相比较。

还需要说明的是，着火温度是一个有条件的参数，在说明着火温度数值时要说明是在说明条件下测得的才有意义。刘柏谦根据实验结果求出试验用油页岩的活化能为144kJ/mol。

J P Vantelon(1990)用摩洛哥 Altasa 油页岩进行不同的 N_2/O_2 比流化床低温燃烧试验，分别测得了700℃以下不同的 N_2/O_2 的失重曲线氧气从0增加至21%共经历6个水平，氧气含量越高，失重越快。这一曲线对流化床锅炉低温运行，如压火和为控制燃烧引入部分烟气作流化介质等情况有参考价值。澳大利亚油页岩在600℃床温下二氧化碳和二氧化硫的释放曲线，在20s内绝大多数二氧化硫已经放出，而二氧化碳在20s时正形成析出高峰，与900℃床温下澳大利亚油页岩二氧化硫排放相比，低温下油页岩流化燃烧的固硫作用更好。按照目前流行的看法，煤在流化床内燃烧的最佳温度是850℃，这是根据煤在流化床内燃烧时脱硫效率最佳而燃烧效率下降不太明显而得出的结论。那么，澳大利亚油页岩为什么会在低温下有较低的二氧化硫排放呢?

John S Killinglen 等认为这是一种物理陷阱，并认为这种陷阱作用只能保持在700℃以下。图4-42是600℃下桦甸油页岩在流化床燃烧时的失重曲线。此图表明，挥发分和固定碳失重比较平衡，但开始几十秒内挥发分析出的斜率比较大。

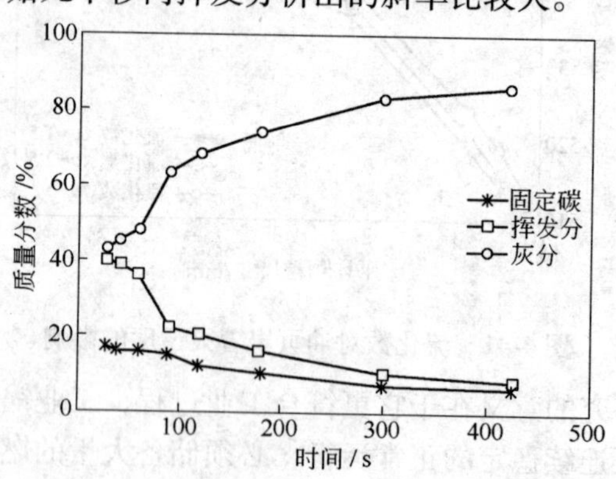

图4-42 600℃床温下桦甸油页岩的失重过程

B 油页岩的高温燃烧

B G Charlton(1987)比较详细地研究了澳大利亚油页岩的流化床燃烧过程，得出的结论有：

(1)当颗粒度小于1mm时，反应速度随粒径增加而增加。当颗粒度大于1mm时，反应速度随颗粒度增加而下降。颗粒温度与流化床床温之差具有相同的变化。

(2)当温度不变时，颗粒的反应率随粒度增加而增加；粒度不变时，在600~900℃范围内，温度越高达到相同转化率所需的时间就越少。

(3)有效扩散系数随温度呈线性变化。

(4)烟气中二氧化硫的浓度随床温变化，在750℃左右达到最小值。

(5)当粒度小于1.5mm时，完全转化所需的时间甚短，当粒度大于1.5mm时完全转化所需时间呈线性增加，温度越低，所需时间就越长。

B G Charlton研究了澳大利亚几乎所有的油页岩，包括原页岩、干馏过的页岩，粒度达到4mm左右。研究装置是一个直径为50mm的流化床燃烧器，采用氮气和空气作为流化介质。B G Charlton采用的数学模型为：

相对于反应控制、缩核模型、粒度不变条件测定数据：

$$1/\tau_R = 1 - (1 - x_b)^{1/3} \tag{4-26}$$

式中 τ_R——燃尽时间；

x_b——初始碳转化份额。

$$\tau_R = \rho_b R_p / bkC_{Ag} \tag{4-27}$$

式中 ρ_b——固粒中碳的摩尔浓度；

R_p——颗粒半径；

b——化学当量系数；

k——化学反应速率常数；

C_{Ag}——气相中氧气的摩尔浓度。

他们发现，在所有温度下，大于1mm颗粒的转化率在

99.9%以内$[1-(1-x_b)]^{1/3}$与反应时间成正比，而小于1mm的颗粒$(1-x_b)$与反应时间曲线的线性部分缩短，由此得出结论。同时 B G Charlton 引用了 La Nauze 的结论和 Turnbull 的结论：

$$T_p - T_b = (C_1 - C_2 d_p^{1.5})^{-1} \tag{4-28}$$

$$k_i = 470\exp(-179000/RT_p) \tag{4-29}$$

式中 k_i——第 i 种组分化学反应速度常数。

B G Charlton 证明在一定条件下燃尽时间几乎与床温无关，故拟合了一个方程式：

$$\tau_R = 11 + 30.7d_p + 25.7d_p^2 \tag{4-30}$$

对低含碳干馏过的油页岩，转化率为 x 时的时间为：

$$\tau = \tau_k + \tau_d = -\frac{\ln(1-x)}{bkC_{Ag}}\left[\frac{P_{FP}(x)d_p^2 C_b}{24bC_{Ag}D_e} + \frac{d_p^2 C_b x}{24bC_{pg}\mathrm{sh}D}\right] \tag{4-31}$$

式中 τ_k——没有内部扩散时转化率为 x 所需要的时间；

τ_d——在内部扩散控制下转化率为 x 所需要的时间；

D——扩散系数。

$$P_{FP}(x) = 1 - 3(1-x)^{2/3} + 2(1-x) \tag{4-32}$$

刘柏谦(1993)研究了高温下油页岩的燃烧，测定了在不同床温下转化延迟时间和挥发分燃烧时间，得出的结论是在试验床温下(参照真实流化床锅炉运行床温)，随颗粒度增大转化延迟时间加长，但挥发分燃烧时间不变。按目前中国流化床锅炉的实践，宽筛分油页岩颗粒在30s内都能着火，在最初的几十秒钟内挥发分急剧析出，100s以后残留在油页岩剩余物内的挥发分所剩无几(见图4-43~图4-46)。

Savas Yavurkuet 等人(1980)在一个$\phi152\times120$的流化床中研究以色列油页岩的燃烧，证明整个流化床除底部一小段高度以外的温度都是均匀的，床温随过量空气系数变化呈倒抛物线形。这些结论被后来的工业实践充分证明了。Savas Yavurkuet 等人还给出了碳酸盐分解和脱硫的曲线(见图4-47)。

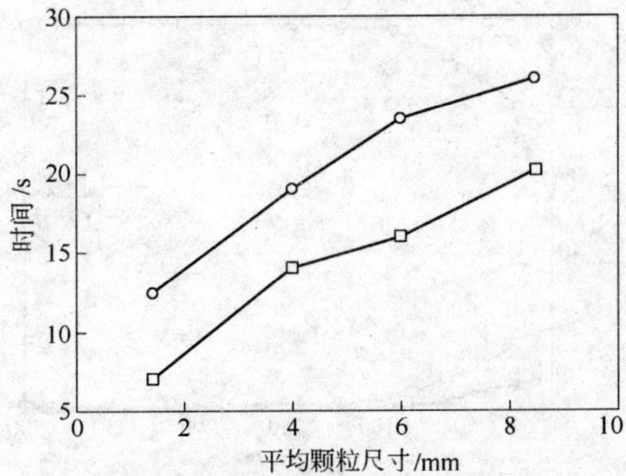

图 4-43 床温 875℃的着火特性

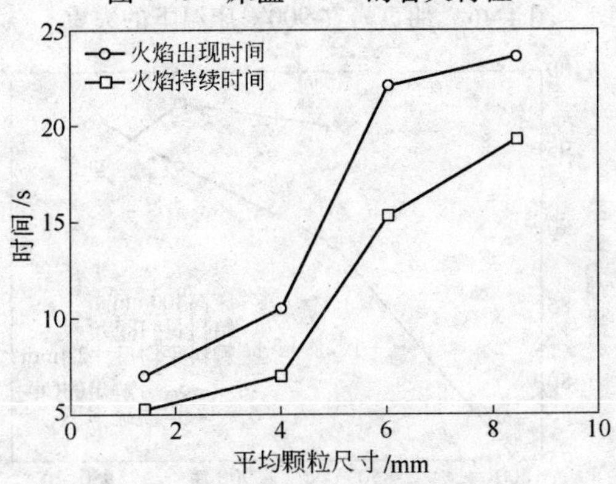

图 4-44 床温 900℃的着火特性

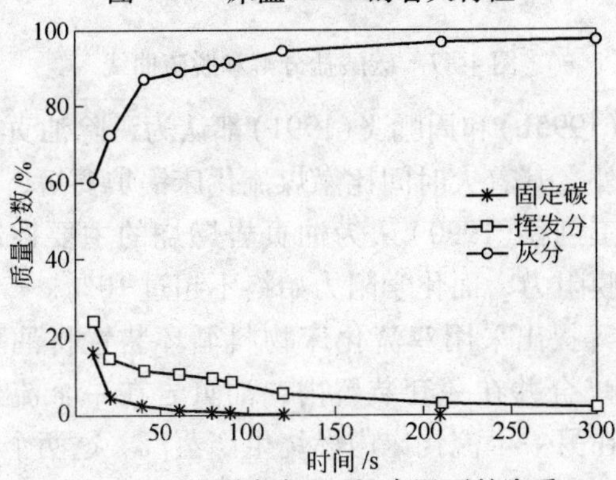

图 4-45 油页岩在 875℃床温下的失重

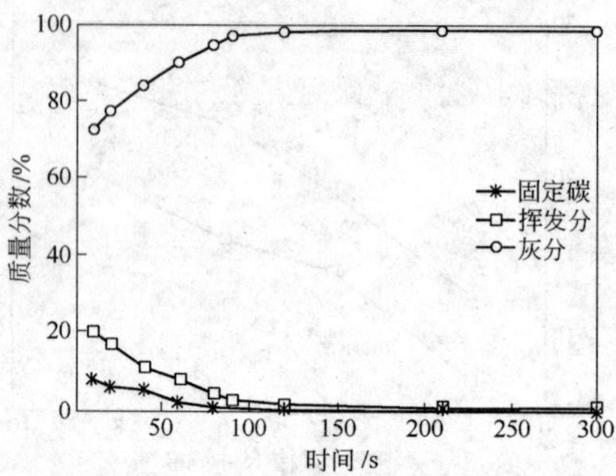

图 4-46 油页岩在 900℃床温下的失重

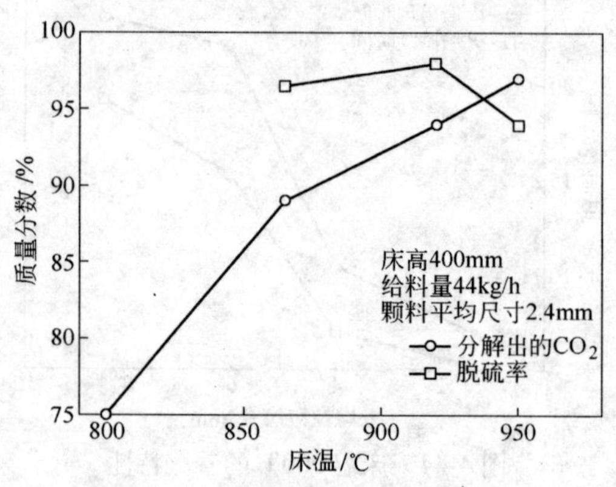

图 4-47 碳酸盐分解和脱硫曲线

刘柏谦(1995b)和周鹏飞(1991)都认为，除油页岩流化床锅炉扬析量大外，其着火时间比燃煤流化床锅炉要短，主要燃烧区在悬浮段。王剑秋(1990)认为油页岩燃烧的主要控制因素时灰层阻力和气膜阻力，而化学阻力始终不超过 10%。

Nicklin 等提出采用双流化床物料循环装置将油页岩的气化(造气)与燃烧合并在一套装置内，油页岩在一个流化床内发生可燃气体，在另一个流化床内燃烧生产蒸汽。这两个流化床是由一个流化床用隔板一分为二形成的，沿高度方向开两个孔，两床用不同气体、不同流速鼓风来造成物料循环。该装置虽然已经完成冷、热态试验，但还没有工业产品问世。

C 油页岩的动力学参数

动力学参数指活化能、频率因子以及反应级数等参数。目前用于这些参数测定的主要方法有热重分析法、差式扫描量热法(DSC)等手段。刘柏谦(1998)采用热重分析方法测定了我国桦甸油页岩的动力学参数，指出这种油页岩在350~550℃区间主要发生挥发分析出，而在600~850℃区间主要发生放热反应。Dejan Skala等(1989，1990)曾用这两种方法测量了南斯拉夫Aleksinac油页岩的动力学参数，所使用的方法比较传统。

表4-37~表4-43是作者搜集的一些典型油页岩动力学参数。

表4-37 Nagoorin干馏过的油页岩

地质单位	有机碳 /%	密 度 /$g\cdot cm^{-3}$	碳密度 /$mol\cdot cm^{-3}$	活化能 /$kJ\cdot mol^{-1}$	800℃下的有效扩散系数 D_e^{800} /$cm^2\cdot s^{-1}$
Cb	6.65	2.19	12.13	33.48	0.069
F	13.0	1.52	16.49	30.15	0.090
D	22.8	1.60	30.40	18.35	0.383
E	38.1	1.01	32.00	10.17	
Cc	47.9	0.85	33.90		

表4-38 DCS法测量的动力学参数

样品编号	活化能	频率因子	样片产地
K	539	7.28×10^{35}	前南斯拉夫
K-K	293	4.40×10^{18}	前南斯拉夫
E($T<773$K)	200	1.06×10^{14}	爱沙尼亚
E($T>773$K)	273	2.15×10^{17}	爱沙尼亚
E-B	182	2.14×10^{14}	爱沙尼亚
E-B-773	146	2.60×10^{10}	爱沙尼亚
E-773	182	5.64×10^{2}	爱沙尼亚
KOR	149	5.2×10^{9}	朝鲜
KOR-B	92.3	1.92×10^{6}	朝鲜
KOR-773	333	1.23×10^{23}	朝鲜

表 4-39 用量热法测得的动力学参数

加热速率 /℃·min⁻¹	活化能/kJ·mol⁻¹				频率因子/l·min⁻¹			
	20	10	5	2	20	10	5	2
K		93.6	55.2		1.7×10^5	148		
K－B		78.9				2.04×10^4		
K－B－773		75.1				6.69×10^3		
K－K		48.0	46.6	39.6		40.6	17.2	1.98
KOR	123	125	133		7.03×10^7	7.54×10^7	2.35×10^6	146
KOR－B－773	29.9	31.8	64.0	52.7	12.4	8.13	2.57	
0.115				21.4	16.4			0.703
KOR－773	113	114	127		1.15×10^7	1.04×10^7	6.57	
E	140	154	150		3.53×10^9	4.48×10^{10}	1.77×10^{10}	
E－B－773		37.9	42.1	65.8		33.0	44.7	1.84
0.298				23.7	18.8			1.66
E－773	140	137	136	3.35×10^9	1.17×10^9	9.78×10^8		

表 4-40 澳大利亚油页岩的动力学参数

样 品	D_e/cm²·s⁻¹	活化能/kJ·mol⁻¹	频率因子/l·min⁻¹
Condor7000	0.044	67.7	2.24×10^{-2}
Condor CDD43			
28.95～36.32m 深	0.025	99.4	9.83×10^{-1}
60.65～68.25m 深	0.053	67.7	2.24×10^{-2}
Condor PSS4	0.036	99.4	1.56×10
Lewmead	0.100	78.0	1.27×10^{-1}
Nagoorin 8th	0.032	67.7	2.24×10^{-2}
Stuart	0.127	99.4	1.56×10
Duarringa	0.046	56.4	4.08×10^{-3}
Rundle	0.067	99.4	9.84×10^{-1}

表 4-41 DSC 测得的动力学参数

温度区间	623~773K	623~773K	773~873K	773~873K
样 品	E(kJ/mol)	A(1/min)	E(kJ/mol)	A(1/min)
A	215	9.76×10^{14}	320	4.8×10^{20}
K	227	6.0×10^{15}	232	1.1×10^{14}
B-773 *	307	7.31×10^{21}		

表 4-42 用 TG 法测得的动力学参数

	活化能/kJ · mol^{-1}			频率因子/1 · min^{-1}		
加热速率 /℃ · min^{-1}	10	5	2	10	5	2
A	125.7 117.4	113	102.6 96.7	159×10^{8} 4.63×10^{7}	1.22×10^{7}	1.37×10^{6}
K	86.3	883		1.44×10^{5}	1.24×10^{5}	3.37×10^{5}
B	30.8			15.7		

注：样品 A 取自前南斯拉夫 Aleksinac 油页岩，样品 K 和 B 是由该油页岩提取的柚木和沥青。

表 4-43 一些间接报道的活化能数据

报道人	样 品	活化能 /kJ · mol^{-1}	方 法	备 注
McCarthy	澳大利亚	125~160	热平衡	Fuel，1983，p62
Desai	Rundle	61.2	气相色谱	第二届澳大利亚油页岩会议文集，1984
Jones	Nagoorin	113		同上
Sohn & Kim	Colorado	92		Ind. Eng. Chem. 1980，p19
Mickelson	Michgan Antrim	146		In situ. 1985.9
A M Rubel	Devonian US	106~148.5	气化	Fuel，1990.8
A M Rubel	Devonian US	160.8	气化/热解	Fuel，1990.8
Sohn & Mickelson		93	热平衡	Ind. Chem，Proc，1980

刘柏谦（1993）研究放置一段时间后的桦甸油页岩的燃烧过程，得出的活化能是 144.5kJ/mol。此值是在 50℃/min 加热速度下由 TG 曲线得出的。

王贤清等人（1992）研究了抚顺、茂名和约旦等多种油页岩，将油页岩在流化床里的燃烧分为两个阶段，即快速升温段和等温燃烧段。抚顺油页岩快速升温段持续 1.5～2.5min，升温速度达 300～450℃/min。快速升温段燃烧剧烈。Scott D Carter 等人证明气化过的油页岩在燃烧中还会有页岩油析出，这是一个十分重要的现象，有可能使人们重新描述油页岩的二次反应。

不需要列举更多的数据，这些数据已经表明，油页岩的化学动力学参数的变化是相当大的，同一种油页岩在不同的过程中其活化能也不同；即使是同一种油页岩和相同的过程，由于测试手段不同所得到的活化能也不相同。这从另一个侧面反映了 Essenhigh 的一句话，要想用已知煤质的行为来预测未知煤质的行为是不可能的。这个事实的原因尚不清楚，但有一点可以肯定，这些油页岩的成因不同，原始形成物不同可能是根本原因。有些人认为油页岩的化学反应是二级反应，而大多数人则认为是一级反应。

4.5.4.4　油页岩在流化床内的磨损

油页岩的磨损要充分考虑油页岩自身的特性，一些干馏过的和气化过的油页岩在干馏和气化过程中已经经历了磨损。因此，Taylor 指出，最主要的测量（甚至可能是唯一需要的）是测量干馏过程中油母或有机碳磨损的最终量。其理由是认为油母是连接油页岩诸成分的唯一黏结剂。这是油页岩磨损和煤考虑磨损的重要区别之一。

Taylor 将油页岩的磨损分成两个阶段，一是磨损；二是扬析。Shamlou（1990）在一个直径为 160mm 的流化床中研究聚合树脂时曾得到过经验公式：

$$\frac{\partial n_{\mathrm{p}}}{\partial t} \propto k_1 N_{\mathrm{p}} \left(\frac{D_{\mathrm{p}}}{d_{\mathrm{p}}}\right)^3 \frac{D_{\mathrm{T}}^2 h_{\mathrm{mf}} (1-\varepsilon_{\mathrm{mf}}) \rho_{\mathrm{p}} g (u-u_{\mathrm{mf}})}{f_{\mathrm{c}}} t^{B-1} \tag{4-33}$$

式中 n_p——床内细颗粒数；

N_p——床内大颗粒数；

D_p——床内大颗粒直径；

d_p——床内小颗粒直径；

D_T——流化床直径；

k_1——经验常数；

h_{mf}——临界床高；

ε_{mf}——临界孔隙率；

t——磨损时间。

Fuertes 得到的关于煤和石灰石的磨损公式是：

$$\omega = \frac{R_\infty}{t_R}\int\left[1 + \frac{a}{(1 + bt)^2}\right]\exp\left(-\frac{t}{t_R}\right)dt \tag{4-34}$$

式中 ω——细颗粒质量份额；

R_∞——初始表面积；

t_R——经验常数，s；

a——经验常数；

b——经验常数，1/s。

Gwyn 报道了催化剂的磨损：

$$\omega = k_3 t^m \tag{4-35}$$

$$\frac{\partial\omega}{\partial t} = k_3 m t^{m-1} \tag{4-36}$$

式中 ω——磨损速率。

Taylor & Beavers 研究了油页岩在流化床内的长期磨损，得到磨损总量的经验方程式：

$$\omega = \left[\omega_0 - \frac{F_0}{k}\right](1 - e^{-kt}) + tF_i \tag{4-37}$$

式中 ω_0, F_0, k 均为经验常数。

Taylor & Beavers 在一个 $\phi57 \times 600$ 的流化床上进行试验，采

用的物料有原页岩、干馏过的页岩和干馏过后又焚烧的页岩，颗粒的名义直径为1.4mm。

上面介绍的模型都有很大的局限性，Taylor & Beavers 的模型有时甚至相差75%之多。因此，D F Aldis 根据 Taylor & Beavers 的数据在一个提升管中完全用油页岩作床料研究其磨损情况，给出的模型为：

$$\frac{\partial \omega}{\partial t} = k_4 (1 - \omega)^2 \tag{4-38}$$

式中，ω 为初始床质量所生成的细物料质量份额；k_4 为经验常数，对原页岩 $k_4 = 1.46 \times 10^{-3}$ (1/min)，对烧过页岩 $k_4 = 3.7 \times 10^{-2}$ (1/min)。

用 Carley 的数据，由两个独立的变量进行多元拟合得到：

$$x_k = 1.295(G + 0.004275) \tag{4-39}$$

$$\omega = C_0 + C_1 v_g^2 + C_2 x_k + C_3 v_g^2 x_k \tag{4-40}$$

式中 v_g——气体速度；

x_k——原页岩中油母的质量份额；

G——页岩的等级数，m^3/Mg。

式中系数的取值可参考表4-44。

表4-44 公式（4-40）中的系数

系　数	馏过页岩	烧过页岩
C_0	0.069	−0.054
C_1	0.000	−0.00008
C_2	0.067	1.5777
C_3	0.00045	0.0019

平均磨损速率按下式计算

$$\frac{\partial \omega}{\partial t} = \omega L / V_g \tag{4-41}$$

式中 L 是提升管的长度。穿越提升管次数的影响用下式考虑：

$$\omega_n = \omega \frac{1 - \exp[-(d_1 - d_2 x_k) x_k B]}{1 - \exp[-(d_1 - d_2 x_k) x_k]}$$

对烧过页岩，$d_1 = 6.45$；$d_2 = -10$。

当颗粒燃烧时，油母被移出，页岩强度下降，磨损率肯定会上升的。

4.5.4.5　油页岩燃烧过程中的脱硫与自脱硫

表4-29所提供的十几种油页岩中，我国油页岩的含硫率普遍较低，而前苏联以及美国、以色列、约旦等国家的油页岩含硫从1.4%～3.6%不等。油页岩作为燃料加以利用，其环保问题是一定要加以研究的。李绚天等（1992）对煤颗粒燃烧过程中的脱硫机理进行了持续研究，采用的方法既有传统的理论和技术方法，也有非线性科学方法。研究不仅指出了煤颗粒燃烧过程中硫析出和反应的机理，也指出了煤颗粒空隙特征及其在传热传质过程中的作用，对油页岩燃烧过程中的脱硫很有参考价值。Pinck Udaja（1988）用Leco SC－132型硫分析仪快速测定了九种澳大利亚油页岩的含硫量，结果表明澳大利亚油页岩的含硫量在1%上下，最高的是Yaamba油页岩超过2%。

表4-45无意中展示了一个事实，除个别情况外馏过页岩的含硫量都比原页岩含硫量高（但Nagoorin页岩除外）。这是什么原因呢？John S Killingley文章的内容可能回答了这个问题。该文报道了澳大利亚昆士兰Rundle油页岩的燃烧。这是一种始新世油页岩，含碳低而含黏土量高，主要矿物质是胶岭土、石英和油母以及含量在1%～10%的方解石、菱铁矿、高岭土、方晶石、黄铁矿、依利石、长石等。干馏后的油页岩首先用电子显微镜（SEM）确定亚硫酸铁的存在并确定其尺寸，确定SO_2的释放。如果干馏热由燃烧页岩和给料的混合物提供，烧过页岩中的矿物质可以成为干馏页岩/燃烧页岩混合物下一步燃烧时SO_2的陷阱。这种陷阱作用的效应是十分重要的。实验室结果表明馏过页岩在430～510℃之间放出SO_2，其峰值在460℃处。600℃以上的温度并没有提高陷阱的作用，到了750℃时陷阱的作用急剧下降。在700℃温度下的重复试验表明陷阱作用是不能恢复的，其原因是脱SO_2的活性炭还原效应占据了优势。到了850℃陷

阱作用几乎完全消失了。总的陷阱能力见表4-46，KC油页岩的理论能力是30mg SO_2/g，600℃测得的数值只是其陷阱能力的1/3。

表4-45 澳大利亚九种油页岩的含硫量

样品	分析方法	Condor CDD43	Condor 7090	Dur-inga	Nago-orin	Nagoo-rin 3rd	Run-dle	Stu-art	Yaam-ba	Low-mead
原油页岩	Leco	0.62	0.64	0.92	1.32	1.14	1.28	1.4	2.27	0.62
	高温法	0.62	0.63	0.94	1.38	1.11	1.26	1.39	NA	0.63
馏过页岩	Leco	0.70	0.66	0.90	1.57	1.19	1.44	1.70	2.88	0.64
	高温法	0.73	0.70	0.93	1.51	1.20	1.45	1.75	2.86	0.65

表4-46 烧过的油页岩：总 SO_2 陷阱（mg SO_2/g 页岩）

	CO_2	600℃	650℃	700℃	750℃	800℃	850℃
Rundle KC	2.5	9	7	4	3	1	0.0
Rundle RC	4.5	21	15	20	11	8	7
Julia	20.0	275	-177	—	164	—	

纯方晶石晶体陷阱试验在表面上形成0.3mg/cm^{2}薄层，这意味着 $CsCO_4$的厚度为1μm。由此可知陷阱具有如下特征：

（1）其动力学与相边界层控制关系一致。

（2）硫酸盐产物厚约1μm，等价于反应有效中止前1/3页岩硫酸 SO_2 陷阱利用程度。

（3）由于反应生成即使是1μm的硫酸盐也很慢，因此在实践中要多加碳酸盐（3倍以上）。

J S Killingley 的文字可能是对表4-45的最好解释。

富震宗等（1989）报道了在一个直径100mm的流化床燃烧器上进行的约旦油页岩自脱硫研究，得出的结论是850℃脱硫效率最高，自脱硫能力介于86%～98%之间，表明约旦拉琼（Lajuun）地区油页岩在不加脱硫剂的条件下是可以不危害环境燃烧的。作者还提出用含硫量高的油页岩作为燃煤流化床的脱硫剂的设想。运行参数对自脱硫能力的影响主要是床温，其他参数的影响如过量空气系数、床层压降和颗粒度等都不显著。

王国金（1995a，1995b，1995c，1995d）详细总结了油页岩燃烧过程放硫与固硫，建立了相应的数学模型，可以预报任一时刻流化床内二氧化硫排放情况，对研究油页岩燃烧过程的脱硫和自脱硫很有意义。

除了扬析量大的特点外，油页岩流化床燃烧还有以下几个特点：（1）着火延迟时间比煤短；（2）主要燃烧区域在悬浮段。

王国金的研究结果表明，不同粒度的茂名油页岩在750～900℃床温和一定的钙硫摩尔比下，40s以后几乎没有明显的硫分析出，硫分析出是一个单峰曲线，其峰值出现在燃烧开始的第10s左右。

4.5.4.6 油页岩燃烧时可能发生的矿物反应

油页岩是一种多成分、结构复杂的矿物，受热以后会发生一系列的物理变化和化学变化。物理变化主要包括空隙扩张、表面积增大等；而化学变化则复杂得多，又因为成分含量不同，不同化学反应进行与否、进行的程度如何又取决于环境，故而是一个极其复杂的问题。本节收集在燃烧过程中可能发生的一些反应，以供研究使用的人员参考。

（1）焦炭燃烧：

$$C_{(s)} + O_{2(g)} \longrightarrow CO_{2(g)}$$

$$C_{(s)} + 1/2O_{2(g)} \longrightarrow CO_{(g)}$$

$$\frac{CO}{CO_2} = -2400\exp(51830/8.3T)$$

$$2CO_{(g)} + O_{2(g)} \longrightarrow 2CO_{2(g)}$$

刘焕彩（1988）给出双阻力模型：

$$C + O_2/\varphi \longrightarrow (2-2/\varphi)CO + (2/\varphi - 1)CO_{2(g)}$$

其中 φ 为化学当量因子。

$$\varphi = \frac{2(z+1)}{z+2}, d_p \leqslant 0.05\text{mm}$$

$$\varphi = [(2z+2) - z(d_p - 0.05)/0.095]/(z+2),$$
$$0.05\text{mm} < d_p < 1\text{mm}$$
$$\varphi = 1, d_p = 1\text{mm}$$

（2）气化反应：

$$H_2O_{(g)} + C_{(s)} \longleftrightarrow H_{2(g)} + CO_{(g)}$$
$$CO_{(g)} + H_2O_{(g)} \longleftrightarrow CO_{2(g)} + H_{2(g)}$$
$$CO_{2(g)} + C_{(g)} = 2CO_{(g)}$$
$$FeS_2 + 2H \longleftrightarrow FeS + H_2S$$
$$FeS_2 + 2H \longleftrightarrow FeS + H_2S + H_2$$

John H Partterson（1988）列举了油页岩受热以后可能发生的各种矿物质反应（见表4-47）。

表4-47　干馏过程中的理想化反应

反应序号	矿物质	理想化反应	反应热 /kJ · mol^{-1}
6	蒙脱石	$(Ca, K)_{0.65}(Al, Fe, Mg)_4(Si, Al)O_{20}(OH)_4 \longrightarrow (Ca, K)_{0.65}(Al, Mn, Fe)_4(Si, Al)_8O_{22} + 2H_2O$	156
7	高岭土	$Al_2Si_2(OH)_4 \longrightarrow Al_2Si_2O_7 + 2H_2O$	40
8	菱铁矿	$FeCO_3 \longrightarrow FeO + CO_2$	75.1
9		$3FeO + CO_2 \longrightarrow Fe_3O_4 + CO_2$	-6.5
10	黄铁矿	$FeS_2 + 2H \longrightarrow FeS + H_2S$	
11		$3FeS_2 + 2H_2O \longrightarrow 3FeS + 2H_2O + SO_2$	126.8
12		$FeS_2 + COO \longrightarrow FeS + COS$	46.7
13	Budingtonite	$2NH_4AlSi_3O_8 \longrightarrow Al_2Si_6O_{15} + 2NH_3H_2O$	
14	赤铁矿	$Fe_2O_3 + 2H_2SCO + H_2O \longrightarrow 2FeS + 3H_2O$	-60
15		$3Fe_2O_3 + COO \longrightarrow 2Fe_3O_4 + CO_2$	-15.7
16		$3Fe_2O_3 + H_2O \longrightarrow 2Fe_3O_4 + CO_2$	-2.0
17	磁铁矿	$Fe_3O_4 + 3H_2O + H_2 \longrightarrow 3FeS + 4H_2O$	-87.1
18	碳	$C + CO \longrightarrow 2CO$	172.4
19		$C + H_2O \longrightarrow CO + H_2$	131.3

4.5.5 油页岩循环流化床燃烧技术

中国油页岩作为动力燃料来代替燃煤的还为数不多，多数油页岩锅炉在抚顺、茂名和桦甸等油页岩产地运行，最小容量在6.5t/h（2.5MPa，饱和蒸汽），最大容量为65t/h（3.9MPa，450℃过热蒸汽）。在此之间还有10t/h、20t/h（1.3MPa，饱和蒸汽）工业锅炉和35t/h（3.9MPa，450℃过热蒸汽）发电锅炉。油页岩工业流化床锅炉的结构大致都是相同的。图4-48是20t/h燃用油页岩的工业流化床锅炉的结构示意图，6.5t/h、10t/h锅炉的结构也类似，其结构同燃煤流化床锅炉大致相同。图4-49为65t/h油页岩发电用流化床锅炉的结构示意图。我国油页岩均为高灰分低热值油页岩，比较适合采用流化床燃烧。流化床燃烧技术首先是从燃煤开始的，所以油页岩流化床锅炉的结构多沿用燃煤流化床锅炉的结构，特别是沿用工业流化床锅炉炉型。除65t/h锅炉外，其他油页岩流化床锅炉均采用鼓泡流化床燃烧方式。在设计方法上，油页岩流化床锅炉也多沿用燃煤流化床锅炉的设计方法，只是按经验在局部做了一些修改。从6.5t/h、10t/h、20t/h的工业锅炉实际运行结果来看，并没有出现明显的偏差。65t/h油页岩锅炉已投运多年，为放大到更大容量积累了宝贵经验。

4.5.5.1 油页岩流化床锅炉设计的基本概念

许多著作中都介绍了流化床锅炉的设计方法，有些甚至给出了计算例题。但这些著作都是针对燃煤流化床锅炉而言的。如前所述，油页岩同煤相比有着不同的性质，其燃烧过程也有差异。因此，油页岩燃烧需要特殊的燃烧组织方法和特定的结构。

锅炉的设计计算基于两个基本方程，即烟气侧的烟气放热方程和受热面的传热方程。前者根据锅炉各部分吸热的控制温度或吸热量来确定各部的热量分配（或温度分布）；后者则按热量分布来确定受热面的基本结构。流化床设计计算包括两个主要步骤，一是传热计算或称传热设计；二是流化床的流化特性设计。

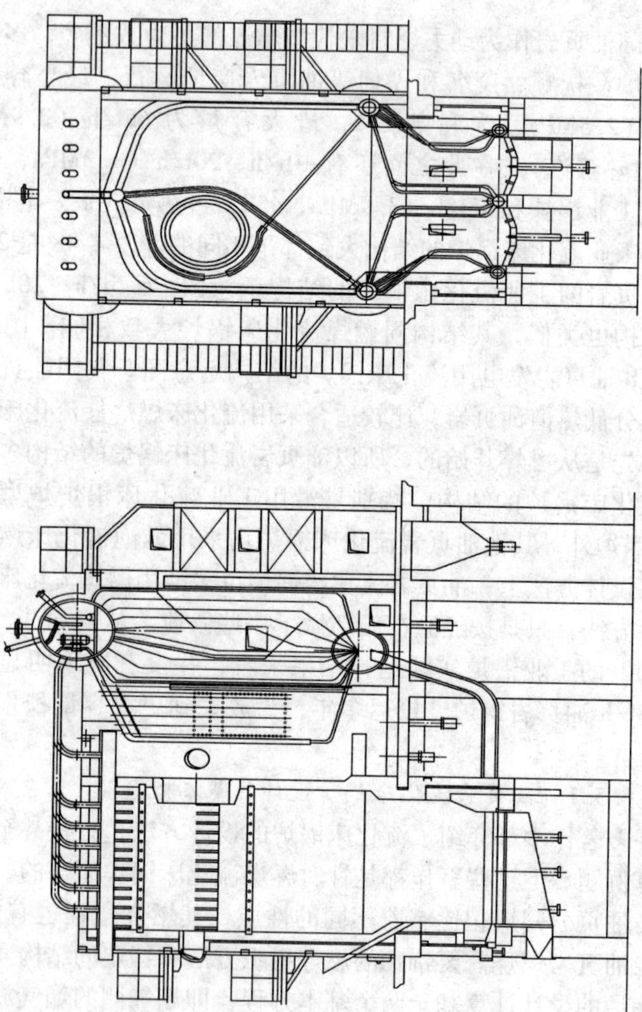

图 4-48　燃烧油页岩的 20t/h 内 CFB 锅炉

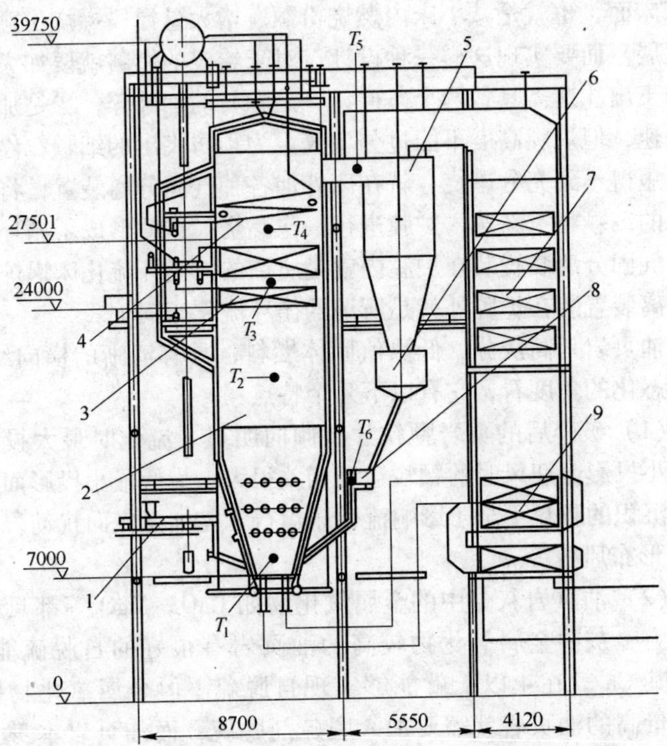

图 4-49 燃用油页岩的 65t/hCFB 锅炉

1—给煤机；2—炉膛；3—过热器；4—蒸发受热管束；
5—气固分离器；6—灰斗；7—省煤器；8—返料器；
9—空气预热器；$T_1 \sim T_6$ 为温度测点

传热计算部分是锅炉整体计算的一部分，但它与其他传热部件又有一定的区别，这些区别主要在于流化床内要实现燃烧。因此，其设计又必须适应于流化床燃烧的燃烧特性要求。

燃煤流化床本身具有一些技术上的困难和矛盾，对油页岩流化床燃烧来说仍然无法避免。例如布风和给料均匀性的矛盾，流化特性不良和大颗粒沉积、密相区受热面布置和磨损以及制造成本增加等等。随着锅炉容量的增加，在设计上必然倾向于减小流化床床面，也就是减小床内燃烧份额、增大悬浮段燃烧份额的方向发展。而要实现这样一种设计，对于给定的燃料就要加大细颗粒的飞出。这需具备两个条件，一是颗粒的细破碎，二是加大流化风速，但炉膛高度不能过分增大。为预防飞出的细颗粒停留时间过短得不到充分燃烧，就在床外加各种气固分离装置，将分离下来的细颗粒重新送入炉膛进行二次燃烧。这就形成了循环流化床，气固分离装置装在炉膛内就是所谓的内循环流化床锅炉，气固分离装置装在炉膛外就是所谓的循环流化床锅炉。

油页岩是高灰分、低热值固体燃料，具有清晰的横向纹理，从流态化的角度看，它有以下几个特点：

（1）破碎后的页岩颗粒片状倾向明显。流化时最大投影面和最小投影面迎风时的颗粒运动相差很大。为使最小投影面迎风时已沉积的颗粒不至于影响流化床运行，需加强横向扰动，如采用V形布风板等。

（2）油页岩灰分中的金属氧化物如CaO、MgO等都具有脱硫能力，灰中金属氧化物较高的油页岩有很好的自脱硫能力，一般其Ca/S在4以上就能够实现自脱硫。但金属氧化物低而硫含量高的油页岩就需要加入脱硫剂脱硫，而油页岩本身含灰量就较高，再加石灰石其灰分就更大，其后果还有待进一步的研究。

（3）油页岩含灰量较高，在设计时要注意对各部受热面的磨损保护，特别是过热器和省煤器的磨损和空气预热器堵灰的保护。

总之，油页岩流化床锅炉数量还少，这里提出的问题除需要实践的检验外还有挂一漏万之虞，待进一步的实践来加以修正。

4.5.5.2 油页岩鼓泡流化床锅炉设计的主要方法

在流化床的操作上，要保持床内温度低于床料的软化温度至少100℃，以保证床内颗粒不发生结渣。一般所测得的床内温度是烟气的温度而不是颗粒的温度，而颗粒的温度要比床内烟气的温度高100~150℃，所以，床内温度常常控制在1000℃以下。

油页岩鼓泡流化床的设计与燃煤鼓泡流化床的设计方法基本相同，只是在数据选取和局部结构上有所区别而已。

A 布风装置

布风装置是流化床的关键部件之一，它既要支持床上全部床料的重量又要保证良好的流化质量。实现全床均匀流化的重要条件是均匀的布风。布风装置是由布风板和风箱组成的，布风板本身要有一定的阻力，使气流在通过布风板时能够均匀地喷出形成均匀射流。有的文献推荐布风板的阻力占床层压降的10% ~ 15%，也有的文献建议布风板阻力应取床层压降的10% ~30%。布风板阻力变大意味着风帽小孔面积之和变小，这样流化质量会更均匀，初始气泡更小。风帽小孔的变化（数量和直径）就是开孔率（总的小孔面积与床面积之比）的变化，国外采用的开孔率多在0.5% ~2%，而国内则用到5%。由于布风板的阻力比风箱阻力高一个数量级，所以忽略风箱形状造成的影响不会影响布风的均匀性。

布风板的面积可以按通过布风板上的风速（也叫表观风速或空塔速度）来确定，也可以按最小流化风速来确定。最简单的布风板是多孔板，其上的小孔直径不能很大，否则床料会落入风箱中。一般采用小孔直径3.5 ~6mm。为了防止小孔漏料，近年来采用在钢板上镶嵌周边开孔的风帽型布风板，既可以防止漏料，又能够布风均匀。由于是侧面开孔也可以改善局部气流的分布，对改善流化是有好处的。

风帽式布风板的阻力可按下式计算：

$$\Delta P = \zeta \frac{v_h^2}{2g}\gamma \qquad (4\text{-}42)$$

式中 ζ——阻力系数，$\zeta=1.6\sim1.7$；

v_h^2——小孔风速，视颗粒不同取25 ~60m/s；

γ——流化气体的重度；

g——重力加速度。

在实际使用中，有的风帽由于多种原因有可能被烧坏，所以风帽应该可以很方便地更换。近年来，为了能够改变流化状态出现了多种开孔形式的风帽。如均匀开孔水平向下15°的风帽、S形风帽（国外称之为猪尾式，pig tail）以及喷嘴式风帽等等。其最主要的追求是加强流化床内颗粒的横向混合。大量的研究表明，流化床内颗粒的纵向混合比横向混合强得多，从流化床锅炉的流化床结构来看，虽然可以做到均匀供风，但很难做到均匀给煤，所以，横向混合是十分必要的。利用风帽的不同开孔只能改变床层底部的流场，其影响是局部的。为了在大范围内改变流化状态，国内外的研究人员开发了各种各样的布风板，如V形、凹型、倾斜式以及变开孔率等方式。目前，这个问题还在研究发展之中。不等开孔率V形布风板在实践中已获得了良好的应用；倾斜布风板能够顺利地排出床底部的杂物，但倾角不能很大，否则有可能在浅床处发生沟流。

我国的鼓泡流化床锅炉在床层高度附近设有溢流口，用于运行时的连续排灰。在布风板处设有冷渣口定期排出床底部的沉积杂物和大颗粒。在燃用油页岩时，由于粗渣量往往大于溢流灰量，有些用户将溢流口堵死，只用冷渣口排渣，运行效果也是很好的。但由冷渣口连续排渣对冷渣口附近的风帽冷却不利，要求该区域的风帽具有较高的耐热能力。为了使风帽得到有效的冷却，流化风温一般不高于150℃。采用高温热风还要充分考虑到床和风箱的热膨胀。

布风板和风箱的连接一定要严密。对于油页岩或高挥发分煤还要在风箱上装有防爆门以防在压火或停炉期间挥发分蹿入风箱导致爆炸。

B 密相区（沸腾段）受热面

位于密相区的受热面受到床料和烟气的联合作用，其受热强度要比别处强得多，其换热系数很高一般可达到200～230W/(m²·℃)或更高一些，所以要单独计算。

沸腾段的传热量为：

$$\dot{Q}_{bed} = K_{bed} H_{bed} \Delta t_{bed} \tag{4-43}$$

式中 K、H 和 Δt 分别代表传热系数、传热面积和传热温压，脚标 bed 代表流化床。流化床的温压采用烟温和管内介质温度之差。床内烟温在 850 ~ 1000℃之间。传热系数可按锅炉热力计算方法求出或按该文献提供的线算图查出。沸腾段换热量的另一个公式是：

$$Q_{bed} = Q_I - I_{bed} \tag{4-44}$$

式中右侧的第二项是流化床出口烟气所具有的焓值，由流化床出口烟气温度求出。式中右侧第一项是进入流化床的热量，按下式计算：

$$Q_I = Q_r \frac{\delta_{bed}(100 - q_3 - q_4 - q_6/\delta_{bed})}{100 - q_4} + \alpha_{bed} I_{lk}^0 \tag{4-45}$$

式中 Q_r ——1kg 燃料的带入热；

$\alpha_{bed} I_{lk}^0$ ——1kg 燃料供风所带入的热量，它是过量空气系数和冷空气焓的乘积；

δ_{bed} ——床内燃烧份额。计算时是按燃料选取的，对油页岩 $\delta_{bed} = 0.6 \sim 0.7$；

q_3 ——化学不完全燃烧热损失；

q_4 ——机械不完全燃烧热损失；

q_6 ——灰渣物理热损失。

值得注意的是这种 δ_{bed} 的选取是经验值，应该说还不够科学。因为床内燃烧份额不仅与燃料中的细颗粒和挥发分有关，也与床温和床高有关，目前只能采用经验值。$\delta_{bed} = 0.7$ 是指在床温 900℃、流化床高度 1.5 ~ 1.7m、颗粒破碎到 0 ~ 15mm 的正常流化情况下的燃烧份额，按此值设计的油页岩流化床锅炉没有出现明显的偏差。而 $\delta_{bed} = 0.6 \sim 0.7$ 是基于油页岩的收到基低位发热量 4180kJ/kg，采用 $\delta_{bed} = 0.7$ 时发现床内受热面太多，床温偏低，燃烧不稳，显然是由于 δ_{bed} 不合适，所以采用了 0.6。

按式（4-43）~（4-45）的计算方法求得的受热面积在具体结构上还要考虑空间布置。鼓泡流化床密相区受热面有横向布置和纵向布置两种，自然循环锅炉的横置管为了避免汽水分层至少要有13°的倾角，实践上一般采用15°倾角。

研究中发现，在密相区气固两相流中的气泡沿着倾斜或垂直埋管向上爬行，管壁处的气泡份额要高于床内气泡份额，所以垂直埋管的传热系数要低于水平埋管传热系数的10%以上。同时，它的灰磨损也比水平或倾斜埋管轻得多（富震宗，等，1989）。垂直埋管通常布置在床的两侧，接近于颗粒的下降区，受到颗粒的强烈冲刷也较轻。所以油页岩流化床垂直埋管的寿命也较长，可达一年以上。而相同条件下的倾斜埋管的寿命则短得多（约为前者的60%左右）。

垂直埋管的管子排列对床内物料的流化影响很小，但15°倾斜的埋管管束的排列对床料的流化有一定的影响，错列管子排列过密会阻碍颗粒的运动，倾斜管壁处的气泡沿着管子爬行集中到管子的最高端。当两种因素同时起作用时，会使该处的流化床隔绝为两个流化层，严重影响流化床燃烧的进行（秦裕琨，1983）。经验认为，倾斜的横埋管无论是错列还是顺列管子的净间隙不要小于3倍的管径，才不至于影响正常流化。

埋管的防磨一般采用管外焊防磨鳍片或防磨环。前者用于倾斜埋管，后者用于垂直埋管。根据煤粉炉省煤器管螺旋肋片的防磨经验，将螺旋肋片用于倾斜埋管防磨效果可能会好些，但目前还没有实践经验。

C 稀相区（悬浮段）受热面

油页岩在燃烧过程中，气态可燃物的放热量大于固态可燃物的放热量，进悬浮段的可燃物有相当一部分是在流化床内未燃烧的挥发分，由于油页岩流化床的扬析量比燃煤流化床大，组织好悬浮段的燃烧对提高油页岩的燃烧效率是十分重要的。燃烧正常的油页岩流化床锅炉，悬浮段的温度是高于流化床温度的，可达1000℃。由于悬浮段是稀相区，在悬浮段的颗粒细小，颗粒的温度与烟气温度基本是一样的，尽管在1000℃的温度下，也不会发生结渣现象的。目测观察，燃烧正常的油页岩流化床锅炉的悬浮段充满光亮的火焰，看上去很像煤粉炉的燃烧状况，火焰程度可达 6 ~ 9m。而燃烧不良的油页岩流化床锅炉的悬浮段火焰暗红而有闪动，床温也低，并不时地从烟囱飞出片状的碳黑絮，烟色淡黄，燃烧效率很低。桦甸市光明橡胶厂在 1977 年最初试烧油页岩时就是这样。

油页岩流化床锅炉在组织悬浮段燃烧方面有几种技术可以利用。

（1）提高炉膛高度并配以二次风。提高炉膛高度以增大混合空间（但不能过分提高）并配以二次风加强炉内扰动。二次风的主要作用是加强扰动混合，所以二次风的设计要有较高的风速和适当的位置。不排除采用四角切圆二次风的布置方式，但目前还没有实践效果好的试验数据。比较多的是前墙下倾 15° ~ 20°的喷射方式。二次风口的高度视炉膛高度而异，但不可过高。二次风的出口风速一般不低于 60m/s，其风量一般为总风量的 10% ~ 15%。

炉膛高度或悬浮段高度，在化工上要求不低于夹带分离高度 *TDH*，*TDH* 的计算有许多经验公式，中国科学院化工冶金研究所推荐下式：

$$TDH = \left(\frac{63.5}{\eta}\right)\sqrt{\frac{D_t}{g}},\ \eta = 4.5\% \tag{4-46}$$

式中，D_t 是流化床的当量直径。

国内鼓泡流化床的悬浮段高度的设计多取经验数据，而且各个厂家也不同。有按悬浮段受热面来布置的，也有按炉内旋风筒的布置来选取的。总的来看还是经验为主。目前国内鼓泡流化床的悬浮段高度都小于式（4-46）的计算值。

（2）炉内旋风筒。炉内旋风筒位于炉膛上部，广泛采用的是卧式筒。卧式旋风筒类似于旋风分离器，与旋风分离器不同，没有气体入口的导流件和分离下来颗粒的导流件。卧式燃尽筒有几种不同的结构，既有纵向布置的也有横向布置的（见图 4-48）。从气流的进入方式看，又可分为切向进入轴向流出和切向进入切向流出两种（刘柏谦，1993）。此外，还有位于炉外的立式旋风筒（20 世纪 80 年代以前曾是很流行的技术）。旋风筒可以单独使用也可以串联使用，吉林市有烟气先经过卧式旋风筒，然后经过立式旋风筒的 20t/h 流化床锅炉。流化床锅炉的炉内分离器本身就是高温燃烧室，对可燃悬浮物的燃尽肯定是有效的。有些油页岩流化床锅炉的卧式燃烬筒的温度高于床内温度。旋风筒分离下来的颗粒直接进入炉膛再次燃烧，由此提高了燃烧效率。但旋风筒的分离效率不高，一般在 50% ~60% 左右（郝福民，等，1987；王擎，等，1996）。目前，鼓泡流化床使用卧式燃尽筒多在 2 ~20t/h 蒸发量，旋风筒直径在 1.2 ~2m，筒直径与出口直径之比在 0.6 ~0.7 之间入口风速多在 20m/s 以下，筒截面流速在 6m/s 左右，在此条件下，旋风筒自身阻力在 200 ~300Pa 之间。35t/h 以上的锅炉还没有应用旋风筒的。芬兰奥斯龙（Ahlstrom）公司的75t/h发电用循环流化床锅炉采用了炉内横直卧筒，但实际运行情况没有深入报道。

总之，悬浮段燃烧的组织在于：(1) 保证足够的悬浮段高度。(2) 尽可能延长悬浮可燃物在炉内的停留时间。将各种技术组合起来，对设计出高燃烧效率的油页岩流化床锅炉是十分必要的。

悬浮段的换热只考虑辐射热交换。对其对流热交换，由于其烟速较低（一般为 2 ~4m/s 或稍高），可以忽略不计。这种计算方法在数十台油页岩鼓泡流化床锅炉上使用并未发现明显偏差。在计算上，带入悬浮段的热量应包括密相区出口烟气焓和在悬浮段进一步燃烧所放出的热量，即：

$$Q_{\mathrm{I}} = \frac{100 - q_{4,\mathrm{bed}}}{100 - q_4} I''_{\mathrm{bed}} + \frac{Q_{\mathrm{r}}}{100 - q_4}(1 - \delta_{\mathrm{bed}}) (100 - q_3 - q_4 - q_6/(100 - \delta_{\mathrm{bed}})) + \Delta\alpha_{\mathrm{fb}} I^0_{\mathrm{lk}} \tag{4-47}$$

式中 I''_{bed} ——密相区出口烟气焓；

$q_{4,\mathrm{bed}}$ ——密相区固体未完全燃烧热损失；

$\Delta\alpha_{\mathrm{fb}}$ ——悬浮段漏风系数；

I^0_{lk} ——冷空气焓。

参 考 文 献

陈春元，胡仁德．2007．循环流化床(CFB)锅炉性能设计研究[C]．第一届中国循环流化床燃烧理论与技术学术会议论文集，海口：279.

陈晓平，段伦博，赵长遂，等．2007．采用飞灰再循环技术的石油焦/煤混烧410t/h CFB锅炉性能试验及分析[C]．循环流化床年会论文集，大连：17.

陈继辉，杨成禹，卢啸风，刘汉周．2007．中心筒底部缩口斜切对循环流化床锅炉旋风分离器性能的影响[J]．动力工程，27(2).

程乐鸣，骆仲泱，倪明江，王勤辉，方梦祥，岑可法．1998．循环流化床传热综述(试验部分)[J]．动力工程，18(2).

程乐鸣．2000．大型循环流化床锅炉的传热研究[J]．动力工程，20(2)：587~591.

单娟娟，陈荣生，杨亚平．2007．粒度对循环流化床锅炉燃烧影响的试验研究[J]．能源研究与信息，23(1).

段伦博，赵长遂，李英杰，陈晓平．2007．掺烧石油焦410t/h循环流化床锅炉NO_x排放特性研究[C]．第一届中国循环流化床燃烧理论与技术学术会议论文集，海口：245.

樊融，张攀，郝卫东，张庆国．2007．循环流化床中热电偶测温误差分析[C]．第一届中国循环流化床燃烧理论与技术学术会议论文集，海口：217.

樊旭，安国银，张伟江．2007．CFB锅炉分离器效率影响因素的实验研究[J]．锅炉制造，(1).

范从振．1986．锅炉原理[M]．北京：水利电力出版社.

冯俊凯，岳光溪，吕俊复．2003．循环流化床燃烧锅炉[M]．北京：电力工业出版社.

富震宗，等．1989．约旦高硫油页岩沸腾燃烧的自脱硫[J]．吉林：东北电力学院学报.

高洪培．2007．提高大型循环流化床运行可靠性和经济性的关键技术研究[C]．第一届中国循环流化床燃烧理论与技术学术会议论文集，海口：76.

郝福民，汪保春．1987．宽筛分燃料空间循环燃烧的研究[C]．中国科学院．第四届全国流态化会议：285.

侯祥麟．1984．中国页岩油工业[M]．北京：石油工业出版社.

黄琳，张世红，陆继东，陈汉平，刘德昌．1998．燃煤筛分特性对循环流化床锅炉运行的影响[J]．冶金能源，17(4).

金晓钟，吕俊复，乔锐，等．1999．循环床锅炉燃烧份额分布的实验研究和理论分析[J]．洁净煤技术，5(1)：26~29.

孔庆民，徐秀国，江爱伟，齐俊国．2007．提高75t/h煤泥CFB锅炉运行可靠性[J]．山东煤炭科技，(2).

李俊刚. 2007. 大型循环流化床锅炉风帽的常见问题和防范措施[C]. 第一届中国循环流化床燃烧理论与技术学术会议论文集，海口：535.

李前宇，赵凯，米子德，王延明. 2007. 循环流化床锅炉外置床式换热器特性分析[J]. 华北电力技术，(7).

李少华，王启民，肖显斌，杨海瑞. 2007. 循环流化床锅炉飞灰残碳的生成及其处理[J]. 热能动力工程，22(1).

李文凯，李燕，杨海瑞，郝卫东，张庆国. 2007. 循环流化床燃烧室内翼形墙受热面的热流密度分布[C]. 第一届中国循环流化床燃烧理论与技术学术会议论文集，海口：208.

李绚天. 1992. 循环流化床脱硫脱硝及灰渣冷却余热利用的研究[D]. 浙江大学博士学位论文.

李之光，等. 1988. 工业锅炉手册[M]. 天津：天津科技出版社.

凌晓聪，吕俊复，刘青，等. 2004. 循环流化床锅炉屏式受热面换热系数的测量与分析[J]. 热力发电，33(1)：23 ~25.

刘柏谦. 1993. 浙江大学博士学位论文.

刘柏谦，等. 1995. 中国油页岩及其流化床燃烧[J]. 中国能源.

刘柏谦. 1996. 煤颗粒的形状因子对流化床锅炉燃烧室性能的影响[J]. 动力工程：增刊.

刘德昌，吴正舜，陈汉平，林志杰，熊立，吴友记，蔡志权. 1999. 煤的颗粒粒径分布对循环流化床锅炉设计和运行的影响[J]. 中国粉体技术，5(4).

刘德昌. 1999. 流化床燃烧技术的工业应用[M]. 北京：中国电力出版社.

刘德昌，杨海平，张世红，陈汉平，胡昆. 2007. 循环流化床锅炉冷渣器的适应性和选择[C]. 第一届中国循环流化床燃烧理论与技术学术会议论文集，海口：733.

刘青，吕俊复，辛健，张建胜，岳光溪，于龙，张彦军，杨仲明. 2003. 600MW 超临界循环流化床锅炉水冷壁温度[J]. 锅炉技术，34(3).

卢啸风. 2006. 大型循环流化床锅炉设备与运行. 北京：中国电力出版社：63.

吕俊复，邢兴，张建胜，等. 2000. 循环流化床燃烧室换热系数试验研究[J]. 燃烧科学与技术，6(2).

吕俊复，岳光溪，张建胜，等. 2002. 超临界循环流化床锅炉的可行性[J]. 锅炉制造，4：23 ~26.

吕俊复，田勇，彭晓峰，岳光溪. 2003. 循环流化床内颗粒运动与换热分析[J]. 化工学报，54(9).

吕俊复，张守玉，刘青，张建胜，杨海瑞，岳光溪，沈解忠，于龙. 2004. 循环流化床锅炉的飞灰含碳量问题[J]. 动力工程，24(2).

吕俊复，于龙，岳光溪，等. 2007. 循环流化床锅炉水冷壁的热流密度分布[J]. 动力工程，27(3).

吕俊复，于龙，张彦军，岳光溪，李振宇，吴玉新. 2007. 600 MW 超临界循环流化床锅炉[J]. 动力工程，27(4).

秦广明. 2007. 循环流化床锅炉混烧煤矸石的分析与比较[J]. 广东电力，20(4).

秦裕琨. 1983. 130t/h 流化床锅炉改造的研究. 哈尔滨工业大学内部资料.

邵玉甫，宋占兵，周存明. 2007. 循环流化床锅炉过热器冷、热屏改造和水冷壁的防磨[C]. 第一届中国循环流化床燃烧理论与技术学术会议论文集.

申莉，刘德昌，张世红，郭强. 2002. 影响循环流化床锅炉燃烧效率的因素分析及改善措施[J]. 动力工程，22(6).

沈伯雄，刘德昌，陆继东. 2000. 石油焦着火和燃烧燃尽特性的试验研究[J]. 石油炼制与化工，31(10).

沈伯雄，姚强，刘德昌，陈汉平. 2000. 石油焦燃烧过程中比表面积和孔容积变化规律的实验研究[J]. 化工学报，51(6)：784.

孙宝洪，王智微，孙献斌，高洪培. 2001. 有关循环流化床锅炉的几个问题探讨[J]. 锅炉制造，(1).

孙献斌，李志伟，时正海，黄中. 2007. 大型 CFB 锅炉外置换热器的调节特性[C]. 第一届中国循环流化床燃烧理论与技术学术会议论文集，海口：76.

孙献斌，于龙，时正海，等. 2007. 国产 210MW CFB 锅炉的研制及 300MW CFB 锅炉的技术开发[J]. 电力设备，8(2).

谭斌，聂立，姚本荣. 2005. 循环流化床锅炉冷渣器运行问题及改进措施[J]. 东方电气评论，19(4).

王大军. 2007. 采用 300MW 大型流化床锅炉燃用煤矸石的对策研究[C]. 第一届中国循环流化床燃烧理论与技术学术会议论文集，海口.

王方. 1988. 燃烧学提要 例题 习题[M]. 北京：北京科技出版社.

王国金，等. 1995. 控制煤和油页岩燃烧排放二氧化硫污染物的研究进展[J]. 煤炭转化.

王国金，等. 1995. 煤和油页岩颗粒燃烧的数学模拟进展[J]. 煤炭转化.

王国金，等. 1995. 油页岩流化床燃烧过程挥发分火焰的平均温度计算[J]. 燃烧科学与技术.

王国金，等. 1995. 油页岩在流化床燃烧过程中的放硫与固硫的数学模拟研究[J]. 电力环境保护，11(4).

王剑秋，等. 1990. 油页岩和煤在常压和压力下的氧化燃烧性能比较[C]. 辽宁省油页岩综合利用会议，抚顺.

王擎，等. 1996. 炉内双级分离细颗粒流化床锅炉的研制[J]. 动力工程：增刊.

王贤清，等. 1992. 颗粒油页岩燃烧及含硫杂质的转化[J]. 燃料化学学报，6.

王玉召，杨海瑞，岳光溪. 2007. 方形分离器结构优化试验研究[J]. 热能动力工程，22(2).

王智微. 2007. 循环流化床锅炉炉内受热面换热系数的分析[C]. 第一届中国循环流化床燃烧理论与技术学术会议论文集，海口：202.

吴正舜，张春林，陈汉平，刘德昌. 2001. 石油焦的燃烧特性[J]. 化工学报，52(9).

武建忠，赵勇纲，赵忠生. 2007. 循环流化床锅炉应用滚筒式冷渣排渣技术的可行性分析[J]. 内蒙古电力技术，25(1).

杨春，程乐鸣，张彦军，等. 2007. 大型循环流化床锅炉炉内悬吊受热面壁温预测[C]. 第一届中国循环流化床燃烧理论与技术学术会议论文集，海口：222.

杨石，吕俊复，张建胜，杨海瑞，岳光溪，刘青. 2007. 床存量对循环流化床锅炉的运行性能的影响[C]. 第一届中国循环流化床燃烧理论与技术学术会议论文集，海口：76.

姚建奎. 1992. 循环流化床旋风分离器的研究[D]. 浙江：浙江大学硕士学位论文.

于龙，吕俊复，王智微，岳光溪. 2004. 循环流化床燃烧技术的研究展望[J]. 热能动力工程，19(4).

于龙，别如山，姜孝国，赵果然. 2007. 我国大型循环流化床技术的发展[C]. 第一届中国循环流化床燃烧理论与技术学术会议论文集，海口：76.

袁贵成，刘德昌. 2002. 石油焦循环流化床燃烧技术的应用[J]. 能源工程，(2)：45.

岳光溪. 2007. 循环流化床燃烧技术的发展与展望[C]. 第一届中国循环流化床燃烧理论与技术学术会议论文集，海口：1.

张春林，袁贵成，刘德昌，张世红，陈汉平. 2002. 石油焦特性对循环流化床锅炉设计的影响. 工业锅炉，(1).

张建胜，吕俊复，刘青，等. 循环流化床锅炉设计方法研究. 锅炉制造，(1).

张缨，别如山. 2007. 煤泥、煤矸石循环流化床锅炉的设计与运行. 第一届中国循环流化床燃烧理论与技术学术会议论文集，海口：311.

张敏，肖平，吕怀安，等. 2002. 410t/h CFB锅炉传热系数试验研究[J]. 热力发电，(4)：34～37.

张敏，白强，刘昱平. 2007. 循环流化床锅炉掺烧煤矸石试验研究. 热力发电，(4)：55.

赵建英，胡俊峰，张国辉. 2007. 钟罩式风帽在DG 450t/h循环流化床锅炉的应用. 第一届中国循环流化床燃烧理论与技术学术会议论文集，海口：540.

周鹏飞 等. 1991. 我国油页岩性质及其沸腾燃烧特性分析. 实用能源，1.

周鹏飞 等. 1991. 中国油页岩流化床燃烧及大型油页岩循环流化床锅炉的设计方案. 东北电力学院硕士学位论文.

Andersson B A, Jonhsson F, Leckner B. 1987. Heat Flow Measurements in Fluidized Bed Boiler [A]. In: Mustonen J P, ed. Proc. of the Ninth Inter. Conf. on FBC. New

York: ASME: 592 ~ 598.

Andersson B A, Leckner B. 1992. Experimental Methods of Estimating Heat Transfer in Circulating Fluidized Bed [J]. Int. J. Heat Mass Transfer, 35: 3353 ~ 3362.

Andersson B A. 1996. Effects of Bed Particle Size on Heat Transfer in CFB – Boilers [J]. Powder Techno, 87: 239 ~ 248.

Anna E G. 2000. Convective Heat Transfer at the Wall of Circulating Fluidized Bed Risers [D]. Doctor Degree Thesis. Cornell: Cornell University.

Basu P. 1990. Heat Transfer in Fast Fluidized Combustors [J]. Chem. Eng. Sci., 45: 3123 ~ 3136.

Basu P, Nag P K. 1995. Heat Transfer to Walls of a Circulating Fluidized Bed Furnace [A]. Chemical Science Engineering, 51: 1 ~ 26.

Brewster M Q. 1986. Effective Absorptivity and Emissivity of Particulate Sender with Application to a Fluidized Bed [J]. Transfer, 108: 710 ~ 713.

Brian G Charlton. 1987. Comparative FBC kinetics of some Australian spend oil shale. Fuel, 66.

Charlton. 1988. Fuel, 67.

Chen J C, Dou S, Cimini R J. 1988. A Theoretical Model for Simultaneous Convective and Radiantive Heat Transfer in Circulating Fluidized Beds [M]. In: Basu P, Large J F, eds. CFB Technology II. Oxford: Pergamon Press.

Dejan Skala, et al. 1989. Modelling and simulating of oil shale pyrolysis. Fuel, 68.

Dejan Skala, et al. 1990. Kinetics and modelling of oil shale pyrolysis. Fuel, 69.

Divilio R J, Boyd T J. 1994. Practical Implications of the Effect of Solids Suspension Density on Heat Transfer in Large Scale CFB Boilers [A]. In: Avidan A A Ed. CFB Technology IV. New York: AIChE: 334 ~ 339.

Ebert J A, Glicksman L R, Limts M. 1993. Determination of Particle and Gas Convective Heat Transfer Component in Circulating Fluidized Bed [J]. Chemical Engineering Science, 48: 2179 ~ 2188.

Essenhigh R H. 1989. Combustion and Flame, 77.

Glicksman L R. 1997. Heat Transfer in Circulating Fluidized Beds. Circulating Fluidized Beds [M]. In: Grace J R, Avidian A A, Knowlton T M, eds. Blackie Academic and Professional. London: 261 ~ 311.

Gloriz M R. 1995. An Experimental Correlation for Temperature Distribution at the Membrane Wall of CFB Boilers [A]. In: Rubow L N, ed. Proc. of the 13th Inter. Conf. on FBC. New York: ASME.

Golriz M, Leckner B. 1992. Experimental Studies of Heat Transfer in a Circulating Fluidized Bed Boiler [A]. In: Proc. Int. Conf. on Eng. Appl. of Mech. Teheran, Iran: Sharif

University of Technology, (3): 167 ~ 174.

Gupta AVSSKS, Nag P K. 2000. Prediction of heat transfer in the cyclone separator of a CFB [J]. Inter. J. Energy Res., (24): 1065 ~ 1079.

Hartge E U, Rensner D, Werther J. 1998. Solid Concentration and Velocity Patterns in Circulating Fluidized Beds [M]. In Pasu P, Large J F, eds. Circulating Fluidized Bed Technology II. Oxford: Pergamon Press.

Nuttal H E，郭天民，等. 世界上几种主要油页岩的热解动力学.

Jestin. 1992. Heat Transfer in a 125MW CFB Boiler [A]. Engineering Foundation Conf.

Jin X, Lu J, Li Y, et al. 1999. Experimental Investigation on Heat Transfer in Industrial – scale Circulating Fluidized Bed Boilers [A]. In: Werther J, ed. Proc. of the 6th Inter. Conf. on CFB Technology, Weirsberg: 356 ~ 361.

John H Patterson, et al. 1988. Geochemistry of sub-unit of the Nagoorin oil shale deposite. FUEL, 67.

John H Patterson, et al. 1988. Geochemistry of sub-unit E_C of the Nagoorin oil shale deposite. Fuel, 67.

John H Patterson, et al. 1990. Inorganic geochemistry and mineralogy of unit B, Duringa oil shale deposite. Fuel, 1.

Joris Koornneef, Martin Junginger, Andre′ Faaij. 2007. Development of fluidized bed combustion—An overview of trends, performance and cost, Progress in Energy and Combustion Science, 33: 19 ~ 55.

Jacob Seorensen K, et al. 1988. The role of catylisis by mineral matter during oil shale retorting. Fuel, 67.

Kobro H, Brereton C. 1986. Control Fuel Flexibility of Circulating Fluidized Beds [J]. In: Basu P ed. Circulating Fluidized Bed Technology. Toronto: Pergamon Press: 263 ~ 272.

Lasse Holst Sorensen. 1996. Fuel, 75 (1) : 31 ~ 38.

Leckner B, Golriz M R, Zhang W, et al. 1991. Boundary Layer-first Measurement in the 12MW Research Plant at Chalmers University [A]. In: Anthony E J, ed. Proc. of the 11th Inter. Conf. on FBC, Montreal: 771 ~ 776.

Lints M C, Glicksman L R. 1993. Parameters Governing Particle-to-wall Heat Transfer in a Circulating Fluidized Bed [J]. AIChE Symp. Series 296, Fluid-particle Process: Fundamentals and Applications, 89(35): 297 ~ 304.

Lu J, Zhang J, Yue G, et al. 2002. Heat Transfer Coefficient Calculation Method of the Heater in the Circulating Fluidized Bed Furnace [J]. Heat Transfer – Asia Research, 31(7): 540 ~ 550.

Luc Lafanechere, Basu P, Louis Jestin. 1995. Effect of Fuel parameters on the size and configuration of circulating fluidized bed boiler. The 3rd international symposium on coal combustion, Beijing 18 ~ 21.

Luc Lafanechere, Louis Jestin. 1995. Study of a circulating fluidized bed furnace behavior in order to scale it up to 600MW. The 3rd international symposium on coal combustion, Beijing 18 ~ 21.

Mahalingam M, Kolar A K. 1991. Emulsion Layer Model for Wall Heat Transfer in a Circulating Fluidized Bed [J]. AIChEJ, 37(8): 1139 ~ 1150.

Mickley T. 1994. Heat Transfer Characteristics of Fluidized Beds [J]. Ind. Eng. Chem., 42: 1135 ~ 1147.

Montat D, Arhaliass A, Schmitt G. 1995. Heat Transfer Measurement and Analysis in a 125MW Circulating Fluidized Bed Boiler [A]. In: Rubow L N, Commonwealth G eds. Proc. of the 12th Inter. Conf. on FBC. New York: ASME Press: 1207 ~ 1214.

Nag P K, M N, Mortal A. 1990. Effect of Probe Size on Heat Transfer at the Wall in Circulating Fluidized Beds [J]. Int. J. Energy Research, 14: 965 ~ 974.

Pinck Udaja . 1988. Fuel, 67.

Prins W. 1989. Combustion and flame, 75.

Ralph J Tyler. 1986. Fuel, 65 (2) : 235 ~ 240.

Robert H. Essenhigh. 1989. Combustion and Flame, 77.

Savas Yavuzkurt, et al . 1980. Fluidized combustion of oil shale. proceedings of the 1980 int. Conf. Edt by J. R Grace

Smith IW. 1971. Comb and F lame, 17: 303 ~ 314.

Subbarao D, Basu P. 1986. Heat Transfer in Circulating Fluidized Beds [M]. In: Basu P ed. Circulating Fluidized Bed Technology. Pergamon Press.

Vantelon J P, et al. 1990. Fuel, 69.

Wang Q H, Luo Z Y, Fang M X, et al. 2003. Development of a new external heat exchanger for a circulating fluidized bed boiler [J]. Chemical Engineering and Processing, (42) : 327 ~ 335.

Wen C Y, Chen L H. 1982. Fluidized Bed Freeboard Phenomena: Entrainment and Elutriation [J]. AIChE Journal, 28(1): 117 ~ 128.

Werdermann C C, Werther J. 1994. Heat Transfer in Large-scale Circulating Fluidized Bed Combustors of Different Sizes [A]. In: Avidion A, ed. Circulating Fluidized Bed Technology, AIChE., New York: 428 ~ 435.

Werdermann. 1993. Heat Transfer in Large Scale Circulating Fluidized Bed Combustors of Different Sizes [A]. In: Amos A Avidan, eds. Proc. of the Fourth Inter. Conf. on CFB Technology. New York: ASME.

Wu R L, Grace J R, Lim C J, et al. 1989. Suspension-to-surface Heat Transfer in a CFB

Combustor [J]. AIChE Journal, 35: 1685.

Wu R L, Grace J R, Lim C J. 1990. A Model for Heat Transfer in Circulating Fluidized Beds [J]. Chemical Engineering Science, 45: 3389 ~ 3398.

Yang H, Yue G, Xiao X, et al. 2005. 1D modeling on the material balance in CFB boiler [J]. Chemical Engineering Science, 60(20): 5603 ~ 5611.

Yates J G. 1983. Fundamentals of fluidized bed chemical process [M]. Butterworths.

Yue G, Lu J, Zhang H, et al. 2005. Design Theory of Circulating Fluidized Bed Boilers [A]. In: Lufei Jia, ed. Proc. of the 18th Inter. Conf. on FBC. Toronto: ASME: 135 ~ 146.

Zhang W N, Johnsson F, Leckner B. 1995. Fluid-dynamic Boundary Layers in CFB Boiler. Chem. Eng. Sci., 150 (2) : 201 ~ 210.